普通高等教育"十一五"国家级规划教材

中国科学院教材建设专家委员会教材建设立项项目

全国普通高等院校土木工程类**实用创新型**系列规划教材

土 木 工 程 概 论

霍 达 主编

曹玉生 陈向东 王 湛 副主编

王志忠 主审

科学出版社

北 京

内 容 简 介

本书作为全国土木工程专业实用创新型系列规划教材之一，是依据教育部《普通高等学校本科专业目录和专业介绍》和对土木工程专业人才的培养目标和培养方案要求编写而成的。

本书主要介绍土木工程各个分支学科所涉及的内容，力求反映土木工程专业的总体情况和最新发展状况。全书共十三章，主要包括土木工程勘察与设计、工程材料、建筑工程、道路与铁道工程、桥梁与隧道工程、水工结构工程、土木工程相关专业（如建筑设计、交通工程、给排水工程、暖通空调工程等）简介、土木工程施工、建设项目管理及土木工程经济、土木工程防灾减灾、计算机在土木工程中的应用、土木工程职业注册制度及职业资格证书等内容。为了便于学生理解和掌握，每章后均有思考题，同时附以土木工程专业重要的常用中英文术语以供参考。

本书可作为高等院校土木工程专业的本科生教材或教学参考书，也可作为其他专业选修课教材。

图书在版编目（CIP）数据

土木工程概论/霍达主编 . —北京：科学出版社，2007
 （全国普通高等院校土木工程类专业实用创新型系列规划教材）
ISBN 978-7-03-017343-0

Ⅰ. 土… Ⅱ. 霍… Ⅲ. 土木工程-高等学校-教材 Ⅳ. TU

中国版本图书馆 CIP 数据核字（2007）第 055628 号

责任编辑：何舒民 / 责任校对：柏连海
责任印制：吕春珉 / 封面设计：耕者设计工作室

科 学 出 版 社 出版
北京东黄城根北街 16 号
邮政编码：100717
http://www.sciencep.com

三河市骏杰印刷有限公司印刷

科学出版社发行 各地新华书店经销
*
2007 年 7 月第 一 版 开本：787 × 1092 1/16
2017 年 9 月第十二次印刷 印张：22 1/4
字数：540 000
定价：45.00 元
（如有印装质量问题，我社负责调换〈骏杰〉）

销售部电话 010-62134988 编辑部电话 010-62137154 （HA08）

全国普通高等院校土木工程类实用创新型
系列规划教材

编　委　会

前　言

为适应加强基础、拓宽专业、增强适应性的原则要求以及培养集工程、艺术、经济、管理、社会能力于一身的实用创新型复合人才要求，在充分考虑教育部对土木工程专业整合后专业特点的基础上，我们依据土木工程专业人才培养目标和培养方案要求、高等学校土木工程专业指导委员会编制的教学大纲、"实用创新型"系列教材的指导思想要求编写了本教材，旨在使学生了解土木工程专业相关学科，拓宽学生的专业知识面，培养学生的专业意识与实践能力。

本书的编写具有以下几个特点：体现了时代特征，旨在培养创新型复合人才，使学生不仅具有分析解决工程技术问题的能力，而且能从经济系统、社会层面思考问题；具有鲜明的实用性，不仅能充分反映土木工程与各相关专业的相互渗透与交叉，而且注重实际应用；引入国内外最新工程实例，内容具有弹性；具有创新性，即注重对学生基本工程素质和技能的培养，以及自学能力的培养。

本书由北京工业大学霍达教授（第1、2、11、13章）、内蒙古工业大学曹玉生教授（第4章）、北京工业大学陈向东教授（第9章）、汕头大学王湛教授（第3、12、附录）、东北林业大学龚莉副教授（第5、10章）、北京工业大学滕海文副教授（第6、7、8章）共同编写，由霍达担任主编，曹玉生、陈向东、王湛担任副主编，霍达负责制定编写大纲及统稿。

海南大学三亚学院王志忠教授审阅全部书稿并提出很多宝贵建议，在此表示感谢。

由于编者水平所限，不足之处敬请读者批评指正。

目　　录

前言
第1章　绪论 ┈┈┈┈┈┈┈┈┈┈┈┈┈┈┈┈┈┈┈┈┈┈┈┈┈ 1
　1.1　土木工程的内涵及其重要性 ┈┈┈┈┈┈┈┈┈┈┈┈┈┈ 1
　1.2　土木工程发展历史与现状 ┈┈┈┈┈┈┈┈┈┈┈┈┈┈┈ 2
　1.3　土木工程的展望与未来 ┈┈┈┈┈┈┈┈┈┈┈┈┈┈┈┈ 22
　1.4　土木工程专业特点及学习方法建议 ┈┈┈┈┈┈┈┈┈┈ 24
　　思考题 ┈┈┈┈┈┈┈┈┈┈┈┈┈┈┈┈┈┈┈┈┈┈┈┈┈ 26
第2章　土木工程勘察与设计 ┈┈┈┈┈┈┈┈┈┈┈┈┈┈┈┈ 28
　2.1　工程地质勘察内容 ┈┈┈┈┈┈┈┈┈┈┈┈┈┈┈┈┈┈ 28
　　2.1.1　工程地质勘察内容 ┈┈┈┈┈┈┈┈┈┈┈┈┈┈ 28
　　2.1.2　工程地质勘察方法 ┈┈┈┈┈┈┈┈┈┈┈┈┈┈ 29
　　2.1.3　工程地质勘察报告 ┈┈┈┈┈┈┈┈┈┈┈┈┈┈ 30
　2.2　工程测量 ┈┈┈┈┈┈┈┈┈┈┈┈┈┈┈┈┈┈┈┈┈┈ 31
　　2.2.1　地形图测绘 ┈┈┈┈┈┈┈┈┈┈┈┈┈┈┈┈┈ 31
　　2.2.2　施工测量 ┈┈┈┈┈┈┈┈┈┈┈┈┈┈┈┈┈┈ 33
　　2.2.3　变形观测 ┈┈┈┈┈┈┈┈┈┈┈┈┈┈┈┈┈┈ 42
　2.3　地基与地基处理 ┈┈┈┈┈┈┈┈┈┈┈┈┈┈┈┈┈┈┈ 42
　2.4　土木工程力学基础 ┈┈┈┈┈┈┈┈┈┈┈┈┈┈┈┈┈┈ 45
　2.5　工程结构设计的基本理论与方法 ┈┈┈┈┈┈┈┈┈┈┈ 49
　　2.5.1　荷载作用 ┈┈┈┈┈┈┈┈┈┈┈┈┈┈┈┈┈┈ 49
　　2.5.2　应力应变与胡克定律 ┈┈┈┈┈┈┈┈┈┈┈┈ 50
　　2.5.3　工程结构设计的基本理论 ┈┈┈┈┈┈┈┈┈┈ 51
　　2.5.4　工程结构设计的建模 ┈┈┈┈┈┈┈┈┈┈┈┈ 53
　　思考题 ┈┈┈┈┈┈┈┈┈┈┈┈┈┈┈┈┈┈┈┈┈┈┈┈┈ 55
第3章　土木工程材料 ┈┈┈┈┈┈┈┈┈┈┈┈┈┈┈┈┈┈┈┈ 57
　3.1　无机胶凝材料 ┈┈┈┈┈┈┈┈┈┈┈┈┈┈┈┈┈┈┈┈ 57
　　3.1.1　石膏 ┈┈┈┈┈┈┈┈┈┈┈┈┈┈┈┈┈┈┈┈ 57
　　3.1.2　石灰 ┈┈┈┈┈┈┈┈┈┈┈┈┈┈┈┈┈┈┈┈ 57
　　3.1.3　水玻璃 ┈┈┈┈┈┈┈┈┈┈┈┈┈┈┈┈┈┈┈ 58
　3.2　水泥 ┈┈┈┈┈┈┈┈┈┈┈┈┈┈┈┈┈┈┈┈┈┈┈┈ 58
　　3.2.1　硅酸盐系列水泥 ┈┈┈┈┈┈┈┈┈┈┈┈┈┈ 59
　　3.2.2　影响水泥性能的因素 ┈┈┈┈┈┈┈┈┈┈┈┈ 60
　3.3　混凝土 ┈┈┈┈┈┈┈┈┈┈┈┈┈┈┈┈┈┈┈┈┈┈┈ 61
　　3.3.1　混凝土的分类 ┈┈┈┈┈┈┈┈┈┈┈┈┈┈┈ 62

3.3.2 混凝土外加剂 ·· 64

3.4 建筑砂浆 ·· 64

3.5 钢材 ·· 65

    3.5.1 钢结构 ·· 66

    3.5.2 钢筋混凝土常用钢材 ·· 69

3.6 木材 ·· 70

    3.6.1 木材的分类和构造 ·· 70

    3.6.2 木材的应用 ·· 71

3.7 建筑塑料 ·· 71

    3.7.1 塑料的分类 ·· 72

    3.7.2 玻璃钢 ·· 72

3.8 墙体材料和屋面材料 ··· 75

    3.8.1 墙体材料 ··· 76

    3.8.2 屋面材料 ··· 78

3.9 防水材料 ·· 79

    3.9.1 防水卷材 ··· 79

    3.9.2 防水涂料 ··· 80

    3.9.3 建筑密封材料 ··· 80

3.10 装饰材料 ··· 81

    3.10.1 天然石材 ·· 81

    3.10.2 建筑陶瓷 ·· 81

    3.10.3 建筑玻璃 ·· 82

    3.10.4 建筑装饰涂料 ·· 82

    3.10.5 其他装饰材料 ·· 82

3.11 建筑功能材料 ·· 82

    3.11.1 绝热材料 ·· 82

    3.11.2 隔声材料 ·· 83

    3.11.3 建筑加固修复材料 ·· 83

思考题 ·· 83

第4章 建筑工程 ··· 84

4.1 基本构件 ·· 84

    4.1.1 梁 ··· 84

    4.1.2 板 ··· 87

    4.1.3 柱 ··· 89

    4.1.4 墙 ··· 90

    4.1.5 基础 ·· 91

    4.1.6 拱 ··· 93

4.2 桁架结构与框架结构 ··· 95

    4.2.1 桁架结构 ··· 95

　　　4.2.2　框架结构 ·· 98

　　　4.2.3　排架结构 ·· 99

　4.3　单层及大跨度房屋结构 ·· 100

　　　4.3.1　网架结构 ·· 100

　　　4.3.2　悬索结构 ·· 103

　　　4.3.3　网壳结构 ·· 106

　　　4.3.4　薄膜结构 ·· 110

　4.4　高层建筑 ·· 112

　　　4.4.1　高层建筑的发展 ·· 112

　　　4.4.2　高层建筑结构体系与特点 ···································· 117

　　　4.4.3　国内外著名的高层建筑 ······································ 119

　4.5　智能及新型建筑 ·· 121

　　　4.5.1　智能建筑 ·· 121

　　　4.5.2　绿色建筑 ·· 122

　4.6　特种结构 ·· 123

　4.7　地下建筑 ·· 127

　思考题 ·· 128

第5章　道路与铁道工程 ·· 130

　5.1　道路工程概述 ·· 130

　　　5.1.1　交通运输方式及道路运输 ···································· 130

　　　5.1.2　我国道路现状与发展趋势 ···································· 131

　　　5.1.3　公路的分级与技术标准 ······································ 133

　　　5.1.4　公路路线设计与路基设计 ···································· 133

　　　5.1.5　公路交通控制与管理 ·· 136

　5.2　城市道路 ·· 136

　　　5.2.1　城市道路的组成、功能及特点 ································ 137

　　　5.2.2　城市道路分类与分级 ·· 139

　5.3　高速公路 ·· 140

　　　5.3.1　国内外高速公路发展概况 ···································· 140

　　　5.3.2　高速公路的特点、效益和意义 ································ 143

　5.4　铁道工程概述 ·· 145

　　　5.4.1　引言 ·· 145

　　　5.4.2　当前世界铁路的发展方向 ···································· 146

　　　5.4.3　铁路线路与轨道 ·· 146

　5.5　高速铁路 ·· 149

　5.6　城市轨道及其他 ·· 150

　　　5.6.1　城市地下铁道的发展 ·· 151

　　　5.6.2　轻轨交通 ·· 154

　　　5.6.3　城市轨道交通的技术进步与技术特征 ·························· 157

   5.6.4 磁悬浮铁路及新交通系统 ·· 158

  思考题 ·· 160

第 6 章 桥梁与隧道工程 ·· 161

 6.1 桥梁工程概述 ·· 161

   6.1.1 桥梁在交通运输事业中的作用 ·· 161

   6.1.2 我国桥梁建造的成就 ·· 161

   6.1.3 国外桥梁建设简述 ·· 165

 6.2 桥跨结构 ·· 169

   6.2.1 桥梁的基本组成部分 ·· 169

   6.2.2 桥梁的分类 ·· 170

   6.2.3 特色桥梁工程简介 ·· 175

 6.3 桥梁工程展望 ·· 176

 6.4 隧道工程概述 ·· 177

   6.4.1 国内外隧道发展概况 ·· 177

   6.4.2 隧道的分类及其作用 ·· 178

 6.5 公路隧道 ·· 181

   6.5.1 道路隧道的勘测设计 ·· 181

   6.5.2 道路隧道结构构造 ·· 182

   6.5.3 围岩分类与围岩压力 ·· 183

   6.5.4 公路隧道的施工方法 ·· 184

 6.6 铁路隧道 ·· 187

   6.6.1 隧道位置选择及构造设计 ·· 187

   6.6.2 支护体系设计 ·· 189

   6.6.3 隧道施工方法 ·· 190

 6.7 水底隧道 ·· 193

   6.7.1 水文调查与计算 ··· 193

   6.7.2 隧道建筑设计 ·· 194

   6.7.3 隧道工程结构设计与计算 ·· 195

   6.7.4 隧道防水 ·· 195

   6.7.5 水下公路隧道施工 ·· 196

  思考题 ·· 196

第 7 章 水工结构工程 ·· 198

 7.1 水工结构工程概述 ··· 198

 7.2 防洪工程 ·· 201

   7.2.1 挡水结构 ·· 201

   7.2.2 河道整治 ·· 206

   7.2.3 分洪工程、水库 ··· 206

 7.3 农田水利工程 ·· 207

 7.4 水力发电及地下电站工程 ··· 210

7.5 港口航道工程 ……………………………………………………… 211

思考题 ………………………………………………………………… 215

第8章 土木工程相关专业简介 ……………………………………… 216

8.1 城市规划与建筑设计 ………………………………………… 216

8.1.1 城市规划 ……………………………………………… 216

8.1.2 建筑设计 ……………………………………………… 217

8.2 交通工程 …………………………………………………… 221

8.2.1 交通特性分析技术 ………………………………… 222

8.2.2 交通调查方法 ……………………………………… 225

8.2.3 交通流理论 ………………………………………… 226

8.2.4 道路通行能力分析技术 …………………………… 226

8.2.5 交通规划理论 ……………………………………… 226

8.2.6 交通管理技术 ……………………………………… 227

8.2.7 交通安全技术 ……………………………………… 228

8.2.8 智能交通运输系统 ………………………………… 229

8.3 给水排水工程 ……………………………………………… 229

8.3.1 建筑内部给水系统 ………………………………… 229

8.3.2 建筑内部排水系统 ………………………………… 234

8.3.3 建筑内部热水供应系统 …………………………… 235

8.3.4 建筑屋面雨水排水系统 …………………………… 239

8.3.5 居住小区给水排水工程 …………………………… 240

8.4 暖通空调工程 ……………………………………………… 241

8.4.1 供暖工程 …………………………………………… 241

8.4.2 通风工程 …………………………………………… 245

8.4.3 空气调节工程 ……………………………………… 246

8.5 防护工程 …………………………………………………… 248

8.5.1 概述 ………………………………………………… 248

8.5.2 国防工程 …………………………………………… 248

8.5.3 民防工程 …………………………………………… 249

8.5.4 防护工程的结构类型 ……………………………… 249

8.5.5 防护工程结构的设计特点 ………………………… 250

8.5.6 防护工程对武器破坏防护要求 …………………… 250

8.6 海洋工程 …………………………………………………… 251

思考题 ………………………………………………………………… 253

第9章 土木工程施工 ………………………………………………… 255

9.1 施工技术 …………………………………………………… 255

9.1.1 基础工程施工 ……………………………………… 255

9.1.2 结构工程施工 ……………………………………… 261

9.1.3 防水工程施工 ……………………………………… 273

  9.1.4 装饰工程施工 ·· 274

  9.1.5 现代施工技术发展及展望 ·· 276

 9.2 土木工程施工组织 ·· 276

  9.2.1 土木工程施工的特点 ··· 276

  9.2.2 土木工程施工组织设计 ·· 277

  9.2.3 流水施工与网络计划 ··· 277

 思考题 ··· 279

第 10 章 建设项目管理及土木工程经济 ··· 280

 10.1 建筑工程管理 ·· 280

  10.1.1 工程项目 ··· 280

  10.1.2 工程项目管理 ·· 282

  10.1.3 工程项目管理的内容和程序 ·· 284

  10.1.4 工程项目管理的主要方法 ··· 285

 10.2 国际工程管理 ·· 286

  10.2.1 国际工程的概念 ·· 286

  10.2.2 国际工程的特点 ·· 286

  10.2.3 国际工程管理 ·· 289

 10.3 土木工程经济 ·· 292

  10.3.1 概述 ·· 292

  10.3.2 建设项目可行性研究 ··· 294

 思考题 ··· 299

第 11 章 土木工程防灾减灾 ··· 300

 11.1 土木工程灾害概述 ·· 300

 11.2 土木工程防灾减灾技术 ·· 303

  11.2.1 防灾减灾的过程 ·· 303

  11.2.2 减轻灾害的主要技术和措施 ·· 304

  11.2.3 防灾减灾决策 ·· 305

  11.2.4 城市综合防灾体系 ··· 305

  11.2.5 城市防灾规划及防灾工程 ··· 307

 思考题 ··· 309

第 12 章 计算机在土木工程中的应用 ·· 310

 12.1 计算机辅助设计 ·· 310

  12.1.1 计算机辅助设计的概述及其起源和发展 ··························· 310

  12.1.2 CAD 在我国建筑工程领域的应用 ···································· 312

 12.2 土木工程的计算机仿真 ·· 317

  12.2.1 计算机仿真的概念及其起源和发展 ·································· 317

  12.2.2 仿真软件在我国建筑工程领域中的应用 ··························· 319

 12.3 土木工程专家系统 ·· 321

  12.3.1 人工智能 ··· 321

　　　12.3.2　专家系统 ……………………………………………………………… 322

　　　12.3.3　专家系统在国内土木工程中的应用 …………………………………… 326

　　思考题 ……………………………………………………………………………… 326

第 13 章　土木工程职业注册制度及职业资格证书 …………………………………… 327

　13.1　注册师制度 …………………………………………………………………… 327

　　　13.1.1　注册制度简介 ……………………………………………………………… 327

　　　13.1.2　注册师制度的建立对人才培养规格提出了新的要求 …………………… 327

　13.2　土木工程注册师及相关专业注册师介绍 …………………………………… 329

　　　13.2.1　注册城市规划师 …………………………………………………………… 329

　　　13.2.2　注册建筑师 ………………………………………………………………… 329

　　　13.2.3　注册结构师 ………………………………………………………………… 330

　　　13.2.4　注册建造师 ………………………………………………………………… 330

　　　13.2.5　注册监理工程师 …………………………………………………………… 331

　　　13.2.6　注册土木工程师（岩土） ………………………………………………… 332

　　　13.2.7　注册土木工程师（港口与航道工程） …………………………………… 332

　　　13.2.8　造价工程师 ………………………………………………………………… 333

　　　13.2.9　注册电气工程师 …………………………………………………………… 333

　　　13.2.10　注册公用设备工程师 …………………………………………………… 334

　　　13.2.11　注册咨询工程师（投资）执业资格制度 ……………………………… 334

　　　13.2.12　注册资产评估师 ………………………………………………………… 335

　　思考题 ……………………………………………………………………………… 335

附录　土木工程常用词汉英对照 ………………………………………………………… 336

参考文献 ……………………………………………………………………………………… 341

第1章 绪 论

1.1 土木工程的内涵及其重要性

我国国务院学位办公室在学科简介中对土木工程（civil engineering）定义如下："土木工程是建造各类工程设施的科学技术的总称。"土木工程具有两重含义。其一，土木工程是指各类工程设施，即工程建设的对象，也就是说，土木工程设施是建造在地上、地下、或者水中的，直接或间接地为人类的生活工作、生产科研、交流联络、军事国防等提供服务的各类工程设施，诸如房屋建筑工程、公路与城市道路工程、铁路工程、桥梁工程、隧道工程、机场及其他站场工程、地下工程、矿井工程、港口码头工程、给水排水工程、市政管道与输送线路工程、海洋平台工程、发射塔架工程、电站与输变电工程、防灾减灾与防护工程、防御工程等等。按照国际惯例，土木工程设施也包括堤坝、水库、运河、灌溉等水利工程设施。其二，土木工程作为学科是指有关建造这些工程设施所需用的工程材料、机械设备和新进行的勘察、测绘、规划、设计、施工建造、保养维护、加固改造等专业技术活动的科学技术。

在 20 世纪 50 年代，我国第一个五年计划时期，面对当时百业待举、百废待兴的局面，国家对重点建设的长春第一汽车制造厂、洛阳第一拖拉机厂等数百项重点基础性建设项目，给出了一个"基本建设"（capital construction）的统称，用来统指工厂、矿井、铁道、公路、桥梁、地铁、农田水利、商场、住宅、医院、宾馆、学校、体育场馆、展览厅、机场、码头、大坝、供水、供电、供气和通信线路等土木工程的建设活动，范围涉及工业、农业、交通运输业、生活服务业和军事国防等各个行业。国家设立了国务院基本建设委员会来统一决策和管理这些项目的计划、投资和建设等土木工程的丰富内涵和宽广专业覆盖面可略见一斑。

土木工程作为历史悠久的传统学科，其名称在东西方两种语言中是不同的。汉语说土木工程顾名思义是指涉及用"土"和"木"建造的工程设施，视角切入点是在建造材料，这源于中国的五行学说：万物皆由金、木、水、火、土五类物质组成。在几千年的历史中，工程设施大都由"石、沙、泥、灰"等所谓的"土"及其烧制而成的"砖、瓦、陶瓷"制品等加上"木材、茅草、藤条、竹子"等"木"制造的制品，因此，汉语中"大兴土木"即大搞工程设施建设，"不宜动土"即不适合搞工程设施建设。而在西方，英语的视角则着眼于工程设施的服务对象，与汉语"土木工程"对等的英语是 civil engineering，其单纯字面翻译是"民用工程"。英语中的土木工程最初仅指除去服务于战争的工程设施之外的服务于生活与生产需要的工程设施。只是发展到现在，才把服务于战争的战壕、掩体、碉堡、浮桥、人防工事等归入 civil engineering 的范畴。

由于内涵丰富、专业覆盖面广，土木工程对人类的生存、国民经济的发展、社会文明的进步起着举足轻重的作用，其重要性主要体现在土木工程的基础性、带动性和综合性。

1）基础性。土木工程是一个国家的基础产业和支柱产业，因为土木工程与人类的生活、生产乃至生存息息相关、密不可分。人类的生活离不开"衣、食、住、行"，其中"住"是指房屋建筑，"行"则需要建造铁道、公路、机场、码头等，这两项都与土木工程直接有关；而"食"则需要打井取水，筑渠灌溉、建粮仓储仓、食品加工厂等，"衣"的纺纱、织布、制衣也要在工厂内进行，这两项与土木工程间接相关。只有土木工程设施先行建设好，人们的生活、工作、学习和其他产业才有了活动的空间，有了发展的基础和支持。

2）带动性。土木工程对国民经济发展的带动作用，主要表现在土木工程的资金投入大，带动行业多，是挖掘和吸纳劳动力资源的重要平台之一。当今，世界城市化进程的加速已成为生产力突进腾飞的重要标志，经济快速发展的国家和地区都正在投入大量资金进行高层大跨建筑、大型立交桥、地下铁路、高速公路、大坝水库、空港海港、石油平台、卫星发射塔架以及其他各种生命线工程设施的建设，土木工程行业对我国国民经济的贡献率约达 25％左右。特别是我国改革开放的二三十年，固定资产的投入甚至接近和超过了 GDP 总量的一半，其中绝大多数与土木工程行业有关，土木工程行业对我国国民经济的行业贡献率高达 30％多。它不仅带动了我国钢铁、材料、运输等行业的发展，而且吸纳了大量的农村来城市务工人员。近年来，随着我国城市化建设的持续深入和社会主义新村镇建设的蓬勃开展，土木工程的行业贡献率和对国民经济的拉动作用还有持续增长的势头。

3）综合性。现代科学技术的发展和时代的进步，不断为土木工程技术注入新理念，提供新工具，造就新工艺，提出新要求。特别是现代工程材料的变革，力学理论的进步，计算机应用的推广，对土木工程的发展、进步和更新起着极为重要的推动作用。时至今日，土木工程面对的已不仅仅是往昔传统意义上的砖瓦砂石堆砌，而是有较大高科技含量的现代工程设施建设。土木工程学科已发展成为由新理论、新概念、新材料、新工艺、新方法、新技术、新结构、新设备等武装起来的涉及行业多，内含深邃的大型综合性学科。

1.2 土木工程发展历史与现状

土木工程的发展源远流长，历史悠久。早在远古时代，人类为了自身安全和生存的需要，就已经会利用树枝、石块等天然材料搭建屋棚、石屋（图1.1），为了精神寄托的需要建造了石环、石台等原始宗教及纪念性土木建筑物（图1.2）。公元前5000年左右至17世纪中叶被称为古代土木工程阶段。在古代土木工程的早期阶段，人类只会使用斧、锤、刀、铲和石夯等简单的手工工具，而石块、草筏、藤条、木杆、土坯等建造材料主要取之于自然。直到公元前1000年左右，人类学会了烧制砖、瓦、陶瓷等制品，而公元之初罗马人才会使用混凝土的雏形材料。尽管在这一时期中国出现了建造经验总结的《考工论》（公元前5世纪）和《营造法式》（北宋李诫）等土木工程著作，意大利也出现了描述外形设计的《论建筑》（文艺复兴时期贝蒂）等，但当时的整个建造过程全无设计和施工理论指导，一切全凭经验积累。从这个角度来看，土木工程比机械工程等其他传统学科历史更久长。

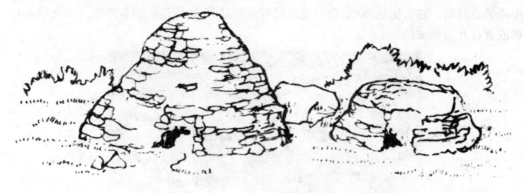

图 1.1　石屋

　　（a）石环　　　　　　　　　　　　　（b）石台
图 1.2　原始宗教及纪念性建筑物

　　尽管古代土木工程十分原始和初级，但无论是国内还是国外，在 7000 余年的发展过程中，人类还是建造了大量的绝世土木佳作。其中不仅有神庙教堂、陵墓祭坛、竞技场馆、宫殿堡垒等建筑工程，也有运河灌溉等水利工程和道路桥梁等交通设施。这些杰出工程的规模之宏大艰巨、构思之缜密精巧至今令人叹为观止。

　　在西方，有历史价值的著名土木工程或遗址有：建于公元前 2700～前 2600 年间的埃及金字塔和狮身人面像（司芬克斯）（图 1.3），不仅是目前唯一未倾塌消泯的世界七大奇迹之一，而且也是当今世界上朝向最精确的建筑（正东、正南、正西、正北朝向最大偏差仅为 1.5/10 000）；建于公元前 447～前 438 年间的希腊帕特农神庙（图 1.4）被称为雅典的王冠，是欧洲古典建筑的典范；建于公元前 19～前 20 年的法国加尔桥（图 1.5）是古罗马人为尼姆城修筑的引山泉水渠，三层拱桥、拱门错落，简洁实用中体现优雅韵味；建于公元 75～85 年的意大利古罗马竞技场（科洛西莫斗兽场）（图 1.6）已拥有 5 万个观众坐席和站席，并使用了雏形混凝土；始建于公元 5 世纪的墨西哥奇琴伊察城（图 1.7）是古玛雅帝国的中心城，其库库尔坎金字塔既是神庙，又是天文台；建于公元 532～537 年间的土耳其伊斯坦布尔圣索菲亚大教堂（图 1.8）用砖砌圆形穹顶营造了直径 31m，高 55m 的大空间；埃塞俄比亚中部拉里贝拉独石教堂（图

1.9）是公元1200左右在山体岩石中直接凿建而成的；在公路交通设施方面，欧洲罗马帝国（公元前30～公元476年）修建了含有29条主干道322条联系支线的以罗马为中心的道路网，总长度达8000余公里。可以看出这些土木工程基本都是由砖瓦砂石堆砌或直接开凿而成的。

图1.3　埃及金字塔和狮身人面像

图1.4　希腊帕特农神庙

图1.5　法国加尔桥

图 1.6　意大利古罗马竞技场

图 1.7　墨西哥奇琴伊察城

图 1.8　土耳其伊斯坦布尔圣索菲亚大教堂

图 1.9 埃塞俄比亚中部拉里贝拉独石教堂

我国古代，蔚为奇观的土木建筑工程杰作更是不胜枚举，但是多是木结构加砖石砌筑而成。例如至今仍保存完好的中国古代伟大的砖石结构——万里长城（图 1.10），始建于公元前 220 年的秦始皇时代，后又经汉代、明代的陆续修缮，东起"两京镇钥无双地，万里长城第一关"的山海关，西至"大漠孤烟直，长河落日圆"的嘉峪关，翻山越岭、蜿蜒逶迤 6500 余公里；"锦江春色来天地，玉叠浮云变古今"的四川灌县都江堰工程（图 1.11）建于公元前 306～前 251 年间，其创意科学、设计巧妙，盖世无双，至今仍造福于四川，使成都平原成为"沃土千里"的天府之乡；建于公元前 200 年前后的秦皇陵兵马俑（图 1.12）不仅阵容规模庞大，而且 7000 多军俑、车马阵列有序、军容威严，被誉为世界文明的第八大奇迹；隋朝（公元 600 年前后）开凿修建的京杭大运河（图 1.13）全长 2500km，是世界历史上最长的运河，至今仍是重要的水运通道；北京故宫（图 1.14）建于明永乐四年（公元 1406），占地 72 万 m²，红楼黄瓦、金碧辉煌；北京天坛（图 1.15）建于明永乐十八年（公元 1420），总占地 270 万 m²，是中国现存最大的坛庙建筑，浑穆庄严、天圆地方；建于公元 605 年隋朝的河北赵县交河安济桥（图 1.16），又称赵州桥，是世界上第一座敞肩式单圆弧弓形石拱桥，其单孔跨度 37.02m，保持世界纪录 800 年，其矢高 7.24m，矢高比不到 1∶5，则保持世界领先 1000 年。安济桥造型简约舒展，拱肩上有 4 个小孔，既能减轻自重，又便于排泄洪水，更显得美观大方，科学构造新颖，引领一代风格门派数世纪，堪称中国工程一绝；还有建于公元 1056 年山西应县佛宫寺释伽塔（图 1.17），又称应县木塔，9 层的塔身高 67.3m，八角形横截面底层直径 30.27m，千余年来历经多次大地震仍完好耸立；在交通设施建设上，早在秦统一中国后，即以咸阳为中心，修筑通往全国各郡县的驰道形成全国交通网，主要干道最宽达 9.8m。

图 1.10　中国万里长城

图 1.11　中国四川灌县都江堰

图 1.12　秦皇陵兵马俑

图 1.13 京杭大运河

图 1.14 北京故宫

图 1.15 北京天坛祈年殿

图 1.16　河北赵州桥

图 1.17　山西应县木塔

　　从 17 世纪中叶到 20 世纪中叶第二次世界大战战后的 300 余年被称为近代土木工程阶段，在这一时期，力学和结构理论，土木工程材料和施工技术等方面都有迅速的发展和重大突破，土木工程开始逐渐形成为一门独立的学科。

　　在理论方面，1683 年意大利著名科学家伽利略发表了"关于两门新科学的对话"论文，首次用公式表达了梁的设计理论（图 1.18）；1687 年英国伟大的科学家牛顿总结出牛顿力学三大定律，为土木工程设计奠定了力学分析基础；1825 年法国工程师纳维建立了结构设计的容许应力法；19 世纪末里特尔等人提出了极限平衡理论等，在材料力学、弹性力学和材料强度理论的基础上，进一步为土木结构设计进行较系统的理论指导。

悬臂梁（Galileo's cantilever beam）

图 1.18　伽利略的梁设计理论实验

在土木工程材料方面，波兰特水泥的发明（1824 年英国阿斯普兰）、转炉炼钢法的发明（1859 年贝塞麦）和钢筋混凝土的发明与应用（1867）使得钢材可以大量生产，复杂的房屋结构桥梁设施建设得以实现。

在施工技术方面，诸如打桩机、压路机、挖土机、挖掘机、起重机、吊装机等新的施工机械的出现和应用，为土木工程建设提供了高效快速建设的新手段，使得新的施工技术不断发展，施工规模日益扩大、施工速度大大加快。

在社会需求方面，产业革命促进了工业、交通运输业的发展，经济的发展刺激着人类对生活质量提高的期盼，对土木工程的基础设施的需求变得更加广泛和深化，进一步推动了土木工程的快速发展。

在这一时期，西方崛起迅速，具有历史意义的近代土木工程杰作很多。如 1872 年在美国纽约建成了世界第一座钢筋混凝土结构房屋。1883 年在美国芝加哥建造的 11 层保险公司大楼（图 1.19），首次采用钢筋混凝土框架承重结构，是现代高层建筑的开端。1889 年在法国巴黎建成的标志性建筑——埃菲尔铁塔（图 1.20），连同顶部旗杆塔高达 312m，是当时世界上最高的建筑，共有 1.8 万余钢构件，250 万颗铆钉，总重达 8500t，现已成为法国和巴黎的象征。1825 年英国修建了长达 21km 的世界第一条铁路（图 1.21），到 1869 年美国就修建了横贯美国东西的北美大陆铁路；从 1863 年英国建成世界上第一条地下铁道起，美、法、德、俄、日等国的大城市也相继修建地下铁道逐渐形成盘杂快捷的地下铁路网；位于美国纽约第五街和第三十四街之间的帝国大厦（建于 1931 年）有 102 层，高 378m（图 1.22），雄踞世界最高建筑 40 年，钢骨架重达 50 多 t，设有 67 部电梯。著名的苏伊士运河（图 1.23）和巴拿马运河（图 1.24）分别开凿于 1869 年和 1914 年，它们的通航分别连接沟通了地中海和印度洋以及太平洋和大西洋，避免了绕行，在全球运输中发挥了巨大的作用。1936 年在美国旧金山建成跨越旧金山海湾的金门大桥是首座单跨过千米的大桥（图 1.25），跨度达 1280m，桥头塔高 277m，2.7 万余根钢丝绞线的主缆索直径 1.125m，重 1.1 万 t，两岸的混凝土巨块缆索锚锭分别达 13 万 t（北岸）和 5 万 t（南岸）。

图 1.19　美国芝加哥保险公司大楼

图 1.20　法国巴黎埃菲尔铁塔

图 1.21　英国世界上第一条铁路

　　这一时期，我国由于闭关锁国，土木工程发展缓慢，但还是引进西方技术建造了一些有影响的土木工程，其代表主要有京张铁路（图 1.26）、钱塘江大桥（图 1.27）和上海国际饭店（图 1.28）。京张铁路建于 1909 年，全长 200km，是由 12 岁便考取"出洋幼童"成为中国近代官贵留学第一人的铁路工程师詹天佑设计并主持建设的。钱塘江大桥是我国第一座公路两用双层钢结构桥，由我国留美博士茅以升主持建设于 1933～1937 年间，建设中利用了"射水法"、"沉箱法"、"浮运法"等先进技术。上海国际饭店建成于 1934 年，24 层，高 81m，在 20 世纪 30 年代曾号称远东第一楼，在 1980 年广州白云宾馆建成之前一直是中国最高建筑，保持记录 46 年。

图 1.22 美国纽约帝国大厦

图 1.23 苏伊士运河

图 1.24 巴拿马运河

图 1.25 美国金门大桥

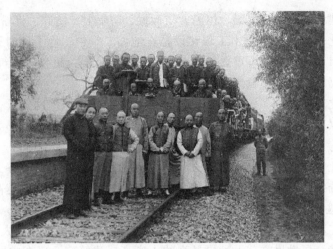

图 1.26　京张铁路建设者合影

图 1.27　钱塘江大桥

图 1.28　上海国际饭店

从第二次世界大战结束（1945 年）至今 60 多年称为现代土木工程阶段。随着经济的起飞，时代文明的进步，科学技术的迅速发展，现代土木工程使用的各种新材料、新结构、新技术、新工艺的涌现，工程设计理论的新进展，机械、信息、通信、计算机等技术的高速发展不仅为土木工程建设发展提供了良好的技术条件，也提供了强大的物资和需求基础。这一时期相继出现了高层、超高层摩天大楼，大规模核电站，新型大跨桥梁，海底隧道，高速公路，高速铁路，大型堤坝，海洋平台和填海造城工程等等。现代土木工程形成了功能多样化、建设立体化、交通快速化、设施大型化的特点。

功能多样化表现在现代土木工程已超越了传统意义的挖土盖房、架梁修桥的范围。土木工程设施要与周边环境在景观、环保、生态形成美感与协调；房屋建筑要智能化，结构布置要与水、电、气、温湿度的调节控制设备相结合，电子技术、生物基因工程等高技术工业建筑必须满足恒湿、恒温、防微振、防辐射、防碎、无粉尘要求等。

建设立体化表现在现代土木工程建设是在地面、空中、地下同时开展、立体发展的，这也是城市现代化的一个重要标志。目前各国的高层、超高层建筑，地下交通网，地下商业街，高架路与高架轨道交通发展十分迅猛。

交通快速化表现在许多国家地区的高速公路网、高速铁路网、设备先进的大型航空港的建设方兴未艾、新路新港层出不穷。第二次世界大战后各国都大规模兴建高速公路，到目前为止50多个国家和地区高速公路总长超过了17万km。

设施大型化表现在为满足能源、交通、环保及公众活动需要的穿天钻地、跨海拦江的大型工程陆续建设，工程结构设施的跨度越来越大，高度越筑越高，深度越挖越深，隧道越凿越长，体积越修越大。

现代土木工程阶段的优秀杰作比比皆是，不胜枚举。如美国高度大于200m的高层建筑有100多幢，居世界之首。世界最高的十座高层建筑有7座在中国，2座在美国，一座在马来西亚。当今世界最高建筑是中国台湾台北国际金融中心大厦（图1.29），又称101大楼，建于2004年，101层，高508m，上面装有世界最大最重的"风阻尼器"和两台世界最高的电梯，从1楼到89楼仅需39s；马来西亚吉隆坡国家石油双子星座大厦（图1.30）建于1996年，对称双塔，88层，高451.9m，世界第二；1974年建成的美国芝加哥西尔斯大厦（图1.31）高443m，110层，世界第三。世界第四到第七高建筑都在中国，它们分别是建于1998年的上海金茂大厦（图1.32），88层，高421.5m；建于2003年的中国香港国际金融大厦（2期）（图1.33），88层，高420m；中国广州中信广场大厦（图1.34）建于1997年，高391m，80层；中国深圳地王大厦（图1.35）建于1996年，384m，69层。前面提到的曾经雄踞世界最高40年的美国纽约帝国大厦以378m的高度，目前屈居第8位。建于1912年，在2002年"911"事件中倒塌的美国纽约世界贸易中心双塔（图1.36）如果还存在的话，将以417m的高度位居世界第六位。我国第一条高速公路——沈大高速公路（图1.37）建于1990年，全长375m；日、法、德、中国台湾都相继建成了时速150～200km以上的高速铁路网，图1.38所示是中国台湾的高速铁路；广深准高速铁路时速达167km（图1.39）；上海磁悬浮铁路设计时速达到430km（图1.40）。法国巴黎戴高乐机场2004年曾发生屋顶坍塌事故（图1.41）；图1.42为北京首都机场概貌。日本明石海峡大桥，主跨1991m，全长3910m，为目前世界上跨度最大的悬索桥（图1.43）；丹麦大贝尔特桥，主跨1624m（图1.44）；横跨万里长江之上的武汉长江大桥是我国长江上第一座公铁路两用桥，全桥长1670.4m，正桥长1156m（图1.45）；江阴长江公路大桥，主跨1385m，桥塔高190m（图1.46）；中国香港青马桥，主跨1377m，桥塔高131m（图1.47）；法国诺曼底桥由33个部分组成，两座混凝土桥塔高215m，耸立在相当于20层高楼的基座上，诺曼底桥的中央跨度为856m，桥的总长是2200m（图1.48）；上海杨浦大桥全长8354m（包括主桥、引桥、匝道、引道），桥面总宽30.35m，钢筋混凝土柱塔高为200m（图1.49）；日本青函海底隧道南起青森县，北至北海道，由3条隧道组成，主隧道全长53.9km，其中海底部分23.3km，陆上部分本州一侧为13.6km，北海道一侧为17km，是世界上最长的海底隧道（图1.50）；英法海底隧道横穿英吉利海峡，西起英国东南部港口城市多佛尔附近的福克斯通，东至法国北部港口城市加来，全长

50.5km，其中海底部分为 37km，使英伦三岛与欧洲大陆连为一体（图 1.51）；加拿大多伦多电视塔高逾 500m，是世界最高的电视塔（图 1.52）；青海龙羊峡大坝坝高 178m，目前为亚洲第一高坝，坝底宽 80m，拱顶宽 23.5m，全长 1227m（挡水长度），水库周长 108km，面积 383km²，库容量 247 亿 m³（图 1.53）；长江三峡水利枢纽是多目标开发的综合利用工程，其防洪、发电、航运三大主要效益，均居世界同类水利枢纽前列，世界上目前无相当的巨型水利枢纽与之比拟，是世界上效益最大、工程规模最大的水利枢纽工程（图 1.54）；四川二滩水电站是我国 20 世纪建成的最大的水电站，电站双曲拱坝高 240m，总库容 58 亿 m³，装机容量 330 万 kW（6×55 万 kW），年平均发电量 170 亿 kW·h（图 1.55）。

图 1.29　中国台湾台北 101 大楼

图 1.30　马来西亚"双塔"

图 1.31　美国芝加哥西尔斯大厦

图 1.32　上海金茂大厦

图 1.33　香港国际金融大厦 2 期

图 1.34　广州中信广场大厦

图 1.35　深圳地王大厦

图 1.36　美国纽约世界贸易中心双塔

图 1.37　沈大高速公路

图 1.38　中国台湾高速公路

图 1.39　广深准高速铁路

图 1.40　上海磁悬浮铁路

图 1.41　法国巴黎戴高乐机场

图 1.42　北京首都机场

图 1.43　日本明石海峡大桥

图 1.44 丹麦大贝尔特桥

图 1.45 万里长江第一桥——武汉长江大桥

图 1.46 江阴长江大桥

图 1.47　香港青马大桥

图 1.48　法国诺曼底桥

图 1.49　上海杨浦大桥

图 1.50　日本青函海底隧道

图 1.51　英法海底隧道

图 1.52　加拿大多伦多电视塔

图 1.53　青海龙羊峡大坝

图 1.54　三峡水利枢纽

图 1.55　四川二滩水电站

1.3　土木工程的展望与未来

土木工程是随着人类社会的发展而不断变化和进步的。现代生活水平的不断提高和科学技术的飞速发展，对土木工程提出了更新、更高的要求。

1. 土木工程材料向多功能、智能化发展

各种轻型铝合金、镁合金和玻璃纤维增强塑料（玻璃钢）等建筑材料已经在土木工程中得到广泛应用。此外，一些轻型的多功能、智能材料和组合、复合材料也将被开发应用，如智能混凝土（自修复混凝土），在混凝土中掺入装有树脂的空心纤维，当结构构件超过允许裂缝时，混凝土的微细管破裂，溢流出来的树脂将自动封闭和粘接裂缝。在土木结构的重要构件中埋设光导纤维，形成光纤混凝土，监视构件在荷载作用下的受力状况，显示结构服役状况。将建筑中的梁、柱由聚合物等缓冲材料连成有机结构构件，使其在一般荷载下为刚性连接，在振动作用下为柔性连接，起到吸收和缓冲地震或风力等外力作用。

2. 土木工程项目趋于大、全、新并向太空、海洋、荒漠开拓

建筑结构的高度越来越高，将来会有更多的高层涌现。如日本竹中工务店宣布要建空中城市——空中城 1000，地基深 60m，地上高 1000m，总建筑面积 800 万 m^2，可供 3.5 万人居住。桥梁越建越长，桥梁跨度越建越大，桥梁型式也越来越新。美国的彭恰特伦桥，总长度达 38.4km，日本的本州与四国联络桥总长为 37.3km。未来桥梁建设向更大跨度，更长距离，更新形式发展。据报道，未来将建造跨度为 2000～3000m，甚至 5000m 的直布罗陀海峡悬索桥。高速铁路、高速公路已经在一些国家应用，目前已建成高速铁路的时速已达 350km，而时速达 500km 的磁悬浮列车将在许多国家推广应用。在隧道建设方面，一条横穿台湾海峡的海底隧道正在规划之中，全长 144km，埋在海底 50m（海水深 30～70m），若能建成，将成为世界上最长、最深的海底隧道。

由于可使用陆地面积的逐渐减少，人类开始向太空、海洋、荒漠等领域开拓。向太空发展的梦想可望在 21 世纪变成现实，美国计划在月球上建立圆形基地，日本设想在月球上建立钢制六角形蜂房式基地，同时人类可以向与地球相似的火星进发。海洋占地球表面积的 70%，具有丰富的基地资源，可以填海造地建造机场、筑海上人工岛，或围海造城、构建海上平台、或建海上浮动城市等。沙漠或荒漠占陆地的 1/3，生态环境恶劣，空气干燥，不适于人类生存，未来将进一步大规模对荒漠进行改造，使其变成为方便人类使用的绿洲。

3. 土木工程规划设计科学化、自动化，施工建造精细化、工厂化

由于结构的复杂性和计算能力的限制，复杂结构的计算较为粗糙，而随着数值计算方法的发展及计算机的不断升级换代，结构计算从以前的不能算或粗略估计变为较精确的分析，尤其是相应计算分析软件的出现，使得土木工程规划设计逐渐科学化和自动化。施工建造中引入信息化及智能化的技术极大地促进了土木工程施工的发展，不仅能及时准确处理在施工过程中的各个阶段遇到的信息，而且能规模化、工厂化生产，大幅度提高了施工效率，保证了施工质量。

4. 土木工程的可持续发展

可持续发展是 1987 年世界环境与发展委员会提出来的，它主要是指既满足当前的需要，又不对后代满足需要的发展构成危害。世界工程组织联合会呼吁全体工程师支持可持续发展。作为土木工程师，有责任和义务推动土木工程的可持续发展。

土木工程中与可持续发展有关的主要问题有环境保护问题、资源（如土地、电能、热能、建筑材料）的循环利用问题和生态问题等等。土木工程项目建设要消耗能源和资源，应尽可能用再生资源或者循环利用已有资源，耗能太大的项目少上或者不上，对生态不利的或者有损于环境的项目也要严格控制和把关。要做到土木工程的可持续发展，就需要所有的土木工程师和相关人员密切合作，相互协调、配合，只有这样才能真正、有效地实现土木工程的可持续发展。

1.4 土木工程专业特点及学习方法建议

按国务院学位办公室给出的学科定义，作为一门理论与实践结合十分紧密的学科专业，土木工程是建造各类工程设施的学科技术总称。这里共涉及科学、技术和工程三个关键词，它们即相互关联，又互相区别，是各有侧重的不同概念。

科学（science）是反映自然、社会、思维等的基本规律的分科的知识体系。研究的是万物发展变化的规律，回答的问题是为什么（why）。

技术（technology）是人类在认识自然和利用自然的过程中积累起来并在生产劳动中体现出来的经验和知识，其是为生产产品服务的，回答的是如何做（how）。

工程（engineering）是将目前科学或专业技术应用于生产部门，与社会、经济、政治、法律、人文等多方面因素相结合的综合实践过程，既可以泛指应用过程中形成的各学科或其总称，也可以泛指具体的建设项目或某项具体工作，目的是利用和改造自然来为人类服务。

高等学校的学科分类有理科、工科、文科、医科、经济等之分，在高考填报志愿时理科与工科同属一个大类——理工类，说明二者的联系紧密，但二者又有不同的侧重。理科的数学、物理、化学、生物、力学等，侧重于学习科学，便于应用并辅以学技术；工科的土木工程、机械工程、电子通讯工程、交通工程、市政工程、环境工程等则侧重于学习技术，为学科技术辅以学科学，因为科学原理是掌握技术的前提。而工科学生，以实现利用和改造自然为人类服务的目的，完成科学技术在生产部门的应用并与社会、经济、人文等多方面因素完美结合，在学习科学技术、提升自己的科技业务水平和工程素质的同时，培养自己人文底蕴、经济头脑、法律意识、美学修养和社会能力等也是非常重要的，否则所提供的技术即使成熟完善，但成本过早超过现有经济发展水平，或违反伦理道德、风俗习惯甚至法律规范，也只能束之高阁，不会得以实际应用和推广。

土木工程就是这样一个理论与实践结合紧密的学科专业。它培养适应社会主义现代化建设需要、德智体全面发展、掌握土木工程学科基本理论和基本知识，获得土木工程师基本训练、具有基本土木工程素质、中华人文底蕴和科技创新精神的高级土木工程技术人才。它要求学生毕业后能从事各类土木工程设计、施工与管理工作，并具备初步的土木工程规划和研究开发能力。

为了完成专业培养目标，土木工程专业大学生在校期间应该踏踏实实地积累学科专业知识，特别重视能力和素质培养，并积极参加实践教学活动这三大关键环节，即积累知识、培养能力和积极实践。

土木工程专业积累的知识主要有：基础理论与知识，专业知识与技术，相关专业知识和必需的技能和工具。基础理论与知识有高等数学、物理、化学等基础理论和工程力学（理论力学、材料力学、结构力学）、流体力学（水力学）、土力学、工程地质学等应用理论两大方面；专业知识与技术有土木工程结构（钢结构、木结构、混凝土结构和砌体结构等）的设计理论与方法、土木工程材料、工程经济、基础工程、土木工程施工技术、建设法规、建设项目管理、土木工程抗震等；相关专业知识诸如给水排水、供暖通风、电工电子、环境工程、工程机械、交通工程等；必须掌握的技能和工具主要有工程制图、工程测量、材料与结构试验、外语和计算机在土木工程中的应用等等。为训练培养学生解决实际工程问题能力，还开设了试验原则、实习系列和设计原则的实践类课程和第二课堂教学活动。试验系列有力学试验、电工试验、材料试验、结构试验与结构检测等等；设计原则有房屋建筑学、高层建筑学、高层建筑结构设计、大跨空间结构、道路工程、桥梁工程、混凝土与钢结构课程设计、施工组织设计、毕业设计等等。

面对我国加入 WTO 后世界建筑市场全球化、工程国际化的新形势，教育部明确提出本科专业应培养宽口径复合型人才的要求，实用创新型土木工程人才应该在掌握必备的基础上，具有从总体、宏观上把握土木工程特点，具体分析解决土木工程技术问题的能力，在工程实践、理论修养、外语水平、计算机操作等方面受到高水平训练，具有较强的专业方向适应性，创新精神和经济头脑，善于组织协调与管理。集工程、技术、人文、经济、管理、社会能力一身。

重点培养的能力和素质主要包括：

1）自学能力。主动地向老师、书本学习，不断获取新知识，扩大知识面，要勇于实践，善于实践，勤于自主训练，善于在图书馆、资料室查阅相关文献、善于上网等等。

2）工程素质。注重技术符号和计算公式的工程意义和概念的理解，学会从总体上、宏观上把握土木工程结构，达到教学、图纸、结构实体的统一。需要指出的是：文字表达、工程图阐明和口头讲述的能力也是非常重要的。

3）综合解决问题的能力。学校教学多是单科课程教学，而未来的土木工程专业技术工作却是多门课程的综合应用，因此，平时在进行单科学习时，也要注意与其他课程的融会贯通，培养工程判断决策能力，珍惜综合训练机会、实习和毕业设计。

4）创新精神。学习过程中要努力探索和发现，要敢问、多想、勤思及力争上游，努力开拓进取，积极应对老师教学中的互动式教学相长，主动培养自己的发现能力和创新思维能力。

5）协调管理能力。现代土木工程不是一两个人就能完成的，需要成千上万的人去共同努力，因此协调管理和组织带动能力也是极为重要的。要学会正确处理上下左右的关系，学会做事情合情、合理、合法，培养适应能力、民主作用、语言表达技巧和团队精神。

高等教育在教学和训练上和中学以前的国民素质教育有很大差别，不仅课程多而杂，进度快，学生自主学习份量重，教师把要领，修行在学生，而且由于其工程实践性强，还须在做好课堂学习的基础上，积极参加实践、认知学习、测量实习、施工实习、课程和毕业设计训练、第二课堂活动、结构设计竞赛等实践教学环节。根据土木工程专业的课程设置，高等院校的教学组织方式主要有课堂讲授、试验教学、实习学习和设计训练四种方式。课堂讲授由教师对课程的基本原理、概念、方法、计算公式、结论、工程应用和发展趋势等进行与学生面对面的讲解、设问、组织讨论、归纳总结等等；试验教学是通过试验手段掌握试验方法及原理；实习学习是到现场学习生产技术和管理知识；设计训练是根据设计任务书要求运用所学知识以图纸及计算说明书形式表达技术设计方案。总之，土木工程专业学习方法主要分为两类，理论课程的学习和实践课程的学习。

理论课程学习的主要方法是听讲、记笔记、课前预习、课后复习、答疑等。认真听讲是学好理论课程的关键，听讲时要注重掌握基本概念、定义，尤其要掌握教师思路、难点、重点及解决问题的方法及课程体系。记笔记或在教科书上标示批注可以帮助学生集中听讲，提高学习效率，在记的同时积极思考，提炼重点，阐释难点，理清层次、段落内容、因果关系。特别注意不要漏掉教师补充的尚未编入教材的新内容、新理解、新说明、新结论等等。主动学习，课前预习有助于培养独立思考能力，提高听课效率；课后复习可巩固所学知识，力争做到记住当然，明白所以然。在复习与练习的过程中可能会遇到一些疑难问题，可通过独立思考、问教师、与同学切磋或查阅相关资料的方法解决。

在讨论课、习题课、实验课、实习课、第二课堂、各种竞赛和论坛上要积极独立思考，主动发言。真正的会学习不仅在学和问，还在于教学相长，互学互动。

土木工程专业的实践系列课程主要是学生通过自主参与实践、实习、设计等活动，掌握各种实际技能，培养实际动手和解决具体问题的能力。开设材料实验、结构检测等实验课，由学生自主设计、规划有关实验，这既是学习土木工程基本理论的必需，也是熟悉国家有关试验检测规程和实验方法、相关仪器设备、训练撰写试验技术报告的实践教学环节。为贯彻理论联系实际知行合一原则和逻辑思维结合形象思维的认知原则，还需要统一组织或在统一要求下分散进行，到施工现场、设计单位或管理部门实习，训练生产技术和管理技能，培养敬业精神、劳动纪律和职业道德。施工实习对能成为土木工程优秀人才至关重要。

毕业设计（含工程结构设计、施工组织设计）或毕业论文是土木工程专业本科教育的最后一个环节。要结合运用所学的各种知识、在老师的指导下，提出自己的构思设想和设计方案，基于满足功能需要、结构安全可靠、成本经济合理、造型美观性目的设计的，通过分析计算、复核验算到绘制工程施工图及撰写设计说明书来表达自己的设计意图和成果。与单科习题不一样，工程结构设计要受到科学技术，人文经济，设计规范、规程和法律形式等多方制约，满足基本设计要求的方案是不唯一的，而且结果只有满意的，没有最好的。如何寻求工程满意的优良设计是工程结构优化设计的课程内容。

思 考 题

1.1 什么是土木工程？具体地讲它包括哪些主要内容？

1.2 什么是基本建设？

1.3 为什么说土木工程对人类生存、国民经济、社会文明举足轻重？

1.4 土木工程发展分为哪三个阶段？各阶段的特点是什么？

1.5 你知道的我国古代建筑中仍保存完好的著名土木工程有哪些？

1.6 土木工程面临新形势中两大矛盾是什么？什么是可持续发展原则？

1.7 简述土木工程未来发展的特点。

1.8 简述科学、技术与工程的异同。

1.9 土木工程专业的培养目标是什么？

1.10 土木工程专业学生需要培养和掌握哪些基本技能？

1.11 土木工程专业学生应重点培养什么能力和素质？

1.12 怎样才能学好土木工程专业？

1.13 如何学习好理论课程？如何记笔记或在教科书上标识批注？

1.14 土木工程专业的实践性教学环节有哪些对土木工程专业技术人才培养有重要的作用？

第2章　土木工程勘察与设计

2.1　工程地质勘察内容

工程地质勘察是用勘察手段和方法，分析评价工程地质条件，为设计和施工提供工程地质资料。工程地质条件一般包括岩土的类型、岩土工程性质、地质构造、地形外貌、水文地质条件、不良地质现象、可利用的天然建筑材料等。对于不同地区场地的工程地质条件可能差别很大，如山区以基岩为主，力学性质较强；平原区以土层为主，力学性质较弱。因此，对于不同的工程地质条件，工程地质勘察的任务、勘察手段和评价内容也不相同。

2.1.1　工程地质勘察内容

场地工程地质条件、岩土性质、建筑物类型、建筑物重要性等是影响工程地质勘察的任务和内容。土木工程的工程地质勘察主要分为场址选择、初步设计、施工图设计三个阶段，具体的分为选址勘察、初步勘察和详细勘察。对于地质条件简单、面积不大的场地，勘察过程可以简化；对于地质条件复杂或有特殊施工要求的地基，还应进行施工勘察阶段。

1. 选址勘察

选址勘察主要是搜集、分析场址方案的区域性质、地形地貌、地震、附近地区的工程地质资料、当地的建筑经验等，了解场地的地层岩性，地质构造，岩石、土的性质，地下水的情况，不良地质现象等工程地质条件，取得几个场址方案的主要工程地质资料，对拟选场地的稳定性和适宜性做出工程地质评价和方案比较。

在选择场地时，一般情况下应避开工程地质条件恶劣的地区或地段，如受洪水威胁或地下水不利影响严重的场地。设防烈度 8 度以上的发震断裂带、受洪水威胁或地下水不利影响严重的场地等，并对其进行技术经济分析。

2. 初步勘察

初步勘察的任务主要有两个：其一是查明建筑场地不良地质现象的成因、分布范围、危害程度及发展趋势，使场地内主要建筑物布置避开这些地段，确定建筑总平面布置；其二是初步查明地层及构造、地质的力学性质、地下水埋藏条件及土冻结深度等，为地基基础方案及防不良地质方案提供工程地质条件。

在初步勘察时勘探线布置应垂直于地貌单元边界线、地质构造和地层界线。勘探点应布置在这些界线上，在变化最大地段处应加密。

3. 详细勘察

详细勘察指针对具体的地质问题查明建筑物范围内的地层构造、地质力学性质，对地基的稳定性及承载能力评价，提供不良地质现象防治工作所需的计算指标及资料，为施工图设计、施工提供可靠依据或设计计算参数，查明有关地下水埋藏条件、腐蚀性、地层透水性和水位变化规律。

详细勘察主要以勘探、原位测试、室内土工试验为主，必要时补充物探和工程地质测绘和调查工作。详细勘察的勘探点布置按岩土工程等级确定，勘探点间距视建筑物和岩土工程等级而定。

4. 勘察任务书

勘察任务书主要包括工程的意图，设计阶段，勘察的内容、目的，勘察技术要求和勘察工作所需的各种图表资料等。勘察任务书的内容根据勘察设计阶段的不同而有差异。

为配合初步设计阶段勘察，勘察任务书中应有工程类别、规模、建筑面积、建筑物特殊要求、主要建筑物名称、最大荷载、基础最大埋深、勘察地形图（比例1∶1 000～1∶2 000）等。

在详细设计阶段，勘察任务书中应包括建筑物层数、高度、跨度、上部结构特点、基础形式、基础埋深、荷载情况等建筑物的具体情况和建筑总平面布置图（1∶500～1∶2 000）等。

2.1.2　工程地质勘察方法

工程地质测绘的目的是通过对场地的地形地貌、地层岩型、地质构造、地下水与地表水、不良地质现象等进行必要的测绘工作，为场地工程地质条件评价及勘探工作的合理确定提供依据。测绘的范围除场地外，还应包括其附近与研究内容有关的地段。

在工程地质勘测的不同阶段，工程地质测绘的内容侧重点不同。在选址勘测阶段，需要搜集已有的地质资料进行现场勘测；在初步勘测阶段，根据地质条件考虑是否继续进行工程地质测绘；在详细勘察阶段，对一些特殊地质问题做必要补充。

工程地质勘探是在工程地质测绘的基础上，进一步对场地的工程地质条件的定量评价。勘探方法有坑探、钻探、触探、地球物理勘探等。

坑探是直接挖掘井，取得直接资料和原状土样的勘探方法。它不必使用专业的机具，但可达的深度较浅，如图2.1所示。

钻探是用钻机在地层中钻孔，以鉴别和划分地层，并可沿孔身取样。用以测定地质性质的勘探方法。它是地质工程勘探中常用的一种勘探方法。进行钻探时按不同地质条件常分别采用击入或压入取土器两种方式取得原状土样。

触探是通过探杆用静力或动力将金属探头贯入土层，测量各层土对触探头的贯入阻力大小的指标，间接地判断土层及其性质的一类勘探方法。它既可以用于划分土层，了解地层的均匀性，又可以估计地基承载力和土的变形指标。触探分为静力触探和动力触探两种。静力触探是借静压力将触探头压入土层，利用电测技术测得贯入阻力判定土的力学性质，其优点是能快速、连续地探测土层及性质变化；动力触探是将一定质量穿心锤以一定高度自由下落，将探头贯入土中，根据贯入一定深度所需锤击次数判断土性质的方法。

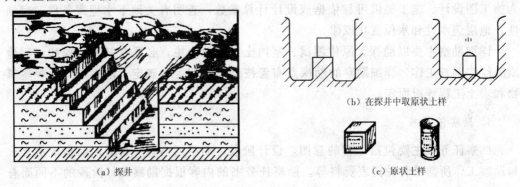

（a）探井　　　　　　　（b）在探井中取原状土样　　（c）原状土样

图 2.1　坑探示意图

地球物理勘探简称物探，是利用物理场（如导电性、磁性、弹性、温度、湿度、密度、天然放射性）的差异，通过专业的物探量测仪器探测地质构造，岩石、土层的性质。它兼有勘探、测试双重功能。常用的物探方法主要有电阻率勘探、电位勘探、声波勘探、电视测井勘探等。

2.1.3　工程地质勘察报告

工程地质勘察报告是以简明的文字和图表将地质勘察资料分析整理，归纳总结做出场地的工程地质评价。勘察报告书应配合相应勘察阶段，针对场地地质条件、建筑物性质、规模、设计、施工要求，提出地基基础方案依据和设计计算数据，指出存在问题及解决问题的办法。

一个单项工程的地质勘察报告通常包括以下内容：

1）任务要求及勘察工作概况。

2）场地位置、地形地貌、地质构造、不良地质现象及地震设计烈度。

3）场地地层分布、岩石和土的均匀性、物理力学性质、地基承载力等设计计算指标。

4）地下水的埋置条件、腐蚀性、土层的冻结深度。

5）对场地、地基进行的综合工程地质评价，对场地的稳定性、适宜性做出评价结论，指出存在的问题和解决问题的途径和办法，提出合理方案的建议。

相关的图表一般是勘探点平面布置图、工程地质剖面图、综合地质柱状图、土工试验成果表，其他测试成果图表如标准贯入试验、现场载荷试验、静力触探试验、动力触探试验等。勘探点平面布置图是将建筑物位置、各类勘探、测试点编号、位置用不同图例在建筑场地地形图上表示出来并注明各勘探、测试点标高、深度，剖面线及编号等。工程地质剖面图是勘察报告的最基本图件，它反映某一勘探线上地层沿竖向和水平方向的分布情况，它是在勘探线地形剖面线上标出各钻孔地层层面，在钻孔两侧分别标出层面高程、深度，将相邻钻孔中相同土层分界点以直线相连的表示方法。综合地质柱状图是地层按新老次序自上而下按比例绘成柱状图，注明层厚、地质年代等，概括描述地层层次及主要特征和性质的图件。土工试验成果是将土的试验和原位测试等成果以表的形式列出。

2.2 工 程 测 量

土木工程测量是研究土木工程建设在勘测、规划、设计、施工、管理阶段的测量技术和方法。在工程勘测、规划阶段，为保障规划布局科学合理，需用到各种比例尺地形图、数字地形图、GIS技术；为保证施工符合设计要求，并对施工、安装等进行调试、校正，高精度测量技术GPS、测量机器人技术已经应用于施工阶段；在管理阶段，竣工验收测量资料是管理维护工作的基础。在工程结构施工、使用阶段，需要定期或不定期地进行变形沉降测量，以满足使用要求。

土木工程测量应当遵循以下基本原则：在测量布局上，遵循"从整体到局部"的原则；测量程序上，遵循"先控制后碎部"的原则；测量精度上遵循"由高级到低级"的原则；测量过程上，遵循"随时检查，杜绝错误"的原则，即先进行整体的控制测量，后进行局部的碎部测量，随时对测量成果进行检核，减少误差累积，保证测量精度。

土木工程测量的主要任务有以下三个方面：

1）地形图测绘。地形图测绘是对地球表面形态、地物、地貌的特征点的平面位置和高程测量。地形图测量布局和测绘程序上应遵循土木工程测量的基本原则，即先控制测量，后碎部测量，以保证测图精度，为了加快测绘进度可多幅图同时测绘。

2）施工测量。施工测量又称施工放样，贯穿于工程施工全过程，是按设计的要求，将工程结构的平面位置和高程按一定精度测设到实地。施工测量仍要遵循土木工程测量的先控制后碎部基本原则以保证施工正常进行和施工质量。施工测量主要包括建筑施工测量、道路施工测量、桥梁施工测量、隧道施工测量、管道施工测量等。

3）变形观测。变形观测是为了保证工程结构在施工、使用过程中的安全，需要对工程结构在施工中、施工完成后一定时期变形状态及其周边环境变形状况进行观测。变形观测主要包括沉降观测、倾斜观测、位移观测、裂缝观测。

下面就分别对这三个方面进行具体介绍。

2.2.1 地形图测绘

地形图是按一定比例尺用规定符号表示地物、地貌平面位置和高程的正射投影图，地形图测绘的常用方法是经纬仪测绘法、红外测距平板仪测绘法、全站仪测绘法。

1）经纬仪测绘法是按极坐标法测定点位元素，按比例缩绘定点，所用仪器是经纬仪，分为光学经纬仪、电子经纬仪。经纬仪测绘法如图2.2所示。

2）红外测距平板仪测绘法是用红外测距仪测量极边长度，再用图解方向（极角）定点，所用仪器是红外测距照准仪和平板仪（大平板仪、小平板仪），如图2.3所示。

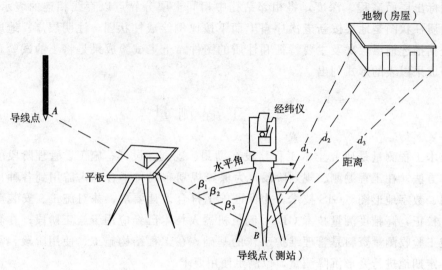

图 2.2　经纬仪测绘法

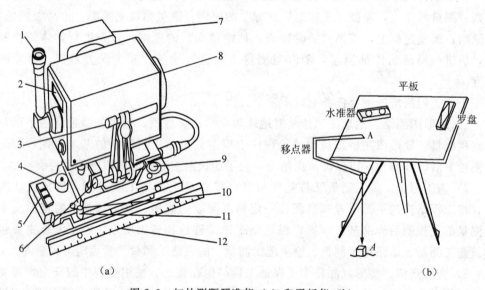

图 2.3　红外测距照准仪（a）和平板仪（b）

1. 弯管目镜；2. 读数显示窗；3. 竖直制动螺旋；4. 水平微动手轮；5. 测量操作键；6. 竖直微动螺旋
7. 竖直角自动测量装置；8. 物镜及红外光发射、接收镜；9. 圆水准器；10. 距离基准点；
11. 缩放臂固定螺丝；12. 移动比例尺（平行尺）

　　3）全站仪测绘法原理与经纬仪测绘法类似，采用全站型电子速测仪，不仅可以自动显示出距离、水平角、竖直角等，而且还可以直接测算出高差、点的坐标，甚至可以实现测图的自动化。全站型电子速测仪由电子经纬仪、光电测距仪、数据记录装置组成，如图 2.4 所示。

　　在将碎部点展绘在图上后，就可以进行地物描绘，等高线勾绘等地形图绘制工作，当测区较大，分幅测图时，需要进行相邻图幅的拼接，图的整饰、检查等工作。

　　利用地形图可以绘制剖面图，确定汇水边界，做平整土地设计，确定电位坐标、点间距离、直线方向、点高程、两点间坡度等，它含有丰富的信息，是工程规划、设计的必备资料。

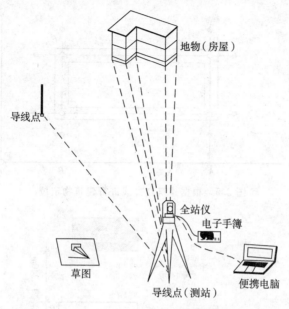

图 2.4　全站仪测绘地形图

2.2.2　施工测量

施工测量工作贯穿于整个施工过程，测量内容主要包括施工控制网的建立；工程结构定位和轴线测设；各种工序的细部测设，如基础施工测量、构件设备安装测量；工程竣工测量；变形测量等。

施工测量的精度要求一般比地形图测绘的精度高，同时工程结构的性质、类型、材料、用途、施工方法等不同对施工测量的精度要求也不尽相同。如高层建筑结构的施工测量精度高于低层建筑结构的施工测量精度；工业建筑的施工测量精度高于民用建筑的施工测量精度；钢结构的施工测量精度高于钢筋混凝土结构的施工测量精度等。作为土木工程测量人员，应了解设计内容及对测量的精度要求，在熟悉设计图纸的基础上，了解施工全过程，使施工测量工作与施工密切配合。

1. 建筑施工测量

（1）民用建筑施工测量

民用建筑施工测量的内容包括建筑物定位、建筑物轴线测设、基础施工测量、主体施工测量。

民用建筑施工测量定位首先根据总平面图上建筑设计位置定位，将其外轮廓各轴线交点测设到地面上，根据这些点进行细部放样定位。在建筑物定位后，开挖基础时会破坏所测设的轴线交点，因此一般将轴线延长到安全地点并做好标志，这是轴线测设。在基础开挖前，根据轴线测设的轴线位置和基础宽度及基础开挖时应放坡尺寸，在地面上放出基础开挖线，此过程为基础施工测量，之后就可以进行主体施工测量。

建筑物常用的定位方法有根据建筑红线进行建筑物定位（图 2.5）、根据现有建筑物进行建筑物定位（图 2.6）和根据施工现场已有控制点进行定位（图 2.7）三种方法。

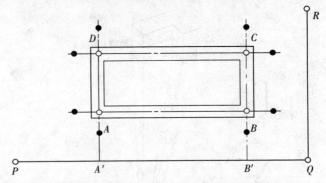

图 2.5　根据建筑红外线进行建筑物定位

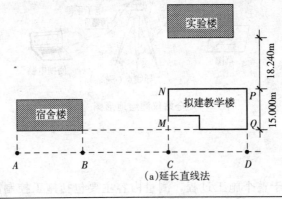

(a)延长直线法

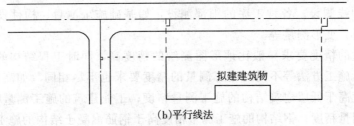

(b)平行线法

图 2.6　根据现有建筑物进行建筑物定位

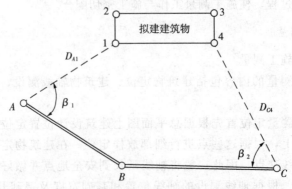

图 2.7　根据施工现场已有控制点进行定位

建筑物轴线测设时延长轴线方法有龙门板法和轴线控制桩法两种，如图 2.8 所示。龙门板法一般用于小型民用建筑，是在建筑物四角与隔墙两端基槽开挖以外 1.0～1.5m 处钉设龙门桩，根据建筑场地水准点，用水准仪在龙门桩上测设±0.000 标高线，将龙门板钉在龙门桩上，再根据轴线桩，将墙、柱轴线投到龙门板顶面上作为轴线投测点，经检验合格后以轴线钉为准将墙宽、基槽宽画在龙门板上，根据基槽上口宽度做出开挖边线。轴线控制桩法是将轴线控制桩设在基槽外基础边线外 2.0～3.0m 处作为确定轴线位置依据的。

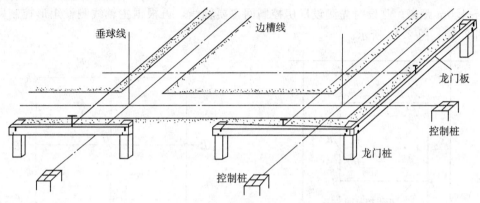

图 2.8　龙门板法和轴线控制桩法测设

基础施工测量的主要内容是放样基槽开挖边线、控制基础开挖深度、测设垫层施工高程和放样基础楼板位置。首先按照测设轴线位置和基础大样图上的基础宽度，加上放坡尺寸计算出基槽开挖边线宽度。开挖基槽时，当挖至一定深度后为了控制基槽开挖深度用水准测量在基槽壁上，离坑底设计高程 0.3～0.5m 处每隔 2～3m 和拐角处设一水平桩作为控制基槽深度的依据。基槽开挖完成后，在基坑底设置垫层标高桩，使桩顶面高程等于垫层设计高程作为清理槽底和铺设垫层的依据。垫层施工完成后，将基础轴线投设到垫层上定出基槽边线，如图 2.9 所示。

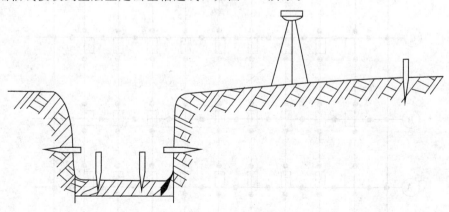

图 2.9　基础施工测量

（2）工业厂房施工测量

工业厂房一般采用预制件（柱子、吊车梁、吊车轨道、屋架等）等现场装配方法施工，测量内容包括工业厂房控制网的测设、工业厂房柱列轴线的测设、工业厂房柱基础施工测量和工业厂房构件的安装测量等。工业厂房柱列轴线测设因厂房生产设备安装需要，其测设应有较高精度，一般采用厂房矩形控制网作为工业厂房测设的基本依据。对于小型厂房，可采用民用建筑定位测设方法，直接测设厂房四角，将轴线投测到轴线控制桩或龙门板上；对于中小型厂房，只需要测设一个简单的矩形控制网就能满足要求；对大型厂房，需要建立有主轴线的较为复杂的矩形控制网，主轴线一般与厂房柱列轴线相重合，主轴线定位点与矩形控制网控制点应与建筑基础开挖线离开2.0～4.0m 距离。测设时先测设厂房控制网主要轴线，再根据主轴线测设矩形控制网，如图 2.10、图 2.11 所示。

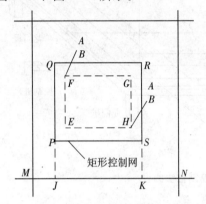

图 2.10　中小型厂房控制网测设

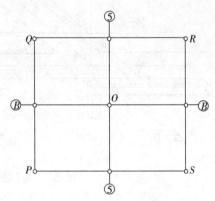

图 2.11　大型厂房控制网测设

在厂房矩形控制网测设完成满足要求后，就可以量出轴线控制桩位置，作为测设基坑和施工安装依据，然后在相应轴线控制桩上用经纬仪交绘出各柱基位置，根据施工图尺寸标定基坑开挖边线，如图 2.12 所示。

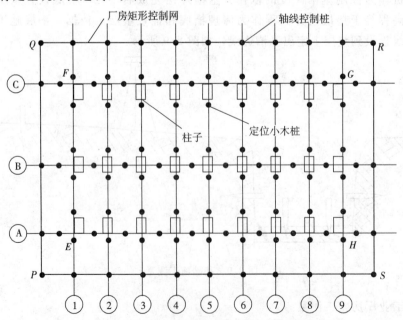

图 2.12　厂房矩形控制网及柱列轴线控制桩

装配式单层工业厂房主要由柱、吊车梁、屋架、屋面板等构件组成，吊装过程主要有绑扎、起吊、就位、临时固定、校正、最后固定等工序。这里主要介绍柱子、吊车梁、吊车轨道等构件的安装及校正。

　　工业厂房柱子吊装前将定位轴线按轴线控制桩投测到杯形基础顶面并用"▲"标明，在杯口内壁测设一条高程线，从此线向下10cm即为杯底设计高程。同时，在柱子三个侧面弹出中心线，每一侧面分为上、中、下三点并用"▲"标明用于安装校正，如图2.13所示。预制柱由于模板制作及变形等原因，实际尺寸与设计尺寸不可能一致，因此在浇注基础时将杯形基础底面高程降低2.0～5.0cm，量出从牛腿顶面沿柱边到柱底长度，根据柱子实际长度用1：2水泥砂浆在

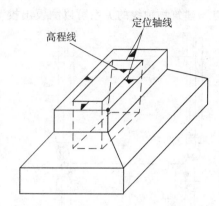

图2.13　厂房柱子定位轴线、高程线测设

杯底找平，使牛腿面符合设计高程，如图2.14所示。将柱子吊入杯口后，首先使柱身基本竖直，令其侧面弹出中心线与基础轴线重合，用木楔初步固定后可进行竖直校正。将两架经纬仪分别安置在柱基纵、横轴线附近，离柱子距离约为1.5倍柱高，瞄准柱中心线底部，仰俯柱中心线顶部，若重合表示柱子在此方向已经竖直；若不重合，则调整直到柱子两侧面中心线都竖直为止，如图2.15所示。

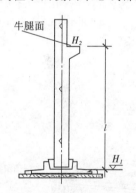

图2.14　厂房柱子侧面弹线及杯底找平

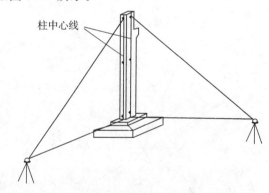

图2.15　厂房柱子竖直校正

　　吊车梁、吊车轨道安装测量主要目的是使吊车梁中心线、轨道中心线及牛腿面中心在同一竖直面内，梁面、轨道面都在设计高程位置上，轨距和轮距满足设计要求，如图2.16所示。

　　（3）高层建筑施工测量

　　高层建筑施工测量与普通多层建筑施工测量相比，地面测量部分精度要求较高，其主要问题是轴线引测和高程传递。

　　高层建筑轴线投测方法主要有经纬仪引桩投测法和激光垂准仪投测法两种。经纬仪引桩投测法是先测设建筑物中心轴线，根据楼层高度和场地情况，在距楼尽可能远处在中心轴线上选定点埋设轴线控制桩（引桩），在基础完成后将中心轴线精确投测到

建筑物底部并标定，然后逐层将轴线向上传递，如图 2.17 所示。激光铅锤仪投测法是先根据建筑物轴线分布和结构情况设计好投测点位，基础施工完成后，将设计投测点位准确测设到地坪层上，每层楼板施工时，应在投测点位处预留垂准孔，根据设计投测点与建筑物轴线的关系可以测设出投测楼层建筑轴线，如图 2.18 所示。

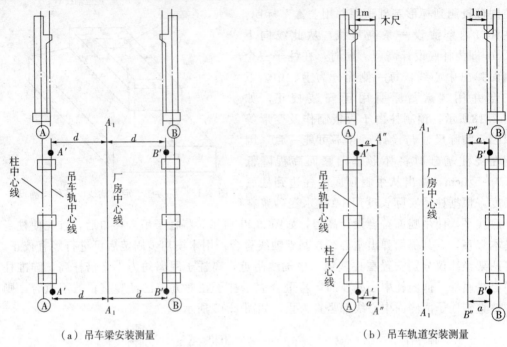

（a）吊车梁安装测量　　　　　　　　　　　　（b）吊车轨道安装测量

图 2.16　吊车梁和吊车轨道安装测量

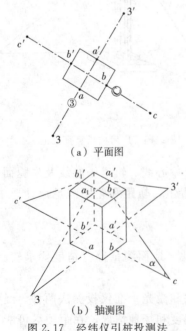

（a）平面图

（b）轴测图

图 2.17　经纬仪引桩投测法

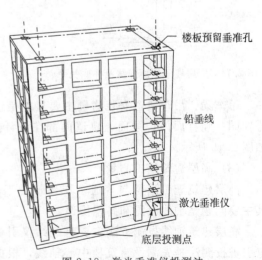

图 2.18　激光垂准仪投测法

高层建筑高程传递方法主要有钢尺直接测设法和全站仪天顶距法。钢尺直接测设法是在首层墙体砌筑到 1.5m 标高后用水准仪在内墙面上测设一条 1m 标高线，作为首层地面施工和室内装修的标高依据，每砌一层，就用钢尺量取两层之间设计高差得到该层 1m 标高线，再在该层用水准仪测设 1m 标高线设置处测设该层标高，如图 2.19 所示。全站仪天顶距法是利用高层建筑垂直孔或电梯井在底层架设全站仪，将望远镜指向天顶，在各层垂直通道上安置反光镜，测得仪器至棱镜横轴垂直距离，从而计算出高差，如图 2.20 所示。

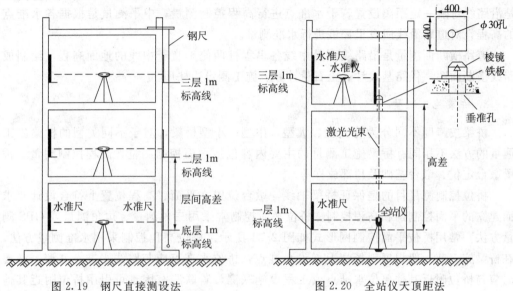

图 2.19　钢尺直接测设法　　　　　　图 2.20　全站仪天顶距法

2. 道路施工测量

(1) 道路中线测量

道路中线测量是通过直线和曲线的测设，将道路中心线具体测设到地面上。主要包括测量中线交点、转点坐标，测量路线转向角，里程桩的测设等。

中线交点测设方法有很多，可以根据与地物的关系测设，在地形图上选定支点位置，在现场用距离交会法测设，可以根据导线点测设交点（根据导线点坐标和交点的设计坐标计算出测设数据，用极坐标法、距离交会法等测设支点），也可以用穿线法测设交点（选定中线上的某些点并在实地测设，用目测法或经纬仪视准法定出一条尽可能靠这些测设点的线，此过程为穿线，根据穿线结果得到中线直线段上的转点，用同样方法可以测设另一中线直线段上转点，根据两组转点即可测设两直线段交点）。

当两交点能通视时可以采用经纬仪直接定线或经纬仪正倒镜分中点测设转点；当两交点互不通视时可以采用两交点间设转点或延长线上设转点方法测设。

里程桩分为整桩和加桩。整桩是从路线起点开始，每隔 20m、50m 或 100m 设置，其桩号应为 20m 或 50m 的整倍数。加桩是沿中线地面重要地形、地物、地貌、曲线主点标记，其桩号一般不是整数里程。里程桩设置主要工作是定线、量距和打桩。

(2) 圆曲线测量

圆曲线又称单圆曲线，是道路工程中最常用的一种平面曲线。圆曲线测设主要

包括:

1) 圆曲线主点测设。主点为曲线的起点、中点、终点。

2) 圆曲线主点里程计算。

3) 圆曲线各副点的测设。

(3) 道路纵、横断面测量

道路纵断面测量又称路线水准测量,是沿路线测量各里程桩的地面高程,绘制成路线纵断面图,解决在竖直面上的位置问题,它包括基平测量、中平测量。基平测量是沿路线每隔一定距离设置若干水准点进行高程控制测量;中平测量是根据各水准点的高程,对道路沿线所有里程桩进行水准测量。

道路横断面测量是沿路线测量中线各里程桩两侧垂直于中线的地面高程,绘制成路线横断面图,供路基设计、土石量计算、施工测设边柱用。

3. 桥梁施工测量

桥梁按跨度不同分为特大型、大型、中型、小型桥梁,对于不同类型的桥梁施工测量的方法不相同。桥梁施工测量的主要内容包括平面控制测量、高程控制测量、桥梁墩台定位、墩台基础及顶部放样等。

桥位控制测量目的是保证桥梁轴线,墩台位置在平面、高程位置上符合设计要求而建立的平面控制网和高程控制。桥位平面控制常采用三角测量、边角测量或 GPS 测量方法,常用桥位平面控制网形式如图 2.21 所示。桥位高程控制采用水准测量方法,在桥梁施工前一般根据现场情况增设水准点,桥位水准点应与路线水准点联测,必要时应与桥位附近其他单位水准点或工程设施联测,若联测有困难可引用桥位附近其他单位水准点。水准点高程一般采用国家水准点高程。

当在已经稳固墩台基础上定位时,可采用直接法、方向交会法或极坐标法进行桥梁测设;当墩台位置处水位较深,处于不稳定状态,不能安置测量仪器时,一般采用方向交会法测设墩底。

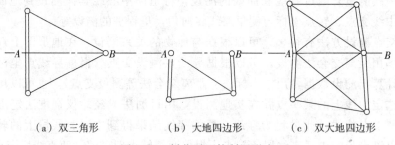

(a) 双三角形　　　　(b) 大地四边形　　　　(c) 双大地四边形

图 2.21　桥位平面控制网形式

4. 隧道施工测量

隧道施工测量的主要工作是准确测出洞口的平面位置和高程;开挖时,测设隧道设计中心线的方向与高程。它主要包括以下内容:

(1) 隧道地面控制测量

隧道地面控制测量有平面控制测量和高程控制测量。平面控制测量是测定洞口的相对位置，使其能按设计方向开挖并以规定精度贯通；高程控制测量是按规定的精度测量洞口及附近水准点的高程。

（2）隧道施工测量

隧道施工测量主要包括隧道掘进方向的测设，开挖施工测量，洞内施工导线和水准测量，竖井联系测量及竣工测量。

5. 管道施工测量

管道工程是市政建设的基础性工程，包括给水、排水、暖气、煤气、电力、通信等。管道工程测量是为各种管道的设计、施工服务的，主要内容包括管道中线测量，纵横断面测量、管道施工测量、管道竣工测量。管道工程测量遵守"从整体到局部，先控制后碎部"的原则。

（1）管道中线测量

管道中线测量是将管道设计中心线用若干桩位标定在地面上，内容包括主点测设、中线桩测设、转折角测设、桩位的标定等。

（2）纵、横断面测量

纵断面测量是根据埋设的水准点，用水准仪测出中线上各桩位的地面高程，绘制纵断面图，用于设计管道的纵向坡度及埋设深度。

横断面测量是测定各桩位处垂直于中线两侧一定距离内地面变坡点与管道中线的距离和高差，从而反映垂直于管道方向的地面起伏状况。

根据纵断面图上的纵坡和埋深及横断面上的地形起伏状况，可以计算出相应的土方量。

（3）管道施工测量

管道施工测量的内容与管道施工设置状态有关。

1）顶管施工测量。顶管施工测量是控制管道中线方向、管道高度、坡度，主要内容包括中线测量和高程测量，如图 2.22 所示。

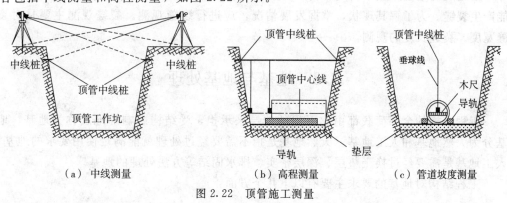

（a）中线测量 　　　　（b）高程测量 　　　　（c）管道坡度测量

图 2.22　顶管施工测量

2）地下管道施工测量。地下管道施工测量主要内容包括管道中线坡度测设、检查井位、设置控制桩、开挖沟槽等。

3）地面敷设管道施工测量。地面敷设管道施工测量主要内容是测设管道中线及管道坡度。

（4）管道竣工测量

管道竣工测量包括测绘管道竣工带状平面图和管道竣工断面图。竣工带状平面图内容包括管道的起点、转折点、检查井位置、附属构筑物实际位置、高程等，平面图宽度根据需要确定，图比例尺一般为1：500、1：1000、1：2000，竣工断面图测绘包括测量管顶和检查井的井口高程等。

2.2.3　变形观测

1．沉降观测

地基受压后会因土质和承受荷载的不同，地下水位变化，外界附加荷载影响等引起建筑物产生沉降。对于重要建筑物，在施工过程中和使用初期，尤其需要定期进行沉降观测，确保其安全。

沉降观测，又称垂直位置观测，主要是测定工程结构地基的沉降量、差异沉降量、沉降速度；计算基础的局部倾斜、相对弯曲和挠度值。

2．倾斜观测

倾斜观测是测定工程结构顶部相对于底部或层间相对水平位移与高度变化，计算倾斜度、倾斜方向及倾斜速度。根据不同观测条件与要求，可采用吊垂球法、激光铅直仪观测法、激光位移计自动测记法、投点法、经纬仪投测法、前方交会法等。

3．位移观测

位移观测是测定工程结构在平面位置上随时间变化的大小及方向。常用的观测方向有角度交会法、基准线法、极坐标法。

4．裂缝观测

当建筑物地基产生不均匀沉降且其应力超过其容许应力时，建筑物的某些部位可能产生裂缝。为了解其现状，掌握发展情况，应进行裂缝观测。裂缝观测主要是对裂缝宽度、裂缝长度的观测。

2.3　地基与地基处理

工程结构的全部荷载都由它下面的地层来承担，受结构影响的地层称为地基。地基分为天然地基和人工地基。天然地基是指不需要经过处理就能满足使用要求的地基；人工地基是需要经过换土垫层、深层密实、排水固结等方法处理的地基。

工程结构对地基的要求主要有以下几个方面：

1．地基承载力、稳定性要求

要求作用在地基上的设计值小于地基承载力设计值，同时地基应满足稳定要求，避免产生滑动破坏；否则，地基将产生剪切破坏，导致整个工程结构的破坏。

2. 地基沉降要求

要求工程结构在载荷作用下的沉降量和不均匀沉降量不能超过允许值；否则，将导致结构倾斜、倒塌。

3. 地基渗流要求

地基中渗流是指因渗流作用引起水量流失或在渗流作用下产生流土、管涌，这两种情况均可导致土体破坏引起地基破坏。

因此地基处理主要是对承载力、稳定性、沉降、渗流等不满足要求的地基通过一些方法改善地基土的工程性质，达到满足工程结构对地基的要求。地基处理对象主要包括由淤泥、淤泥质土、冲填土、杂填土等组成的软弱地基和湿陷性黄土地基、膨胀土地基、泥炭土地基、多年冻土地基等不良地基。

地基处理的方法有很多种，根据处理原理主要有以下几种。

1. 换土垫层法

当工程结构基础下的持力层比较软弱、不能满足上部荷载对地基的要求时，将基础下一定范围内的土层挖去，回填强度较大的砂、碎石或灰土等并夯密实，这种采用换土垫层处理地基的方法称为换土垫层法，此法可以有效地处理荷载不大的工程结构地基问题。按照回填材料可分为砂垫层、碎石垫层、素土垫层、灰土垫层、土工聚合物加筋垫层等。

2. 碾压法

当工程结构地基表层有松软土层时，需要施加一定荷载使土体孔隙比减少，土体密实，提高地基承载力，减少地基沉降。常用的方法有重锤夯实、机械碾压、振动压实等方法。

1）重锤夯实法是用起重机将重锤提到一定高度，自由落下，重复夯打，将地层表层夯实的方法。它可以用于处理非饱和黏性土或杂填土，提高强度、减少压缩性、不均匀性，也可以用于处理湿陷性黄土，清除湿陷性。

2）机械碾压法是采用压实机械压实大面积填土和杂填土地基的方法。

3）振动压实法是在地基表面施加振动将浅层松散土振实的方法。它主要用于处理砂土、炉渣、碎石等无黏性土为主的填土。

3. 强夯法

强夯法是法国人 L·梅纳于 1969 年发明的一种方法，用 10～40t 重的夯锤从高处自由落下，反复夯实，从而使地基土在强夯的冲击力和震动力作用下密实，使地基承载力提高 2～5 倍，压缩性降低 200%～500%，影响深度在 10m 以上，减少了地基的沉降。

强夯法主要用于处理砂土、碎石、低饱和度的黏性土、粉土、湿陷性黄土等。此方法施工简单、施工速度快、节省材料，但噪声大、振动大，影响附近建筑物。

4. 排水固结法

排水固结法是利用地基排水固结规律，采用各种排水技术措施处理饱和软弱地基土的一种地基处理方法，主要用于软黏土、粉土、杂填土、泥炭土地基等，如图 2.23 所示。

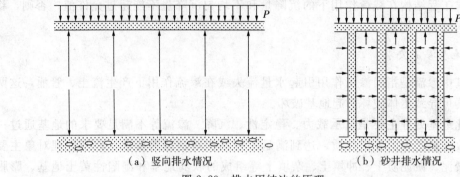

（a）竖向排水情况　　　　　　　（b）砂井排水情况

图 2.23　排水固结法的原理

排水固结法主要有堆载预压法、超载预压法、真空预压法、降水预压法、电渗排水法等。

5. 挤密法

挤密法是以振动或冲击的方法成孔，填入砂、石、土、石灰等材料捣实成桩体。依靠桩管打入地基产生横向挤密作用，使地基土密实，增强地基土强度的作用。它主要用于处理松软砂类土、素填土、杂填土、湿陷性黄土等。

6. 振冲法

振冲法是利用振冲器在高压水流作用下振冲，使松砂地基密实，或在黏性土地基中成孔，孔内填入碎石形成碎石桩体，桩体与土形成复合地基，从而提高地基土的承载力。

此方法主要用于处理砂土、湿陷性黄土及部分非饱和黏性土，也用于处理不排水剪强度稍高的饱和黏性土和粉土。

7. 高压喷射注浆法

高压喷射注浆法是利用高压喷射机械喷射化学浆液与土混合凝结固化成加固体处理地基的方法。按照注浆形成的形式分为旋喷注浆、定喷注浆、摆喷注浆。此方法主要用于处理淤泥、淤泥质土、黏性土、粉土、黄土、砂土、人工填土、碎石土等地基土。

8. 深层搅拌法

深层搅拌法是利用特制的深层搅拌机械将水泥或其他固化剂与土体强制拌和形成具有水稳性和足够强度的圆柱状、格栅状或连续墙水泥土增强体，组合成的复合地基提高了地基承载力，减少了地基土的沉降。此方法分为喷浆搅拌法和喷粉搅拌法，主要用于处理淤泥、淤泥质土和含水量较高、地基承载力标准值不大于 120kPa 的黏性土、粉土等软土地基，如图 2.24 所示。

对于具体的工程问题，工程地质条件不同，对地基的要求也不同，应进行综合考虑，比较可能的地基处理方案，从中优选出一种施工可行、技术可靠、经济合理的方案，可以是单一的地基处理方式，也可以是综合各种地基处理的方式。

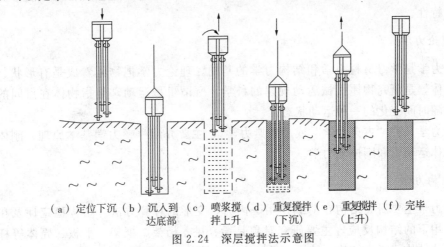

（a）定位下沉　（b）沉入到　（c）喷浆搅　（d）重复搅拌　（e）重复搅拌　（f）完毕
　　　　　　　　　 达底部　　　 拌上升　　　（下沉）　　　　（上升）

图 2.24　深层搅拌法示意图

2.4　土木工程力学基础

纵观土木工程的发展史，之所以能在近代逐渐形成一门土木工程独立学科，其主要的原因之一是 17 世纪牛顿力学三定律的建立和伽利略将工程结构与其上重物作用建立了联系，为工程结构受力分析奠定了基础。19 世纪纳维容许应力设计法也是基于结构实际受力和结构能抵抗的力之间的比较的，这表明力学对土木工程学科的基础作用，因此有"掌握三大力学（理论力学、材料力学和结构力学）、四大结构（混凝土结构、钢结构、砌体结构和木结构）土木工程任遨游"之说。力学对土木工程学科专业的重要性可略见一斑。

从一级力学学科来说，一般下含普通力学、固体力学、流体力学和工程力学四个二级学科，与土木工程学科关系最紧密的力学学科课程主要有材料力学、理论力学（静力学、运动学和动力学）、结构力学（结构静力学和结构动力学）、弹性力学、土力学、水力学、有限元分析等等，这些课程在土木工程专业教学计划中已作为必修课或选修课进行了安排。除此之外还有塑性力学、弹塑性力学、岩石力学、流体力学、非线性力学、振动分析计算力学、断裂力学、空气动力学、冻土力学（低温力学）、结构矩阵分析、结构优化分析设计、结构软设计理论等等，有些课程也被各高校的土木工程专业根据实际情况设为任意选修课程。

下面仅简单介绍几个与土木工程专业最紧密的力学课程。

1. 材料力学

人类社会的全部文明史与工程材料的发展史密切相关。在经历了漫长的石器、青铜器和铁器时代以后，人类进入了钢铁时代。从伽利略把木梁插到砖墙上作弯曲试验至今，材料力学经历了以木材、砖石、铸铁直至普通碳钢为主要结构材料的时期，已经走过了 300 多年历程，是机械、土建、水利等专业工程技术人员必修的技术基础课程。

材料力学主要研究杆件在拉、压、弯、剪、扭五种作用下的强度特性及变形、稳定等刚度特性。

2. 理论力学

理论力学是学习材料力学和结构力学的基础。理论力学把物体看成是有形状、有尺寸的刚体，是研究物体机械运动规律的科学。所谓机械运动，是指物体在点间的相对位置上随时间变化的一种运动状态。

理论力学又称"古典力学"或"经典力学"，主要介绍牛顿力学基本原理、刚体静力学、刚体运动学和刚体动力学。

3. 结构力学

结构力学主要研究结构在荷载作用下内力、变形的计算方法，结构稳定性及在动力荷载作用下的结构反应。主要研究对象是梁、拱、桁架、框架、平板、壳体等杆件结构，实体结构，板壳结构。结构力学的主要内容有将实际结构简化为计算简图，研究各种计算简图的计算方法并将计算结果运用于实际结构的设计和施工。具体地讲，有静定结构（静定梁、静定刚架、静定平面桁架、三铰拱等）的位移内力计算，力法、位移法的原理及应用，结构影响线、虚功原理与能量原理等。

4. 弹性力学

弹性力学又称弹性理论，是固体力学的一个分支，主要研究弹性体在外力作用或温度改变及支座沉陷等原因发生时的应力、变形、位移。主要研究对象是非杆状的实体结构如板、壳、挡土墙、堤坝、地基等，可以得到比较精确的分析结果。研究内容有平面问题、空间问题的基本理论，平面问题的直角坐标、极坐标解答，差分法、变分法、有限单元法、求解平面问题、空间问题的解答，薄板弯曲问题等。

5. 塑性力学

塑性力学是固体力学的一个分支学科，是研究可变形固体受到外荷载、温度变化及边界约束变动等作用时，塑性变形和应力状态的科学。塑性力学这个名词是根据固体材料在受外部作用时所呈现出的塑性性质命名的，塑性力学讨论固体材料塑性变形阶段的力学问题。可变形固体的弹性阶段和塑性阶段是整个变形过程中的不同阶段，弹性力学和塑性力学是研究这两个密切相连阶段的力学问题。

6. 流体力学

流体力学是研究流体平衡和流体机械运动规律及在工程实际中应用的一门学科，研究对象是流体（液体、气体）。主要内容有流体静力学、流体动力学、明渠均匀流、渗流、层流、紊流、孔口、管嘴出流、有压管流等。

7. 水力学

水力学是研究水作为一种流体的平衡和机械运动的规律，以及这些规律在工程实际中的应用。它的研究对象是流体——水，属于力学的一个分支。一般认为古希腊阿基米德的浮力定律奠定了流体力学（水力学）静力学的基础。

在土木工程专业中，地下建筑、岩土工程、水工建筑、矿井建筑等土木工程中的几个分支中，都需要掌握好水力学的各种力学性质和运动规律，来解决所遇到的各种问题。

8. 土力学

土力学是研究土体的一门力学。它是研究土体的应力、变形、强度、渗流及长期稳定性的一门学科。广义的土力学又包括土的生成、组成、物理化学、物理生物性质及分类在内的土质学。

"高楼万丈平地起，建筑屹立基础始"。平地指的是地基，没有地基的安全稳定，一般的土木工程也难以建成，更不用说高楼大厦、大桥、高塔。

9. 工程结构受力分析与结构设计原则

力学作为土木工程学科专业的数理工具之一，为工程结构在风、重量、地震、温度变化作用下受力的分析计算方法。尽管目前已有相当的计算机软件提供使用，较为精确计算受力已不成问题，但计算机本身就像一个黑匣子，土木工程技术人员不可能处处依赖或百分之百地相信计算机的输出结果，这样能从宏观上粗略地把握工程结构的受力特性就显得十分重要了。工程结构受力分析和结构设计应遵循的八个宏观原则如下。

（1）受力平衡原则

处于静止不动状态的工程结构或工程结构的部分，作用于其上的所有力是相平衡的。结构材料在重力、风、地震等外部作用下，外力会产生维持结构不会变形或破坏的恢复力（结构内力和强度）。受力平衡原则表明静平衡状态的结构内力和外力是平衡的，而对于平衡状态的结构，其内力和外力（含惯性力）也是平衡的。如图 2.25 所示，作用在木板上的人重、板重和两支撑墩的支撑力是平衡的。

（2）变形协调原则

工程结构受力后会发生变形，这种变形是协调的。也就是说，工程结构上的某一点，其左右侧的位移或上下侧的位移，或从不同的角度来考虑计算，在结构不发生破坏时总是协调一致的，如图 2.26 所示的十字交叉梁板，中间点 E 的竖向挠度按 AB 方向考虑和按 CD 方向考虑都是 Δ。

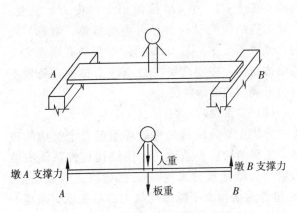

图 2.25　人重、板重和支持力平衡

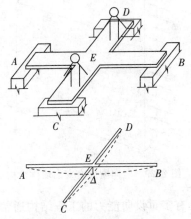

图 2.26　E 点竖向挠度按 AB 方向考虑，按 CD 方向考虑均为 Δ

（3）力走捷径原则

作用工程结构上的外力会按捷径传播到结构的支撑物上。另一方面，能使作用在结构上的力按最短捷的路线传到支撑物上的工程结构，会把结构的承载功能发挥得很好。图 2.27 给出梁和柱的传力特点，显然柱的传力最短捷，结构的承载功能必然发挥得最好，这就是俗话"立柱顶千斤"的道理。

（4）刚者多劳原则

多种结构或构件共同工作时，刚度（工程结构抵抗变形的能力）大的结构或构件需承载的作用大。图 2.28 为墙 A 和柱 B、C 共同承受水平力 P，墙 A 水平刚度大，水平变形小，柱 B、C 水平刚度小，水平变形大，故墙 A 将承受水平力 P 的绝大部分。刚者多劳是楼梯间在地震中容易破坏，抗震结构忌短粗柱子的原因，也是为什么众人抬重物时，都喜欢挺直腰板的合作者的原因。

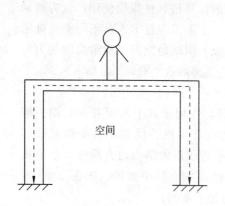

图 2.27　力的传递走捷径

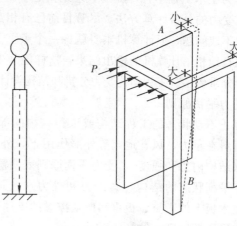

图 2.28　墙 A 刚度大、承受绝大部分的水平力

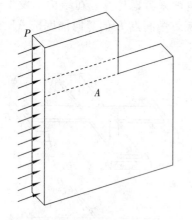

图 2.29　竖向刚度突变的墙体结构

（5）共生突变原则

在工程结构中，刚度突变和内力突变是共生的。也就是说结构刚度的突然变化必然会引起内力的突变——应力（单位面积上的内力）突变。因此工程结构应设计得尽可能的规整、对称、均匀、光滑和缓变。图 2.29 所示的竖向有刚度突变的墙体结构，在刚度突变处有应力突变，处理不当会形成结构的薄弱层。

（6）多重设防原则

为防止部分结构构件破坏引起整个结构的破坏，工程结构应多重设防，使结构构件系统有能力前赴后继地履行和完成工程结构的承载功能。

具有多重设防能力的工程结构通常都是超静定结构（不能单纯靠力的平衡原则来唯一确定结构受力，还必须附加变形协调原则来共同推定）。

（7）避脆保稳原则

结构破坏分延性破坏和脆性破坏两种。延性破坏在破坏前有比较明显的变形发生（破坏前兆，有预警作用），而脆性破坏在破坏前无明显变形发生（破坏无前兆，无预警），因此非常危险，要尽量避免。另外结构失稳会导致工程结构整体倾塌，也必须确保工程结构不会失稳，工程结构抗震设计的三强三弱（强柱弱梁、强剪弱弯、强节点弱构件）就是这一原则的推论。

（8）满约束原则

这一原则实际是一种优化设计原则，其概念是：一般情况下，使结构材料的承载能力得到充分发挥，使结构能抵抗外作用的能力恰好等于结构可能遭受到的外作用结果，则结构会设计的最经济合理。结构优化设计中的满应力设计、满应变能设计，企业管理中的满负荷工作法等等都是这一原则的推论。

2.5 工程结构设计的基本理论与方法

土木工程设施建造之初必须进行土木工程设计，土木工程设计是一个多设计工种合作的工作，作为我们土木工程专业技术人员负责的则是土木工程结构设计部分。当前结构设计的传统做法是：首先弄清楚所使用的结构类型，根据经验或习惯做法假定或选用结构的类型、尺寸大小和材料等级，进行荷载计算，从而建立结构模型、画结构简图；第二步分析结构受力，再根据结构设计规范进行强度（承载能力）、刚度（结构变形）或稳定性验算和结构尺寸调整，一直到完全满足结构设计规范的要求为止；最后进行构造处理和绘制结构施工图。工程结构设计的基本理论和方法是在力学给出结构受力分析之后，解决结构或构件的强度、刚度和稳定性验算的问题的。本节主要针对工程结构设计的目标、所涉及的因素和基本概念、原理、方法及思路进行简要的介绍。

2.5.1 荷载作用

工程结构是能够承载外力作用并在外力作用下产生内力和发生变形，这些能使土木工程结构产生效应（内力、应力、位移、应变、变形和裂缝等）的各种原因称为结构上的作用，这些作用可分成直接以力的形式作用在结构上的直接作用（自重、风压、水压和土压等）和不直接以力的形式作用于结构，但却能引起结构产生振动、变形等效应的间接作用（温度变化、材料收缩膨胀、地基不均匀沉降和地震等）。直接作用通常被称为荷载。

荷载根据分类的不同，一般有以下几种。

（1）按时间分类

1）永久作用（荷载）。作用值不随时间而变化，或变化与平均值相比可忽略不计的作用（荷载），如结构自重重力、土压力、水位不变时的水压力等。

2）可变作用（荷载）。作用值随时间变化作用（荷载），如人员和设备重力、风荷载、雪荷载、行走的车辆重力、温度变化时的温度作用、水位变化时的水压力等。

3）偶尔作用（荷载）。在设计基准期内（为统计工程结构可能遭受的各种作用的最大值而设定的一个基本标准期限，一般为 50 年）有可能出现，但却不百分之百一定出现，而一旦出现，其作用值必然很大且持续时间很短的作用（荷载），如地震、意外爆炸、意外撞击、火灾、台风等。

（2）按空间位置分类

1）固定作用（荷载）。在工程结构上的空间位置分布固定不变的作用（荷载），如结构自重和固定设备重力等。

2）自由作用（荷载）。在工程结构上的空间位置分布和大小量值均不固定，可随机变化的作用（荷载），如人群和家具重力、工厂中的吊车重力、自重及吊起的重物和车辆重力等。

（3）按结构应对反应（效应）的特点分类

1）静作用（荷载）。不引起工程结构动力效应或产生的动力效应与产生的静力效应相比可以忽略不计的作用（荷载），如结构自重、雪荷载、土压力、房屋建筑楼面活荷载（人与家具重力）等。

2）动作用（荷载）。使工程结构产生不能忽略不计的动力效应的作用（荷载）。如地震作用、风荷载、大型设备振动、爆炸和冲击荷载等。

2.5.2 应力应变与胡克定律

当有外力作用于一个物体上时，会使物体产生变形，而当这个外力移去时，变形了的物体又恢复了原来的形状，这就是弹性。工程材料或多或少都会有一定的弹性。胡克通过实验研究了如图 2.30 所示的受拉力 P，长为 L 的弹性绳索，当两端拉力相等均为 P 时，绳索处于平衡状态，而且发生了 ΔL 的伸长，两者之间具有线性关系（一次函数关系），从而给出了以下定律，即胡克定律：

$$\frac{P}{A} = E \frac{\Delta L}{L} \qquad (2.1)$$

这里 E 是材料常数，称为弹性模量，单位是 MPa。

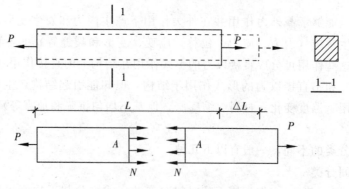

图 2.30　应力应变概念和胡克定律

A 是横截面面积，我们假设在横截面上，绳索的纤维是均匀的，拉长了的纤维产生了一种使绳索恢复原状的拉力，N 是横截面上所有纤维的恢复力合力，称为内力，σ

是单位面积上的内力强度，称为应力，即有

$$N = \sigma \cdot A \qquad (2.2)$$

应力的单位是 N/mm^2，即 MPa。

可以看出就绳索的左半部而言，外力 P 与内力 N 是平衡的，其量值相等，就绳索的右半部而言也有相同结论。

$\dfrac{\Delta L}{L}$ 表明了绳索单位长度上的伸长量，称为应变，即有

$$\varepsilon = \Delta L / L \qquad (2.3)$$

应变的单位为 1，是个无量纲的参数。

这样根据式（2.2）和式（2.3），式（2.1）表示的胡克定律又可由应力与应变写成下式的形式，即

$$\sigma = E \cdot \varepsilon \qquad (2.4)$$

本节仅是以受拉绳索为例，证明了对工程结构设计极为重要的胡克定律。在线弹性范围内，胡克定律对所有的工程结构都是适用的。

2.5.3　工程结构设计的基本理论

工程结构设计的目标是使工程结构在规定的时间内，在具有足够可靠性（用不发生破坏的可能性——概率来度量，即可靠度）的前提下完成全部预定功能的要求。工程结构应满足的预定功能要求为安全性、适用性、耐久性。这里安全性是指结构能承担在正常施工和正常使用阶段可能出现的各种作用不产生破坏，在偶然荷载或偶然事件发生时和发生后仍能保持必需的整体稳定性，不至于倒塌。适用性是指结构在正常使用期间能满足正常的使用要求，有良好的工作性能，如不产生过大的变形、振幅；不产生过宽的裂缝影响正常使用。耐久性是指结构在正常使用和维护条件下，在规定的设计基准期内有足够的耐久性能，如材料老化、腐蚀等不超过规定的限制，否则影响结构使用寿命。

工程结构是否能满足安全性、适用性、耐久性的功能，往往取决于工程结构设计的基本理论和方法。随着科学研究的不断深入，工程实践的经验积累，工程结构设计理论经历了从弹性理论到极限状态理论的转变，工程结构设计方法经历了从定值法到概率法的演变，总的来说，工程结构设计的基本理论与方法大致经历了以下四个主要阶段。

1. 容许应力设计法

容许应力设计法是土木工程结构以弹性理论为基础的方法。将材料视为弹性材料，要求在规定的标准荷载作用下，按弹性理论计算的构件截面任一点应力最大值 σ 不大于规定的材料容许应力 $[\sigma]$（由材料强度除以经验安全系数求得），即满足

$$\sigma \leqslant [\sigma] \qquad (2.5)$$

可以看出式（2.5）的工程意义是结构可能受到的最大应力不应超过结构材料打了安全系数折扣的抵抗能力，从而给工程结构安全以保证。

由于土木工程中常用的材料如钢筋混凝土、钢材等是非线性材料，不是弹性匀质

材料，并且容许应力中安全系数主要凭经验确定，科学性有限，因此容许应力设计法的科学合理性及对工程结构的安全保证程度受到限制。

2. 破坏阶段设计法

破坏阶段设计法充分考虑材料塑性性能，以构件整个截面内力达到极限承载力时为失效状态，规定结构构件的截面内力 M 不大于构件破坏时打了经验安全系数 k 折扣（$k > 1$）的截面的极限承载力 $\dfrac{M_u}{k}$。

$$M \leqslant \frac{M_u}{k} \tag{2.6}$$

破坏阶段设计法反映了构件截面的实际工作情况，充分发挥了材料的性能，但安全系数确定仍需要靠经验确定，并且只考虑了承载力的问题，未考虑正常使用状态下的问题。

3. 半经验、半概率极限状态设计法

这种方法将结构的极限状态（结构的极限状态是结构这样的一个状态，在这个状态下，结构恰好发挥最大潜力，正常工作下不破坏，但稍一超过此状态，结构便破坏或不能再履行正常功能了）分为承载能力极限状态和正常使用极限状态，其中正常使用极限状态包括变形和裂缝极限状态。在承载能力极限状态中，将单一的安全系数改为考虑结构工作条件、荷载状况、材料匀质状况的分项系数。以钢筋混凝土结构为例，两种极限状态的表达式如下。

1）承载能力极限状态

$$M\left(\sum n_i q_{ik}\right) \leqslant M_u(m, k_c f_{ck}, k_s f_{sk}, A, \cdots) \tag{2.7}$$

式中，$M(\cdot)$ 表示结构可能遭受到的最大内力；$M_u(\cdot)$ 为在一定概率意义下结构材料在极限状态下的承载能力；n_i 为荷载系数；q_{ik} 为荷载标准值；m 为结构工作条件系数；k_s、k_c 为钢筋、混凝土均质系数；f_{sk}、f_{ck} 为钢筋、混凝土强度标准值；A 为截面几何特性。

2）正常使用极限状态（主要包括变形、裂缝开展两类验算）

变形验算须满足

$$f_{max} \leqslant [f_{max}] \tag{2.8}$$

式中，f_{max} 为考虑长期作用影响的构件在荷载标准值作用下最大挠度值；$[f_{max}]$ 为极限状态下的最大挠度允许值。

裂缝验算：

使用阶段允许开裂的构件，裂缝宽度须满足

$$w_{max} \leqslant [w_{max}] \tag{2.9}$$

式中，w_{max} 为构件在荷载标准值作用下最大裂缝宽度；$[w_{max}]$ 为极限状态下的最大裂缝宽度允许值。

对于使用阶段不允许开裂的构件，还应进行抗裂度验算。

虽然实际对结构极限承载能力基于安全考虑也进行折减，只是不再是粗略地除以一个大于 1 的安全系数 K，而是通过大量的统计分析，对各种影响因素分析计算其数学期望和变异系数结合经验获各分项（安全）系数而计算得出，因此比较前两种方法要科学合理。

式（2.7）～式（2.9）的工程意义是：在极限状态下，结构最可能遭受到的最大效应值不大于结构材料最可能的抵抗能力（广义抗力）值。这里的效应值和抗力值都是经过统计方法处理获得的，效应值是在 96.5％ 的保证率下对统计期望值进行增大，抗力值是在 96.5％ 的保证率下对其统计期望值进行折减。

4. 基于可靠性理论的极限状态设计法

这种设计方法是将设计参数视为随机变量，以统计分析确定结构失效概率或可靠指标度量结构构件的可靠性，通过与结构可靠性有直接关系的极限状态方程描述结构的极限状态。

这种以可靠性理论为基础的极限状态设计法现在已成为许多国家制订规范的基础，如国际标准化组织（ISO）编制的《结构可靠度总原则》，我国修订的《建筑结构可靠度设计统一标准》（GB560068－2001）等。

国际上将基于可靠性理论的极限状态设计法的发展分为 3 个水准：

水准Ⅰ——半概率、半经验极限状态设计法。此方法材料强度与荷载特征值采用概率论方法，在一定程度上反映荷载与抗力的变异性，但分项系数仍凭经验确定。

水准Ⅱ——近似概率极限状态设计法。

水准Ⅲ——全概率极限状态设计法。

水准Ⅲ要求对结构采用精确的概率分析，但在基本变量客观规律统计和全概率的可靠性定量计算方面，相关的理论和方法均不太成熟，因此目前应用还有一定困难。

目前我国土木工程结构设计方法还没有完全统一。有些规范如《混凝土结构设计规范》（GB50010—2002），《建筑结构荷载规范》（GB50009—2001），《建筑地基基础设计规范》（GB50007—2002），《建筑抗震设计规范》（GB50011—2001）等采用了基于可靠性理论的极限状态设计方法；有些规范如《公路桥涵设计通用规范》（JTGD60—2004），《公路钢筋混凝土及预应力混凝土桥涵设计规范》（JTGD62—2004）等采用半经验、半概率的极限状态设计方法，处于水准Ⅰ的理论水平；在现行《铁路工程抗震设计规范》（GB50117—2006）中采用的主要方法是容许应力法，设计理论科学水准偏低。我国工程技术部门颁布的《建筑结构可靠度设计统一标准》（GB50068—2001）中规定新修订的各种结构设计规范必须采用基于可靠性理论的极限状态设计法，使土木工程中构件的可靠度达到统一的水准。

2.5.4 工程结构设计的建模

工程结构设计前，首先要建立设计模型。通常我们是使用给定的结构分析设计程序进行设计的，因此建模须和特定专业软件的建模规定相适应，这里仅以一个简单框架为例，说明手算时的建模过程。

工程结构设计建模的第一步是弄清楚所选用的工程结构类型。图 2.31 所示的是一个八榀二跨三层钢筋混凝土框架，属空间结构。为了手算简化，取单榀框架来进行分析计算，可按横向或纵向两个方向截取。这里以横向截取的横向框架为例，以欲截取的框架与其相邻框架间中间线为界进行砍截而将该榀框架取出，把这一榀二跨三层空间框架简化为一二跨三层平面框架。鉴于框架梁柱的截面宽高等尺寸（均约几十厘米）与框架其他尺寸相比相对较小，将柱、梁简化为杆，用单线条标出，而且柱与梁的连结节点简化为刚接（这是框架结构的基本规定），并根据实际受力情况，标上所受的荷载与作用，这样就可以得到图 2.32 所示的计算简图。

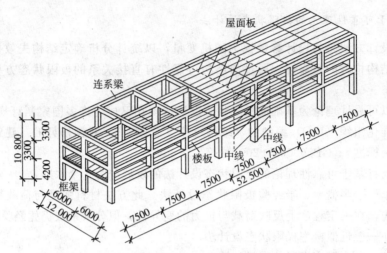

图 2.31　八榀二跨三层钢筋混凝土框架

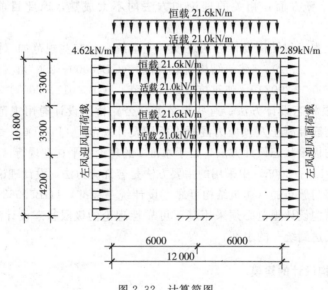

图 2.32　计算简图

接着需要计算标注在简图上的荷载值，需要分析荷载种类和结构传力路线。框架结构上的荷载主要有结构本身板、梁、柱等自重形成的恒载（由单位体积结构材料容重以及标准值或单位面积上的标准值乘以相应必需的结构截面尺寸而得出）；楼面活荷载、屋面活荷载形成的活荷载（主要考虑人员荷载、家具及其他可移动物品的荷载，其大小一般视建筑物用途根据规范值而定)以及风荷载、雪荷载、积灰荷载和地震荷载等等。积灰荷载主要指屋面常年积灰重量,其大小亦根据建筑用途查规范定出。风荷载、雪荷载需依据当地所地区依据规范的风荷载和雪荷载的地区分布图而定。地震荷载亦需依据当地所属的抗震设防标准等级而定。

框架结构的传力途径是荷载由板传至次梁,再由次梁传给主梁,由主梁传给柱,柱将荷载传递给基础,基础再传递给下面的地基。由此计算出各种荷载值,并将最终结果于框架计算简图 2.32 上,具体荷载计算步骤如下。

(1) 恒载

$$g = 2.4 \text{kN/m}^2 \times 7.5 \text{m} \times 1.2 = 21.60 \text{kN/m}$$

式中,2.4kN/m^2 为每平方米的标准恒载,7.5m 为柱距,1.2 为恒载分项系数。

(2) 活载

$$g = 2.0 \text{kN/m}^2 \times 7.5 \text{m} \times 1.4 = 21.0 \text{kN/m}$$

式中,1.4 为活载分项系数。

(3) 风载

查《建筑结构荷载规范》(GB50009—2001),该结构所在地区风压为 0.55kN/m^2,该框架迎风面体形系数为 0.8,背风面体形系数为 0.5。

左风作用下

$$q_{左迎风面} = 0.55 \text{kN/m}^2 \times 0.8 \times 7.5 \text{m} \times 1.4 = 4.62 \text{kN/m}$$

$$q_{左背风面} = 0.55 \text{kN/m}^2 \times 0.5 \times 7.5 \text{m} \times 1.4 = 2.89 \text{kN/m}$$

右风作用下

$$q_{右迎风面} = -0.55 \text{kN/m}^2 \times 0.8 \times 7.5 \text{m} \times 1.4 = -4.62 \text{kN/m}$$

$$q_{右背风面} = -0.55 \text{kN/m}^2 \times 0.5 \times 7.5 \text{m} \times 1.4 = -2.89 \text{kN/m}$$

需要说明的是,因左风、右风不可能同时出现,而且此结构又是对称结构,因此进行结构计算时,左风和右风只需要考虑其中的一种便可以了。

思 考 题

2.1 什么是工程地质勘察?它具体的分为哪几个阶段,主要内容是什么?

2.2 一个单项工程的地质勘察报告通常包括哪些内容?

2.3 土木工程测量含义是什么?在规划、施工、管理阶段分别用到的测量技术有哪些?

2.4 土木工程测量应遵循的基本原则是什么?主要任务有哪些?

2.5 工程结构对地基的要求是什么?常用地基处理方法是什么?

2.6 简述工程结构受力分析和结构设计应遵循的八个宏观原则。试结合例子分析其应用。

2.7 工程结构力学基础有哪些?

2.8 什么是工程结构的荷载与作用?按时间、空间位置和结构效应来分类都分别有哪些?举例证明。

2.9 什么是应力、应变?

2.10 什么是胡克定律?

2.11 工程结构设计基本理论主要有哪些? 它们各自特点是什么?

2.12 什么是工程结构的安全性、适用性、耐久性?

2.13 如何进行工程结构的建模和绘制计算简图?

第3章 土木工程材料

3.1 无机胶凝材料

建筑材料中，凡是经过一系列物理、化学作用，能将砂子、石子、砖、石块、砌块等散粒材料或块状材料粘结为整体的材料，统称为胶凝材料。

胶凝材料按化学成分可分为有机胶凝材料和无机胶凝材料两大类。有机胶凝材料是以高分子化合物为主要成分的胶凝材料，如沥青、树脂等。无机胶凝材料则以无机化合物为基本成分。无机胶凝材料按硬化条件不同，又分为气硬性和水硬性两种。气硬性胶凝材料是只能在空气中硬化，也只能在空气中保持或继续发展其强度的胶凝材料，如石膏、石灰、水玻璃等；水硬性胶凝材料是不仅能在空气中硬化，而且能更好的在水中硬化，并保持或继续发展其强度的胶凝材料，如各种水泥。

3.1.1 石膏

石膏胶凝材料是一种以硫酸钙为主要成分的气硬性胶凝材料。石膏胶凝材料及其制品具有许多优良的性质，原料来源丰富，生产能耗较低，因而在建筑工程中得到广泛应用。

常用的石膏材料有建筑石膏、高强石膏、无水石膏水泥、高温煅烧石膏等。建筑上使用较多的是建筑石膏。

建筑石膏是以天然二水石膏（$CaSO_4 \cdot 2H_2O$，又称软石膏或生石膏）为主要成分，不预加任何外加剂的粉状胶结料。

建筑石膏的特性：凝结硬化快；硬化时体积微膨胀；硬化后孔隙率较大，表观密度和强度低；防火性能好；隔热、吸声性良好；具有一定的调温、调湿性；耐水性和抗冻性差；加工性能好。

建筑石膏制品的种类很多，如纸面石膏板、空心石膏条板、纤维石膏板、石膏砌块和装饰石膏板等。主要用作内隔墙、吊顶和装饰。

建筑石膏配以纤维增强材料、胶黏剂等还可以制成石膏角线、线板、角花、灯圈、罗马柱（图 3.1 和图 3.2）、雕塑等艺术装饰石膏制品，建筑石膏制品是目前住宅中用量较大的装饰材料。

3.1.2 石灰

石灰是在建筑上使用较早的矿物胶凝材料之一。石灰的主要原料石灰石分布很广，生产工艺简单，成本低廉，所以在建筑上一直应用很广。石灰石的主要成分是碳酸钙，将石灰石煅烧，碳酸钙将分解成生石灰。

图 3.1　罗马柱

图 3.2　罗马柱头

工程上使用石灰时，通常将生石灰加水，使之消解成消石灰（氢氧化钙），这个过程称为石灰的"消化"，又称"熟化"。生石灰在化灰池中熟化后，通过筛网流入储灰坑。石灰浆在储灰坑中沉淀并除去上层水分后称为石灰膏。在水泥砂浆中掺入石灰浆，其塑性可显著提高。

石灰的特性主要有：①生石灰水化时水化热大，体积增大；②可塑性和保水性好；③硬化缓慢；④硬化时体积收缩大；⑤硬化后强度低、耐水性差。

石灰主要应用于制作石灰乳涂料、配制砂浆、拌制石灰土和石灰三合土以及生产硅酸盐制品。

3.1.3　水玻璃

水玻璃俗称泡花碱，是一种能溶于水的硅酸盐，由不同比例的碱金属和二氧化硅所组成。常见的水玻璃有硅酸钠（$Na_2O \cdot nSiO_2$）和硅酸钾（$K_2O \cdot nSiO_2$）等，其中硅酸钠水玻璃最为常用。

水玻璃有良好的粘结能力，硬化时析出的硅酸凝胶有堵塞毛细孔隙而防止水渗透的作用。水玻璃不燃烧，在高温下硅酸凝胶干燥得更加强烈，强度并不降低，甚至还有所增加。水玻璃具有高度的耐酸性能，能抵抗大多数无机酸和有机酸的作用。

由于水玻璃具有的以上性能，所以它在建筑工程中可有很多种用途。简单列举如下：涂刷建筑材料表面可提高抗风化能力；配制防水剂；配制耐酸砂浆和耐酸混凝土；配制耐热砂浆和耐热混凝土；用于地基处理时的土壤加固；作为建筑物损坏的修补材料。

3.2　水　泥

水泥是指加水拌和成塑性浆体，能胶结砂石等材料，并能在水中或空气中硬化的粉状水硬性胶凝材料。水泥是最重要的建筑材料之一。它不但大量应用于工业与民用建筑，还广泛应用于道路、桥梁、海港和国防等工程，制造各种形式的混凝土、钢筋混凝土及预应力混凝土构件和构筑物。

水泥的品种很多，按化学成分可分为硅酸盐、铝酸盐、硫铝酸盐等多种系列水泥。

其中，硅酸盐系列水泥应用最广。

3.2.1 硅酸盐系列水泥

我国常用水泥的主要品种就是硅酸盐系列水泥，它包括：硅酸盐水泥（分Ⅰ型、Ⅱ型，代号为 P·Ⅰ、P·Ⅱ）、普通硅酸盐水泥（简称普通水泥，代号 PO）、矿渣硅酸盐水泥（简称矿渣水泥，代号 PS）、火山灰质硅酸盐水泥（简称火山灰水泥，代号 PP）、粉煤灰硅酸盐水泥（简称粉煤灰水泥，代号 PF）和复合硅酸盐水泥（简称复合水泥，代号 PC）。

1. 常用水泥的生产

常用水泥的生产可概括为"两磨一烧"，如图 3.3 所示。

图 3.3 常用水泥的生产过程

2. 常用水泥的特性

（1）硅酸盐水泥

硅酸盐水泥混合材料的掺量很少，因此硅酸盐水泥的特性基本上由水泥熟料确定。其主要特性有：① 水化凝结硬化快，早期强度高；② 水化过程中的水化热大；③ 耐腐蚀性差；④ 抗冻性好，干缩小；⑤ 耐热性差。

（2）普通硅酸盐水泥

普通硅酸盐水泥是在硅酸盐水泥熟料中掺加一定比例的混合材料而制成的水泥。它的性能、应用范围与同强度等级的硅酸盐水泥相近。掺入混合材料的主要作用是改变水泥强度的等级分布。与硅酸盐水泥相比，早期硬化速度较慢，其 3d、7d 的抗压强度稍低一些，抗冻性和耐磨性能也稍差一些。

（3）矿渣硅酸盐水泥

矿渣硅酸盐水泥是在硅酸盐水泥熟料中掺入粒化高炉矿渣而制成的水泥。与硅酸盐水泥比，其特点如下：

1）水化分两步进行，凝结硬化慢，早期强度低。后期强度发展较快，将赶上甚至超过硅酸盐水泥。

2）水化热较低，适用于大体积的混凝土工程。

3）碱度低，抗碳化能力较差，但抗溶出性侵蚀及抗硫酸盐侵蚀的能力较强。

4）干缩性较大，抗渗性、抗冻性和抗干湿交替作用的性能均较差，不宜用于有抗渗要求的混凝土工程中。

5）耐热性较好，适用于耐热混凝土工程中。

6）矿渣硅酸盐水泥水化硬化过程中，对环境的温度、湿度条件较为敏感。低温下凝结硬化缓慢。但在湿热的条件下强度发展很快，故适于采用蒸压养护。

（4）火山灰质硅酸盐水泥

火山灰质硅酸盐水泥和矿渣水泥在性能方面有许多共同点，如水化反应分两步进行，早期强度低，后期强度增长率较大，水化热低，耐蚀性强，抗冻性差，易碳化等。

由于火山灰质硅酸盐水泥在硬化过程中的干缩比矿渣水泥更显著，在干热环境中易产生干缩裂缝。因此，使用时必须加强养护，使其在较长的时间内保持潮湿状态。

火山灰质硅酸盐水泥颗粒较细，泌水性小，故其具有较高的抗渗性，宜用于有抗渗要求的混凝土工程中。

（5）粉煤灰硅酸盐水泥

粉煤灰硅酸盐水泥就是一种火山灰质混合材料，因此它实质上就是火山灰水泥，其性能与火山灰水泥极为相似。主要特点是干缩性较小、抗裂性较好。另外，粉煤灰颗粒较致密，故吸水少，且成球形，所以配制成的混凝土和易性较好。

（6）复合硅酸盐水泥

凡由硅酸盐水泥、两种或两种以上规定的混合材料、适量石膏磨细制成的水硬性胶泥材料，称为复合硅酸盐水泥。因此，复合水泥的特性与其所掺加混合材料的种类、掺加量及相对比例有密切关系。总体上，其特性与矿渣水泥、火山灰水泥、粉煤灰水泥有不同程度的相似之处。

在特殊要求的工程，如紧急抢修工程、耐热耐酸工程、新旧混凝土搭接工程等中，上述几种水泥都难以满足要求，需要采用其他品种的水泥，如高铝水泥、快硬水泥、白色硅酸盐水泥和膨胀水泥等。

3.2.2　影响水泥性能的因素

（1）水泥组成成分的影响

水泥的组成成分及各组分的比例是造成水泥性能差别的最主要因素。水泥中增加混合材料含量，减少熟料含量，将使水泥的抗侵蚀性提高，水化热降低，早期强度降低；水泥中提高 C_3S、C_3A 的含量，将使水泥的凝结硬化加快，早期强度高，同时水化热也增大。

（2）水泥细度的影响

水泥颗粒越细，遇水后水化越充分，凝结硬化也相应增快，早期强度也较高。但水泥颗粒过细，会增加磨细的能耗和提高成本，且不宜久存，过细水泥硬化时还会产生较大的收缩。

（3）养护条件（温度、湿度）的影响

水泥是水硬性胶凝材料，在水化、凝结硬化过程中必须有足够的水分，养护期间注意保持潮湿状态，有利其早期强度的发展，若缺少水分，会导致水泥水化的停止，出现干粉或产生裂缝。

养护时需要合适的温度，温度升高，水泥的水化加快，早期强度发展也快。若在较低温度下硬化，水泥的水化速度减慢，但不会影响其最终强度。但是在 0℃ 以下，水结成冰后，水泥的水化停止。

（4）龄期的影响

水泥的强度是随龄期增长而增加的，一般 28d 内强度发展较快；28d 后显著减慢，进入一个缓慢的强度发展时期。水泥强度到底发展到多久会停止，目前还没有科学可靠的数据来证明。

（5）拌和用水量的影响

在水泥用量不变的情况下，增加拌和用水量，会增加硬化水泥石中的毛细孔，使之强度下降。增加拌和用水量，还会增加水泥的凝结时间，但是用水量过少，不能满足水泥的水化反应所需的用水量，也会降低水泥的强度。

（6）储存条件的影响

水泥的储存环境应当干燥防潮，储存不当，会使水泥受潮结块，严重降低其强度。同时要注意水泥的储存时间，即使良好的储存，在空气中的水分和 CO_2 的作用下，也会使水泥发生缓慢水化和碳化，经 3 个月，强度降低 10%～29%，6 个月降低 15%～30%，1 年后将降低 25%～40%，所以水泥的有效储存期为 3 个月，不宜久存。

3.3 混 凝 土

混凝土（简称砼）是由胶凝材料、水和粗、细骨料按适当比例配合、拌制成拌和物，经一定时间硬化而成的人造石材。

混凝土具有许多优点，可根据不同要求配制各种不同性质的混凝土；在凝结前具有良好的塑性，因此可以浇制成各种形状和大小的构件或结构物；它与钢筋有牢固的粘结力，能制作钢筋混凝土结构和构件；经硬化后有抗压强度高与耐久性良好的特性；其组成材料中砂、石等地方材料占 80% 以上，符合就地取材和经济的原则。但事物总是一分为二的，混凝土也存在着抗拉强度低、受拉时变形能力小、容易开裂、自重大等缺点。

由于混凝土具有许多优点，因此它是一种主要的建筑材料，无论是工业与民用建筑、给水与排水工程、水利工程以及地下工程、国防建设等都广泛地应用混凝土，如图 1.34、图 3.4 所示。因此，它在国家基本建设中占有重要地位。

一般对混凝土质量的基本要求是：具有符合设计要求的强度；具有与施工条件相适应的施工和易性；具有与工程环境相适应的耐久性。

图 3.4　彩色混凝土铺地砖

3.3.1 混凝土的分类

按照混凝土表观密度的大小分类,可分为:重混凝土(表观密度大于 $2600kg/m^3$)、普通混凝土(表观密度为 $1950\sim2600kg/m^3$)、轻混凝土(表观密度小于 $1950kg/m^3$)。

按胶凝材料不同,可分为:水泥混凝土(即普通混凝土)、沥青混凝土、聚合物混凝土、水玻璃混凝土和石膏混凝土等。

按混凝土的功能分类,可分为:防水混凝土、防辐射混凝土、耐酸混凝土、耐热混凝土、防爆混凝土、水下浇筑混凝土等。

按施工工艺的不同分类,可分为:喷射混凝土、泵送混凝土、振动灌浆混凝土等。

1. 普通混凝土

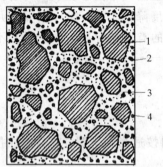

普通混凝土是由水泥、砂(细骨料)、石(粗骨料)和水拌和,经硬化而成的一种建筑材料。掺入适量的外加剂和掺和料,可以改善混凝土的某些特性。在混凝土中,砂、石起骨架作用,并能抑制水泥的收缩;水泥与水形成水泥浆,水泥浆包裹在骨料表面并填充其空隙。在硬化前,水泥浆起润滑作用,使混凝土拌和物具有良好的和易性。水泥硬化后,则将骨料胶结成一个坚实的整体,其结构示意如图 3.5 所示。

图 3.5 普通混凝土的结构示意图
1. 石子;2. 砂子;3. 水泥浆;4. 气孔

2. 钢筋混凝土、预应力混凝土

钢筋混凝土就是在其中合理配置钢筋的混凝土。它可以充分发挥混凝土抗压强度高和钢筋抗拉强度高的特点,共同承受荷载进而满足工程的需要。钢筋混凝土是一种复合建筑材料,它与木材、石材、钢材不一样,可以根据结构工程的需要,由设计和施工人员自行设计、制造。

钢筋混凝土的优点如下:

1)把两种材料结合起来使用,即在构件的受压部分用混凝土,在构件的受拉部分用钢筋,大大提高了构件的承载力。承受较大荷载后,往往不会折断。

2)两种材料容易得到,价格也比较低。

3)混凝土的热传导性差,钢筋在其包裹保护下,不会因火灾使钢筋温度很快升高而达到危险程度。所以,其耐火性较好。

4)钢筋混凝土抗土壤和大气腐蚀的耐久性比较好,也不会有生物的腐蚀。混凝土的强度还会随时间的增长而增长。钢筋包裹在混凝土内,混凝土的弱碱性保护了钢筋不被锈蚀。

5)钢筋混凝土还可以根据构件的受力情况,合理配置钢筋和确定混凝土的强度等级,从而达到经济、合理。

预应力混凝土的制作是在 1928 年开始获得成功的。在 19 世纪中叶钢筋混凝土的发明和钢材在结构中的应用实现了工程建设的第一次飞跃，而预应力混凝土的实际应用则实现了第二次飞跃。所谓"预应力混凝土"是利用预先建立的压应力以抵消在荷载下产生的拉应力而做成的。

预应力混凝土一般是指预应力钢筋混凝土。通过张拉钢筋，产生预应力。预应力的产生，按施加预应力的顺序可分为先张法和后张法；按张拉钢筋的方法可分为机械法、化学法和电热法。

3. 特种混凝土

特种混凝土是采用新型材料、工业废料或采用新的工艺制成。它能满足某些工程的特殊需要。

（1）轻混凝土

轻混凝土即表观密度小于 1950kg/m³ 的混凝土。按原材料与制造方法的不同，可以分为三大类：轻集料混凝土（用于保温的围护结构或用于承重构件或结构）、多孔混凝土（常用作屋面板材料和墙体材料）和无砂大孔混凝土（导热系数小、保温性能好、吸湿性小，适宜作墙体材料）。

（2）纤维混凝土

纤维混凝土是以混凝土为基体，外掺加各种纤维材料而成的混凝土。常用的纤维可分为两类：一类为高弹性模量的纤维，包括玻璃纤维、钢纤维和碳纤维等；另一类为低弹性模量的纤维，如尼龙纤维、聚乙烯纤维以及聚丙烯纤维等。

纤维混凝土可以有效地降低混凝土的脆性，提高其抗拉、抗弯、抗冲击、抗裂等性能。纤维混凝土中，纤维的含量、长细比、弹性模量和耐碱性等对其性能有很大影响。

纤维混凝土目前已用于路面、桥面、飞机场跑道、薄层结构及管道等。相信在今后的土木工程应用中会得到更广泛应用。

（3）聚合物混凝土

聚合物混凝土是有机聚合物、无机胶凝材料和骨料结合而成的一种新型混凝土。它体现了有机聚合物和无机胶凝材料的优点，而克服了水泥混凝土的一些缺点。聚合物混凝土分为聚合物水泥混凝土（PCC）、聚合物胶结混凝土（PC）和聚合物浸渍混凝土（PIC）。

（4）高强混凝土

到目前为止，通常认为强度等级达到 C60 和超过 C60 的混凝土为高强混凝土。主要用于桥梁、轨枕、高层建筑的基础和柱、输水管道、预应力管桩等。

高强混凝土的特点是强度高、耐久性好、变形小、抗冻性和耐蚀性较好。能适应现代工程结构向大跨度、重载、高耸发展和承受恶劣环境条件的需要。使用高强混凝土可以获得明显的工程效益和经济效益，因此推广应用高强混凝土技术有着十分重要的意义。但是，混凝土随着强度等级的提高，其抗拉强度与抗压强度的比值将会降低，也就是混凝土的脆性将增大，可靠度将降低。这就需要研究和开发某些高效外加剂来改善其性能。

3.3.2 混凝土外加剂

混凝土外加剂是指在拌制混凝土过程中掺入用以改善混凝土性能的物质。其掺加量一般不大于水泥质量的5%（特殊情况除外）。外加剂的掺加量虽然小，但其技术经济效果却显著，因此，外加剂是混凝土的重要组成部分，在今后的发展中，将会越来越广泛地被应用。

外加剂按其主要功能，一般分为四类：

1) 改善混凝土拌和物流变性能的外加剂，如减水剂、引气剂、泵送剂等。

2) 调节混凝土凝结时间和硬化性能的外加剂，如缓凝剂、早强剂等。

3) 改善混凝土耐久性的外加剂，如防水剂、阻锈剂、抗冻剂等。

4) 提供特殊性能的外加剂，如加气剂、膨胀剂、着色剂等。

总之，在拌制混凝土时，加入少量的外加剂能使混凝土拌和物在不增加水泥用量的条件下，获得很好的和易性（混凝土拌和物易于施工操作并能获得质量均匀、成型密实的性能），增大流动性和改善黏聚性、降低泌水性。同时，因为改变了混凝土的结构，所以还能提高混凝土的耐久性。

前面提到混凝土强度等级的提高，其脆性会显著增加，同时其塑性和韧性会降低。这就给我们的实际工程应用带来了困难，就是说我们不敢轻易地去用高强混凝土。因为它在破坏前没有明显的塑性变形，经常会突然爆裂，这是很危险的。

为了改善高强混凝土的性能，我们就需要研究一种高性能混凝土。高性能混凝土一般是指在适宜水灰比（混凝土中水和水泥的比值）的条件下，调配各种掺入物（粗、细骨料，尤其是外加剂），从而使混凝土强度和韧性都达到最佳的一种新型混凝土。从而适应工程结构中各种情况的需要。目前，已经有许多科研单位在进行这方面的研究，而且已经取得了一定成果。随着科技的进步，各种优质的高性能混凝土将会被研发出来，并广泛地应用于工程实际中。高性能混凝土将是今后混凝土研究中的主题方向。

3.4 建筑砂浆

建筑砂浆是在建筑工程中一项用量大、用途广泛的建筑材料。它是由胶结材料、细骨料和水按适当的比例配制而成的建筑材料。在工程中起粘接、衬垫和传递应力的作用。

按胶凝材料的不同，砂浆可分为水泥砂浆、石灰砂浆和混合砂浆。混合砂浆有水泥石灰砂浆、水泥黏土砂浆和石灰黏土砂浆等。

根据不同的用途，建筑砂浆主要分为砌筑砂浆、抹面砂浆和特种砂浆。

1. 砌筑砂浆

用于砖石砌体的砂浆称为砌筑砂浆。它起着粘结砖石和传递荷载的作用，因此是砌体的重要组成部分。普通水泥、矿渣水泥、火山灰质水泥等多品种的水泥都可以用来配制砌筑砂浆。有时为改善砂浆的和易性和节约水泥还常在砂浆中掺入适量的石灰或黏土膏浆而制成混合砂浆。

2. 抹面砂浆

凡涂抹在建筑物或土木工程构件表面的砂浆，可统称为抹面砂浆。根据抹面砂浆功能的不同，一般可将抹面砂浆分为普通抹面砂浆、装饰砂浆、防水砂浆和具有某些特殊功能的抹面砂浆（如绝热、耐酸、防射线砂浆）等。

3. 特种砂浆

采用水泥、石灰、石膏等胶凝材料与膨胀珍珠岩砂、膨胀蛭石或陶粒砂等轻质多孔骨料，按一定比例配制的砂浆称为绝热砂浆。绝热砂浆具有质轻和良好的绝热性能等特点。一般绝热砂浆是由轻质多孔骨料制成的，都具有吸声性能。

耐酸砂浆是用水玻璃（硅酸钠）与氟硅酸钠拌制而成的，水玻璃硬化后具有很好的耐酸性能。耐酸砂浆多用作衬砌材料、耐酸地面和耐酸容器的内壁防护层。

在水泥浆中掺入重晶石粉和砂，可配制成有防 X 射线能力的砂浆；如在水泥浆中掺硼酸等可配制成有抗中子辐射能力的砂浆。此类防射线砂浆应用于射线防护工程中。

3.5 钢 材

钢是以铁和碳为主要成分的合金，其中铁是最基本的元素，碳和其他元素所占比例很少，但却左右着钢材的物理和化学性能。钢材的种类繁多，性能差别很大。为了确保质量和安全，这些钢材应具有较高的强度、塑性和韧性，以及良好的加工性能。

除了陨石中可能存在少量的天然铁之外，地球上的铁都蕴藏在铁矿中。从铁矿石开始到最终产品的钢材为止，钢材的生产大致可分为炼铁、炼钢和轧制三道工序。

钢材是在严格的技术控制条件下生产的，品质均匀致密，抗拉、抗压、抗弯、抗剪切强度都很高；常温下能承受较大的冲击和振动荷载，有一定的塑性和很好的韧性。钢材具有良好的加工性能，可以铸造、锻压、焊接、铆接和切割，便于装配。

土木工程中使用的钢材可划分为钢结构用钢材（型材）和钢筋混凝土用钢材（线材）两大类。我们常见的各种型钢如图 3.6 所示。钢筋、钢丝如图 3.7 所示。

（a）钢管   （b）槽钢

图 3.6 常见型钢

（c）H形钢 （d）角钢

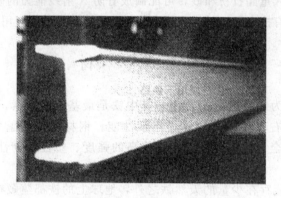

（e）工字钢

图3.6 常见型钢（续）

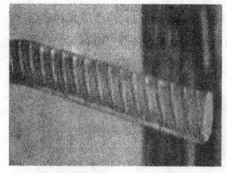 

图3.7 钢筋、钢丝

3.5.1 钢结构

1. 钢结构的特点

与其他材料的结构相比，钢结构具有如下特点：

1）钢材强度高，结构质量轻。钢与砖石和混凝土相比，虽然密度较大，但强度更高，故其密度与强度的比值较小，承受同样荷载时，钢结构要比其他结构轻。为运输和吊装提供了方便。由于钢构件通常较柔细，因此稳定问题比较突出，应给予充分注意。

2）材质均匀，且塑性、韧性好。由于质量轻和韧性好，其抗震性能也好于其他结构。

3）具有良好的加工性能和焊接性能。

4）密封性好。采用焊接连接的钢板结构，具有较好的水密性和气密性，可用来制作压力容器、管道，甚至载人太空结构。

5）钢材的可重复使用性。钢结构加工制造过程中产生的余料和碎屑，以及废弃和破坏了的钢结构或构件，均可回炉重新冶炼成钢材重复使用。因此，钢材被称为绿色建筑材料或可持续发展的材料。

6）钢材耐热但不耐火。钢材长期经受 100℃ 辐射热时，性能变化不大，具有一定的耐热性能。但当温度超过 200℃ 时，会出现蓝脆现象；当温度达 600℃ 时，钢材进入热塑性状态，将丧失承载能力。因此，在有防火要求的建筑中采用钢结构时，必须采用耐火材料加以保护。

7）耐腐蚀性差。必须对钢结构采取防护措施。

8）钢结构的低温冷脆倾向。由厚钢板焊接而成的承受拉力和弯矩的构件及其连接节点，在低温下有脆性破坏的倾向，应引起足够的重视。

2. 钢结构的应用

随着我国国民经济的不断发展和科学技术的进步，钢结构在我国的应用范围也在不断扩大。

（1）大跨结构

钢材强度高、结构质量轻的优势正好适合大跨结构，因此钢结构在大跨空间结构和大跨桥梁结构中得到了广泛应用。所采用的结构形式有空间桁架、网架、网壳、悬索（包括斜拉体系）、张弦梁、实腹或格构式拱架和框架等。

（2）工业厂房

吊车起重量较大或其工作较繁重车间的主要承重骨架多采用钢结构。另外，有强烈辐射热的车间也经常采用钢结构。结构形式多为由钢屋架和阶形柱组成的门式刚架或排架，也有采用网架做屋盖的结构形式。

近年来，随着压型钢板等轻型屋面材料的采用，轻钢结构工业厂房得到了迅速的发展。其结构形式主要为实腹式变截面门式刚架。

（3）受动力荷载影响的结构

由于钢材具有良好的韧性，设有较大锻锤或产生动力作用的其他设备的厂房，即使屋架跨度不大，也往往由钢制成。对于抗震能力要求高的结构，采用钢结构也是比较适宜的。

（4）多层和高层建筑

由于钢结构的综合效益指标优良，近年来在多、高层民用建筑中也得到了广泛应用。其结构形式主要有多层框架、框架—支撑结构、框筒、悬挂、巨型框架等。

（5）高耸结构

高耸结构包括塔架和桅杆结构，如高压输电线路的塔架、广播、通信和电视发射用的塔架和桅杆、火箭（卫星）发射塔架等。

（6）可拆卸的结构

钢结构不仅质量轻，还可以用螺栓或其他便于拆装的手段来连接，因此非常适用于需要搬迁的结构，如建筑工地、油田和需野外作业的生产和生活用房的骨架等。钢筋混凝土结构施工用的模板和支架，以及建筑施工用的脚手架等也大量采用钢材制作。

（7）容器和其他构筑物

冶金、石油、化工企业中大量采用钢板做成的容器结构，包括油罐、煤气罐、高炉、热风炉等。此外，经常使用的还有皮带通廊栈桥、管道支架、锅炉支架等其他钢构筑物，海上采油平台也大都采用钢结构。

（8）轻型钢结构

钢结构质量轻不仅对大跨结构有利，对屋面活荷载特别轻的小跨结构也有优越性。因为当屋面活荷载特别轻时，小跨结构的自重也成为一个重要因素。冷弯薄壁型钢屋架在一定条件下的用钢量可比钢筋混凝土屋架的用钢量还少。轻型钢结构的结构形式有实腹变截面门式刚架、冷弯薄壁型钢结构（包括金属拱形波纹屋盖）以及钢管结构等。

（9）钢和混凝土的组合结构

钢构件和板件受压时必须满足稳定性要求，往往不能充分发挥它的强度高的作用，而混凝土则最宜于受压不适于受拉，将钢材和混凝土并用，使两种材料都充分发挥它的长处，是一种很合理的结构。近年来，这种结构在我国获得了长足的发展，广泛应用于高层建筑（如深圳的赛格广场）、大跨桥梁、工业厂房和地铁站台柱等。主要构件形式有钢与混凝土组合梁和钢管混凝土柱等。

3. 钢结构用材的规格

钢结构所用钢材主要为热轧成型的钢板和型钢，以及冷加工成型的冷轧薄钢板和冷弯薄壁型钢等。为了减少制作工作量和降低造价，钢结构的设计和制作者应对钢材的规格有较全面的了解。

（1）钢板

钢板有厚钢板、薄钢板、扁钢（或带钢）之分。厚钢板常用作大型梁、柱等实腹式构件的翼缘和腹板，以及节点板等；薄钢板主要用来制造冷弯薄壁型钢；扁钢可用作焊接组合梁、柱的翼缘板、各种连接板、加劲肋等。

（2）热轧型钢

热轧型钢常用的有角钢、工字钢、槽钢等，如图 3.8 所示。

钢管有无缝钢管和焊接钢管两种。由于回转半径较大，常用作桁架、网架、网壳等平面和空间格构式结构的杆件；在钢管混凝土柱中也有广泛的应用。钢管混凝土是指在钢管中浇筑混凝土而形成的构件，可使构件承载力大大提高，且具有良好的塑性和韧性，经济效果显著，施工简单，工期短。钢管混凝土可用于厂房柱、构架柱、地铁站台柱、塔柱和高层建筑等。

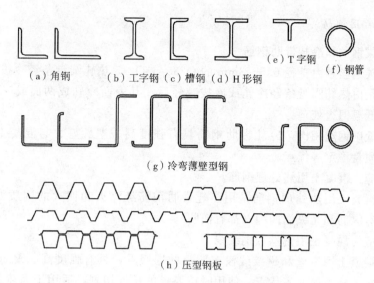

(a) 角钢　　　　(b) 工字钢 (c) 槽钢 (d) H 形钢　(e) T 字钢　　(f) 钢管

(g) 冷弯薄壁型钢

(h) 压型钢板

图 3.8　热轧型钢及冷弯薄壁型钢

（3）冷弯薄壁型钢

冷弯薄壁型钢是采用 1.5～6mm 厚的钢板经冷弯和辊压成型的型材［图 3.8（g)］和采用 0.4～1.6mm 的薄钢板经辊压成型的压型钢板［图 3.8（h)］，其截面形式和尺寸均可按受力特点合理设计，能充分利用钢材的强度、节约钢材，在国内外轻钢建筑结构中被广泛地应用。

3.5.2　钢筋混凝土常用钢材

混凝土具有较高的抗压强度，但抗拉强度很低。用钢筋增强混凝土，可大大扩展混凝土的应用范围，而混凝土又对钢筋起保护作用。钢筋混凝土结构用的钢筋，主要由碳素结构钢、低合金高强度结构钢和优质碳素钢制成。

1. 热轧钢筋

热轧钢筋是经热轧成型并自然冷却的成品钢筋，按外形可分为光圆钢筋和带肋钢筋两种。带肋钢筋按肋纹形状分为月牙肋和等高肋（图 3.9）。钢筋表面轧制成人字纹或螺纹可提高混凝土与钢筋的粘结力。

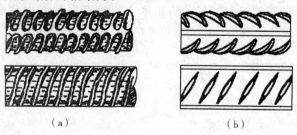

（a）　　　　　　　　　　　　　　　（b）

图 3.9　等高肋（a）和月牙肋（b）

2. 其他常用钢筋

（1）冷拔钢丝和冷轧带肋钢筋

冷拔低碳钢丝是由直径 6.5～8mm 的 Q235 或 Q215 热轧圆盘条经冷拔而成的。冷轧带肋钢筋是由热轧圆盘条经冷轧或冷拔减轻后在其表面冷轧成两面或三面有肋的钢筋，也可经低温回火处理。

与冷拔低碳钢丝相比，冷轧带肋钢筋具有强度高、塑性好、与混凝土粘结牢固、节约钢材、质量稳定等优点。

（2）预应力混凝土用热处理钢筋

预应力混凝土用热处理钢筋是用热轧带肋钢筋经淬火和回火的调质处理而成的，按外形分为有纵筋和无纵筋两种（都有横肋）。

（3）预应力混凝土用钢丝和钢绞线

预应力混凝土用钢丝和钢绞线没有明显的屈服点，具有强度高、柔韧性好、无接头、质量稳定、施工简便等优点，使用时按要求的长度切割，适用于大荷载、大跨度、曲线配筋的预应力钢筋混凝土结构。

3.6 木 材

木材是一种古老的工程材料，最早用于建造房屋。在中国的传统建筑中，木材建筑技术和木材装饰艺术都达到了很高的水平并形成了独特风格。中国传统的亭、台、楼、阁、塔、榭等建筑，都是用木材作为主要建筑材料的。由于其具有一些独特的优点，在出现众多新型土木工程材料的今天，木材仍在工程中占有重要的地位。目前，由于木材资源的短缺，木材已经由结构用材转而作为装饰和装修材料。

木材作为结构和装饰材料具有许多优良性质：轻质高强，弹性、韧性好，能承受冲击和振动作用，因导热性低而具有较好的隔热、保温性能，纹理美观，色调温和古朴，极富装饰性，易于加工，可制成各种形状的产品，绝缘性好，无毒性，在水中或干燥环境中均具有良好的耐久性。

木材也有限制其使用的缺点，主要为：受材料尺寸的制约较大，构造不均匀，呈各向异性，湿胀干缩大，处理不当易翘曲和开裂，天然缺陷较多而降低了材质和利用率，耐火性差，易着火燃烧，使用保养不当时易腐朽、虫蛀。

木材的生长期长，可利用的部分少。进入 21 世纪，人类更加关心的是环境的可持续发展问题，树木在调节自然气候、防止水土流失方面起着十分重要的作用。因此，对木材的节约使用成为建筑设计中一个重要的、引人关注的问题。

3.6.1 木材的分类和构造

木材是由树木加工而成的，一般按照树叶的外观形状分为针叶树木和阔叶树木两类。

针叶树树干通直而高大，易得木材，纹理平顺，材质均匀，木质较软而易于加工，故又称软木材。常用树种有松、杉、柏等。阔叶树树干通直部分一般较短，材质较硬，较难加工，故又称硬木材。常用树种有榆木、水曲柳、柞木等。

木材的构造决定木材的性能，针叶树和阔叶树的构造不完全相同。为了便于了解木材的构造，将树干切成三个不同的切面，如图3.10所示。树木可分为树皮、木质部和髓心三个部分，而木材主要使用木质部。

木材强度有顺纹和横纹之分。木材的顺纹抗压、抗拉强度均比相应的横纹强度大得多，这与木材细胞结构及细胞在木材中的排列有关。

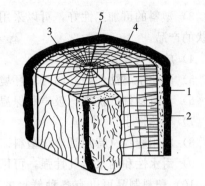

图3.10　树干的三个切面
1. 树皮；2. 木质部；3. 年轮；4. 髓线；5. 髓心

木材的剪切有顺纹剪切、横纹剪切和横纹切断三种。其中，横纹切断强度最大；横纹剪切次之；顺纹剪切强度最小。

影响木材强度的主要因素为含水率（一般含水率高，强度降低）、温度（温度高，强度降低）、荷载作用时间（持续荷载时间长，强度下降）及木材的缺陷（木节、腐朽、裂纹、翘曲、病虫害等）。

3.6.2　木材的应用

工程中木材又常分为圆木、锯材及各类人造板材。

1）圆木是指除去根、梢、枝和树皮并加工成一定长度和直径的木段。可用于屋架、柱、桁条等，也可用于加工胶合板。

2）锯材是已经加工锯成一定尺寸的木料，常有板材（宽度为厚度的3倍或3倍以上）和方材。板材一般用于门芯板、隔断、木装修、屋面板、地板和门窗等；方木用于隔栅、支撑、扶手、檩条、隔断木筋、屋架和钢木屋架等。

3）人造板材是利用木材或含有一定纤维量的其他作物作原料，采用一般物理和化学方法加工而成的。这类板材与天然木材相比，板面宽，表面平整光洁，没有节子，不翘曲、开裂，经加工处理后还具有防水、防火、防腐、防酸性能。常用的人造板材有胶合板、纤维板、刨花板、木丝板、木屑板、细木工板。

3.7　建筑塑料

塑料是以聚合物（或树脂）为主要成分，掺入少量的添加剂，在一定的温度、压力等条件下可塑制成一定形状，且在常温下能保持其形状不变的有机材料。塑料自20世纪50年代开始在建筑工程中应用，经过50年的发展，它在建筑上已得到了广泛的应用，特别是在发达国家应用更广。

与其他建筑材料相比，塑料具有的主要优异性能如下：

1）表观密度小。

2）比强度（密度与强度的比值）高，是一种很好的轻质高强材料。

3）塑料的可加工性好，可以采用多种方法加工成薄板、管材、门窗异型材等各种形状的产品。

4）施工安装方便。

5）耐化学腐蚀性好，同时对环境水及盐类也具有较好的抵抗腐蚀能力。

6）具有良好的抗震、吸声和保温性。

7）导热性小。

8）应用塑料（特别是泡沫塑料）可减小振动、降低噪声和隔热保温。

9）耐水性和耐水蒸气性强，可用于防潮防水工程。

10）塑料制品可以有各种鲜艳的颜色，还可以进行印刷、电镀、压花等加工，装饰效果好。

塑料作为建筑材料使用的主要缺点是：易老化、不耐高温和易燃。塑料的热变形温度一般在 60～120℃。部分塑料易着火或缓慢燃烧，同时产生大量有毒烟雾，这是造成建筑物失火时人员伤亡的主要原因。

3.7.1　塑料的分类

塑料根据受热后形态性能表现的不同，可分为热塑性塑料和热固性塑料两大类。热塑性塑料受热后软化，冷却后又变硬，这种软化和变硬可重复进行，如聚氯乙烯塑料（PVC）、聚乙烯塑料（PE）等。热固性塑料在加工时受热软化，发生化学变化，形成交联聚合物而逐渐硬化成型，再受热后不能恢复可塑性状态，如酚醛树脂、不饱和聚酯、有机硅等。

目前，建筑上使用最多的是聚氯乙烯塑料制品。与其他种类的塑料相比，它成本低、产量大、耐久性较好，加入不同添加剂可加工成软质和硬质的多种产品，如图 3.11所示。

图 3.11　PVC 产品

3.7.2　玻璃钢

"玻璃钢"是中国的名称，国外称为"玻璃纤维增强塑料"，用缩写的英文字母 FRP 表示，因此玻璃钢实质上是纤维增强塑料。它是以聚合物为基体，以玻璃纤维及其制品（玻璃布、带、毡等）为分散质制成的复合材料，是一种优良的纤维增强复合材料，因其比强度很高而被越来越多地用于一些新型建筑结构。

用玻璃纤维去增强热塑性树脂，可称为热塑性玻璃钢，用英文字母 FRTP 表示；用玻璃纤维去增强热固性树脂，就叫做热固性玻璃钢，即通常说的 FRP。目前，生产的玻璃钢主要是指热固性而言的。

1. 玻璃钢的特性和不足

FRP 的主要特性如下：

（1）轻质高强

玻璃钢的相对密度在 1.5～2.0 之间，只有碳素钢的 1/4～1/5，但拉伸强度却接近，甚至超过碳素钢，而比强度可以与高级合金钢相比。因此，在航空、火箭、宇宙飞行器、高压容器以及在其他需要减轻自重的制品应用中，都具有卓越成效。某些环氧 FRP 的拉伸、弯曲和压缩强度均能达到 400MPa 以上。

（2）耐腐蚀性能好

FRP 是良好的耐腐材料，对大气、水和一般浓度的酸、碱、盐以及多种油类和溶剂都有较好的抵抗能力。已应用到化工防腐的各个方面，正在取代碳素钢、不锈钢、木材、有色金属等。

（3）电性能好

FRP 是优良的绝缘材料，用来制造绝缘体。高频下仍能保持良好的介电性。微波透过性良好，已广泛用于雷达天线罩。

（4）热性能良好

FRP 的热导率低，室温下为 1.25～1.67kJ/（m·h·K），只有金属的 1/100～1/1000，是优良的绝热材料。在瞬时超高温情况下，是理想的热防护和耐烧蚀材料，能保护宇宙飞行器在 2000℃ 以上承受高速气流的冲刷。

（5）可设计性好

1）可以根据需要，灵活地设计出各种结构产品来满足使用要求，使产品有很好的整体性。

2）可以充分选择材料来满足产品的性能。例如，可以设计出耐腐的，耐瞬时高温的、产品某方向上有特别高强度的、介电性好的等玻璃钢产品。

（6）工艺性优良

1）可以根据产品的形状、技术要求、用途及数量来灵活地选择成型工艺。

2）工艺简单，可以一次成型，经济效果突出，尤其对形状复杂、不易成型的数量少的产品，更突出它的工艺优越性。

不能要求一种 FRP 来满足所有要求。FRP 也有以下一些不足之处：

（1）弹性模量低

FRP 的弹性模量比木材大 2 倍，但比钢（$E=2.1×10^6$）小 10 倍，因此在产品结构中常感到刚性不足，容易变形。

可以做成薄壳结构、夹层结构，也可通过高模量纤维或做加强筋等形式来弥补。

（2）长期耐温性差

一般 FRP 不能在高温下长期使用，通用型聚酯 FRP 在 50℃ 以上强度就明显下降，一般只在 100℃ 以下使用；通用型环氧 FRP 在 60℃ 以上，强度有明显下降。但可以选择耐高温树脂，使其长期工作在 200～300℃ 是可能的。

（3）老化现象

老化现象是塑料的共同缺陷，FRP 也不例外。在紫外线、风沙雨雪、化学介质、机械应力等作用下容易导致其性能下降。

（4）层间剪切强度低

层间剪切强度是靠树脂来承担的，所以很低。可以通过选择工艺、使用偶联剂等方法来提高层间粘结力，最主要的是在产品设计时，尽量避免使其层间受剪。

2. FRP 的生产方法

FRP 的生产方法基本上分两大类，即湿法接触型和干法加压成型。如按工艺特点来分，有手糊成型、层压成型、RTM 法、挤拉法、模压成型、缠绕成型等。手糊成型又包括手糊法、袋压法、喷射法、湿糊低压法和无模手糊法。

目前世界上使用最多的成型方法有以下四种：

1）手糊法。主要使用国家有挪威、日本、英国、丹麦等。

2）喷射法。主要使用国家有瑞典、美国、挪威等。

3）模压法。主要使用国家有德国等。

4）FTM 法。主要使用国家有欧美各国和日本。

我国有 90% 以上的 FRP 产品是手糊法生产的，其他有模压法、缠绕法、层压法等。日本的手糊法仍占 50%。从世界各国来看，手糊法仍占相当比重，说明它仍有生命力。手糊法的特点是用湿态树脂成型，设备简单，费用少，一次能糊 10m 以上的整体产品。缺点是机械化程度低，生产周期长，质量不稳定。近年来，我国从国外引进了挤拉、喷涂、缠绕等工艺设备，随着 FRP 工业的发展，新的工艺方法将会不断出现。

3. 我国玻璃钢产品的一些实例

我国玻璃钢产品的一些实例如图 3.12～图 3.16 所示。

图 3.12　玻璃钢管道

图 3.13　拉挤型材

图 3.14 格栅板

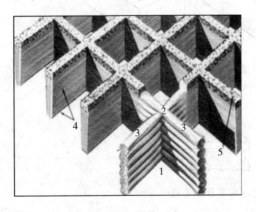

图 3.15 RTM 格板

图 3.16 头盔

3.8 墙体材料和屋面材料

墙体在建筑中起承重,或围护,或分隔作用。屋面为建筑物的最上层,起围护作用。我国长期以来传统的墙体材料、屋面材料为黏土烧结砖和瓦,即我们常说的"秦砖汉瓦"。

然而,随着现代建筑的发展,这些传统材料已无法满足要求,加之小块的黏土砖、瓦自重大,生产能耗高,又需耗用大量耕地黏土,继续大量使用黏土砖不适合我国国情。大力开发和使用轻质、高强、大尺寸、耐久、多功能(保温、隔热、隔声、防潮、防水、防火、抗震等)、节土、节能和可工业化生产的新型墙体材料和屋面材料显得十分重要。

同时,新型墙体及屋面材料的不断出现,赋予了建筑物更多、更好的功能。目前,我国用于墙体的材料品种较多,总体可归为三类:砖、砌块和板材。用于屋面的材料为各种材质的瓦以及一些板材。

3.8.1 墙体材料

1. 砌墙砖

砖是一种常用的砌筑材料。制砖的原料容易取得，生产工艺比较简单，价格低，体积小，便于组合。但是由于生产传统的黏土砖毁田取土量大、能耗高、砖自重大，且施工生产中劳动强度高、功效低，因此需要改革并用新型材料取代。比如推广使用利用工业废料制成的砖，既减少污染，又可以节约农田，还可以节省燃烧煤。

砖按照生产工艺分为烧结砖和非烧结砖；按所用原材料分为黏土砖、页岩砖、煤矸石砖、粉煤灰砖、炉渣砖和灰砂砖等；按有无孔洞分为多孔砖（图 3.17）、空心砖（图 3.18）和实心砖。

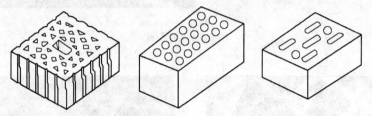

图 3.17　烧结多孔砖（竖孔空心砖，承重）

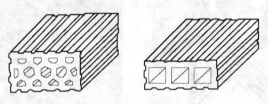

图 3.18　烧结空心砖（水平孔空心砖）

近年来，国内外都在研制非烧结砖。非烧结黏土砖是利用不适合种田的山泥、废土、砂等，加入少量水泥或石灰作固结剂及微量外加剂和适量水混合搅拌压制成型，自然养护或蒸养一定时间即成。如煤矸石烧结空心砖，它是全部以煤炭工业的副产品——煤矸石为原材料，经破碎、陈化、搅拌、成型、干燥和焙烧等工艺制成的新型墙体材料。其主要特点是做到了"制砖不用土，烧砖不用煤"，是一种真正实现节能、节土、利废的新型墙体材料。可见，非烧结砖是一种有发展前途的新型材料。

此外，天然石材也是古今修建城池、桥梁、房屋、道路及水利工程的主要材料之一。天然石材良好的装饰性，是现代土木工程的主要装饰材料之一。

2. 墙用砌块

砌块是用于砌筑的人造块材，外形多为直角六面体，也有各种异形的。

砌块按其空心率大小分为空心砌块和实心砌块两种。空心率小于 25％或无孔洞的砌块为实心砌块。空心率等于或大于 25％的砌块为空心砌块（图 3.19）。

砌块通常又可按其所用的主要原料分为混凝土砌块、石膏砌块等。

制作砌块能充分利用地方材料和工业废料，且制作工艺不复杂。砌块尺寸比砖大，施工方便，能有效提高劳动生产率，还可以改善墙体功能。其产品色泽、肌里美观而富于变化，可以大大丰富村镇住宅的建筑造形手段。

随着科学技术的发展，新型建筑砌块不断的出现，赋予了墙体材料更多的性能。

普通混凝土小型空心砌块是以水泥、砂、石为主要原材料，经计量、搅拌、成型、养护等工艺制成的一种空心的新型墙体材料。它可以分为 MU7.5、MU10、MU15、MU20 等不同强度等级的产品。混凝土空心砌块是替代传统实心黏土砖的

图 3.19　混凝土轻质空心砌块

主要材料，它具有免烧、保护环境、节约土地资源、可以充分利用工业废渣等优点。

此外，还有加气混凝土砌块、轻集料混凝土砌块、复合保温砌块和石膏砌块。

目前，大部分框架建筑的填充墙均为轻集料混凝土砌块，而石膏砌块是高层框架结构建筑良好的内隔墙材料。表 3.1 是几种轻质墙体单位面积的质量。

表 3.1　几种轻质墙体单位面积的质量

墙体材料名称	墙厚/cm	单位面积质量/（kg/m²）	墙面抹灰措施
空心石膏砌块	10	55	刮 1～2cm 厚胶腻
实心石膏砌块	8	60	刮 1～2cm 厚胶腻
混凝土空心砌块	15	170	抹 2cm 厚水泥砂浆
GRC 轻质墙板	11	120	抹 2cm 厚水泥砂浆
粉煤灰和气混凝土砌块	15	165	抹 2cm 厚水泥砂浆
灰砂加气混凝土	14	140	抹 2cm 厚水泥砂浆

目前我国砌块建筑的一些实例如下：

图 3.20 为青塔小区，为北京市第一栋小高层砌块建筑，总建筑面积为 12 000m²，9 层高度，1、2 层采用深灰色劈裂砌块，3～6 层采用米色平面砌块，7～9 层采用普通砌块外刷涂料。

图 3.21 为砌块别墅，采用外墙为 190 装饰砌块内保温的建筑结构形式。

图 3.22 为大学生公寓，6 层、10 000m² 建筑，采用普通承重砌块。

图 3.20　青塔小区

图 3.21　砌块别墅

图 3.22 大学学生公寓

3. 墙用板材

我国目前可用于墙体的轻质板材品种较多，各种板材都有其特色。

从板的形式划分，有薄板、条板、轻型复合板等类型。每类板中又有很多品种，如薄板类有石膏板、纤维水泥板、蒸压硅酸钙板、水泥刨花板、水泥木屑板、建筑用纸面草板等；条板类有石膏空心条板、加气混凝土空心条板、玻璃纤维增强水泥空心条板、预应力混凝土空心墙板、硅镁加气空心轻质墙板等；轻质复合板类有钢丝网架水泥夹芯板以及其他夹芯板等。

目前，我国的轻型复合板品种很多，有金属材料和非金属材料复合，有机材料和无机材料复合，也有金属材料、无机材料和有机材料共同复合。板的造型各异、色彩丰富。板的性能更是集各种组成材料的优点于一体。轻型复合板作为新型墙体材料，近年来得到了较快发展。

(1) 钢丝网架水泥聚苯乙烯夹芯板

钢丝网架水泥聚苯乙烯夹芯板具有轻质、高强、保温、隔声、防水、抗震等优良的性能，同时还具有便于运输、易于施工、速度快、工期短、增加建筑物使用面积等优点。有利于工业化施工，在节约能源、降低建筑物自重、节省建筑工程投资等方面综合经济效益较为突出。主要包括：泰柏板（图 3.23）、3D 板和舒乐舍板等。

(2) 金属面夹芯板

金属面夹芯板是指以彩色涂层钢板为面层，以岩棉、硬质聚氨酯泡沫塑料和聚苯乙烯泡沫塑料为芯材，在专用自动化生产线上加工成型的轻质复合板材，如图 3.24所示。

金属面夹芯板是一种具有轻质高强、保温性能好、整体装备性好、施工速度快等优点的新型墙体材料，广泛应用于轻钢建筑的层面、墙面及建筑装饰，以及活动房、冷库建筑中。

3.8.2 屋面材料

随着现代建筑的发展和对建筑物功能要求的提高，我国用于屋面材料有各种材质的瓦和复合板材。

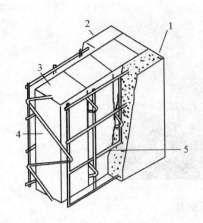

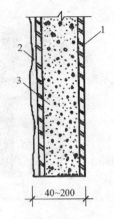

图 3.23 泰柏板结构示意图
1. 外侧砂浆层；2. 内侧砂浆层（各厚 22mm）；
3. 泡沫塑料层；4. 连接钢丝；5. 钢丝网

图 3.24 彩钢夹芯板材
1. 彩色镀锌钢板；2. 涂层；
3. 硬质泡沫塑料或结构岩棉

瓦是一种屋面材料，种类较多。按所用材料分，有黏土瓦、混凝土瓦、石棉水泥瓦、钢丝网水泥瓦、聚氯乙烯瓦、玻璃钢瓦和沥青瓦等；按形状分，有平瓦和波形瓦两类。

用于屋面的覆盖材料还有很多，如铝合金波纹板、彩色压型钢板、钢丝网水泥夹芯板以及由不同的材料制成的具有防水功能的复合板材等。

3.9 防水材料

防水材料的主要作用是防潮、防漏和防渗，避免水和盐分对建筑材料的侵蚀，保护建筑物。防水材料质量的优劣与建筑物的使用寿命是紧密联系的。

防水材料由传统的沥青基防水材料逐渐向高聚物改性防水材料和合成高分子防水材料发展；防水层的构造已由多层向单层防水方向发展；施工方法由热熔法向冷粘贴法发展。新型防水材料克服了传统材料温度适应差、耐老化时间短、抗拉强度低、使用寿命短等缺陷，使防水材料由低档向中高档、成品化、系列化方向发展。

根据防水材料的外观形态，防水材料可以分为防水卷材、防水涂料和密封材料等。

3.9.1 防水卷材

防水卷材是应用量很大的建材，是屋面工程和地下室工程防水材料的重要品种之一。常用的防水卷材按照材料的组成不同可以分为沥青防水卷材、高聚物改性沥青防水卷材和合成高分子防水卷材三大类。

1）沥青防水卷材是指以各种石油沥青或煤焦油、煤沥青为防水基材，以原纸、织物、纤维等为胎基，用不同矿物粉料、粒料合成高分子薄膜、金属膜作为隔离材料所制成的可卷曲的片状防水材料。普通沥青防水卷材具有原材料广、价格低、施工技术成熟等优点，可以满足建筑物的一般防水要求。常见的有纸胎油毡和玻璃布油毡，如图 3.25 所示。

图 3.25 沥青防水卷材

2）高聚物改性沥青防水卷材是在沥青中添加适当的高聚物改性剂，可以改善传统沥青防水卷材温度稳定性差、延伸率低的不足。高聚物改性沥青防水卷材具有高温不流淌、低温不脆裂、拉伸强度较高和延伸率较大等优点。

3）合成高分子防水卷材是以合成橡胶、合成树脂或两者的共混体为基础，加入适量的助剂和填充料等，经过特定工序所制成的防水卷材。该类防水卷材具有拉伸强度高、延伸率大、弹性强、高低温特性好的优点，其防水性能优异，是值得大力推广的新型高档防水卷材。目前其多用于高级宾馆、大厦、游泳池，厂房等要求有良好防水性能的屋面、地下等防水工程。

3.9.2　防水涂料

防水涂料是在常温下呈黏稠状态的物质，涂抹在基体表面而形成的具有一定弹性的连续薄膜。其可使基层表面与水隔绝，起到防水、防潮作用。

防水涂料的特点主要有：防水涂料适宜在复杂表面处形成完整的防水膜；防水涂料成膜后自重轻，特别适宜在薄壳屋面做防水层；在涂抹施工时可以冷施工，速度快，操作简便，容易修补。

防水涂料根据成膜物质的不同可分为沥青基防水涂料、高聚物防水涂料和合成高分子材料防水涂料三种，按涂料的介质不同，又可分为溶液型、乳液型和反应型三种。

3.9.3　建筑密封材料

建筑密封材料是指填充于建筑物的各种接缝、裂缝、变形缝、门窗框、幕墙材料周边或其他结构连接处，起水密、气密作用的材料。

作为建筑密封材料必须具备非渗透性、优良的粘结性、施工性、抗下垂性、良好的伸缩性以经受建筑物及构件因温度、风力、地震、振动等作用引起的接缝变形的反复变化，具有耐候、耐热、耐寒、耐水等性能。

建筑密封材料的品种很多，主要有丙烯酸酯密封膏、聚氨酯密封膏、聚硫密封膏、硅酮密封膏。

3.10 装饰材料

装饰材料是指对建筑物主要起装饰作用的材料。在建筑工程中使用装饰材料，一是为了保护主体结构免受破坏和侵蚀；二是为取得理想的装饰效果。因此，对用于不同部位的装饰材料，分别提出了强度、耐水性、耐腐蚀性、耐久性的要求，并使其保温隔热、吸声隔声、采光等居住功能得到改善。同时，还有颜色、光泽、透明度、表面特征、造型等方面的特殊要求。除此以外，还应对人体无害，这是应该注意的一点。

随着新材料、新工艺的不断出现，装饰材料的种类也越来越多，极大地丰富了建筑物的装饰内容和提高了装饰效果。

3.10.1 天然石材

天然石材资源丰富，强度高，耐久性好，加工后具有很强的装饰效果，是一种重要的装饰材料，同时也是重要的砌筑材料。天然石材种类很多，如用作装饰材料的花岗岩（图 3.26）和大理石（图 3.27）。

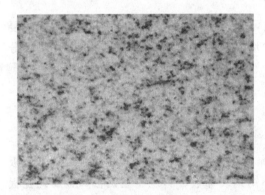

图 3.26　花岗岩　　　　　　　　　　图 3.27　大理石

3.10.2 建筑陶瓷

凡以黏土、长石、石英为基本原料，经配料、制坯、干燥、焙烧而制得的成品，统称为陶瓷制品。用于建筑工程的陶瓷制品，则称为建筑陶瓷，广泛用作建筑物内外墙、地面和屋面的装饰和保护。其产品总的发展趋势是：提高质量、增大尺寸、品种多样、色彩丰富、图案新颖。

常用建筑陶瓷制品主要有釉面内墙砖、彩色釉面陶瓷墙地砖、陶瓷锦砖、无釉陶瓷地砖、建筑琉璃制品（琉璃是最具有中国特色的装饰材料，属精陶质制品）以及卫生陶瓷（图 3.28）等。

图 3.28　卫生陶瓷

3.10.3 建筑玻璃

玻璃是一种透明的无定形硅酸盐固体物质。熔制玻璃的原材料主要有石英砂、纯碱、长石、石灰石等。石英砂是构成玻璃的主体材料；纯碱主要起助熔剂作用；石灰石使玻璃具有良好的抗水性，起稳定剂作用。

在现代建筑中，玻璃已从窗用采光发展为具有保温隔热、控光、隔声及内外装饰的多功能的建筑光学材料。

玻璃制品主要分普通平板玻璃、安全玻璃、保温绝热玻璃、压花磨砂玻璃、玻璃空心砖和玻璃锦砖等。

3.10.4 建筑装饰涂料

建筑装饰涂料简称涂料，与油漆属同一概念，是涂敷于物体表面能与基体材料很好粘结并形成完整而坚韧保护膜的物料。它一般由三种基本成分：成膜基料、分散介质和颜料填料组成。此外还根据需要加入各种辅助材料如催干剂、流平剂、防结皮剂、固化剂、增塑剂等。

涂料种类繁多，按主要成膜物质的性质可分为有机涂料、无机涂料和有机-无机复合涂料三大类；按使用部位分外墙涂料、内墙涂料和地面涂料等；按分散介质种类分为溶剂型和水性两类。

3.10.5 其他装饰材料

除上面介绍的装饰材料外，还有许多其他的装饰材料，主要如下：

1）装饰板材类。主要包括属于木材装饰板类的胶合板、大芯板、纤维板、木丝板等；属于金属装饰板类的铝合金装饰板、不锈钢装饰板、彩色压型钢板和金属陶瓷板等；属于复合性能类的装饰板，如石膏板、塑料装饰板、钙塑板等。

2）裱糊类装饰材料。主要包括属于墙纸类的 PVC 塑料墙纸、纺织物面墙纸、金属面墙纸等；属于墙布类的玻璃纤维装饰墙布和织锦墙布。

3.11 建筑功能材料

在建筑工程中，功能材料是指具有防火、光学、防水、保温隔热、声学、加固修复功能的材料。建筑功能材料品种繁多且新型建筑材料较多。

3.11.1 绝热材料

将不易传热的材料，即对热流有显著阻抗性的材料或材料复合体称为绝热材料。绝热材料是保温、隔热材料的总称。绝热材料应具有较小的传导热量的能力，主要用于建筑物的墙壁、屋面保温；热力设备及管道的保温；制冷工程的隔热。绝热材料按其成分分为无机绝热材料和有机绝热材料两大类。

1) 无机绝热材料主要有石棉、矿渣棉、岩棉、膨胀珍珠岩、膨胀蛭石及它们的制品。此外，多孔混凝土也有保温隔热的作用。

2) 有机绝热材料主要有软木板、泡沫塑料、蜂窝板和轻质纤维板等。

3.11.2 隔声材料

隔声材料可以通过结构措施和采用隔声材料来达到建筑的隔声。隔声材料的隔声功能主要包括两个方面：一是形成空气隔绝，即通过一定的建筑构造形成空气隔层，降低声音的传导；二是固体隔绝，即利用隔声材料隔声，还可以通过增加墙体的厚度和密实度达到隔声效果。

隔声材料主要有三类：密实板，如混凝土板、钢板、木板和塑料板；多孔板，如玻璃棉、矿渣棉、泡沫塑料和毛毡等；减振板，如阻尼板、橡胶板和软木板等。

3.11.3 建筑加固修复材料

建筑物在使用过程中，随着使用年限的增长，建筑物各方面的性能逐渐劣化，需要对其进行修复。尤其是对物业管理企业来说，对建筑物的裂缝、渗漏、冻融破坏、钢筋锈蚀、化学侵蚀等现象进行修复时有发生，因此，要合理选用加固修复材料。

加固修复材料的使用因采用的加固修复方法不同而有区别。在修复建筑物表面所存在的破损、腐蚀、蜂窝、孔洞时，主要用水泥砂浆、水泥基聚合物复合材料和纤维复合材料来修复；对于深层的缺陷和裂缝，主要用水泥浆、环氧树脂灌浆材料和甲基丙烯酸类灌浆材料；对既有修复又有加固要求的建筑，要采用细石混凝土来修复加固。除此之外，还可以用纤维布、钢板等方法进行加固修复。用于加固修复的材料一般可以分为五类：聚合物修补复合材料、纤维复合修补材料、化学灌浆补强修复材料、加固修复用胶黏剂和钢材。

思 考 题

3.1 从硬化过程及硬化产物分析石膏及石灰属气硬性材料的原因。

3.2 硅酸盐水泥由哪些矿物成分所组成？这些矿物成分对水泥的性质有什么影响？

3.3 混凝土外加剂主要有哪些？分别有什么性能？适合哪些混凝土工程和制品？

3.4 建筑砂浆分哪几类？分别有什么用途？

3.5 试述钢结构的特点和应用。

3.6 分析影响木材强度的因素。

3.7 试述玻璃钢的优、缺点。

3.8 轻型复合板作为屋面材料与传统的黏土瓦作为屋面材料相比有什么特点？

3.9 沥青为什么会发生老化？如何延缓其老化？

3.10 如何选用装饰材料？对装饰材料在外观上有哪些基本要求？

3.11 影响绝热材料绝热性能的因素有哪些？

第4章 建筑工程

4.1 基本构件

　　建筑工程所涉及的主要对象是房屋建筑，土木工程师负责建筑的结构部分。结构是房屋的骨架，属于承重体系，它关系到建筑物的承载安全和耐久性能。建筑结构由基本构件组成，其形式是多种多样的。

4.1.1 梁

　　梁是承受竖向荷载，以受弯为主的构件。梁一般水平放置，用来支撑板并承受板传来的各种竖向荷载和梁的自重，梁和板共同组成建筑的楼面和屋面结构。与其他的横向受力结构（如桁架、拱等）相比，梁的受力性能是较差的，但它分析简单、制作方便，故在中小跨度建筑中仍得到了广泛应用。梁在荷载作用下主要承受弯矩和剪力，有时也承受扭矩（图4.1）。

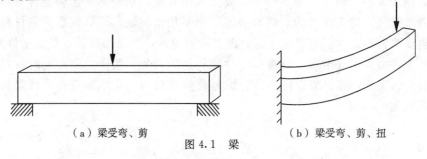

（a）梁受弯、剪　　　　　　　　　　（b）梁受弯、剪、扭

图4.1　梁

1. 梁按材料分类

　　梁按材料分类有石梁、木梁、钢梁、混凝土梁及钢－混凝土组合梁等。

　　（1）石梁

　　石梁在古代建筑中应用较多（图4.2）。但石材的抗拉强度很低，为满足承载要求，石梁的截面需要很大，而跨度却很小，使柱网尺寸受到限制，影响室内空间的使用。现代建筑中，石梁已经不再使用。

　　（2）木梁

图4.2　迈锡狮子门

　　木梁在我国的古代建筑中应用最普遍，包括庙宇、宫殿，特别是民居建筑直到近代仍广泛采用。木材具有自重轻，抗拉、抗压强度均较高的特点，可以比石梁小得多的截面跨越较大的空间。木梁的截面通常是方木或原木，但随

着化学工业和建材工艺的进步，出现了胶合木（胶合板、胶合梁）结构。胶合木与普通木材相比具有耐腐、防蛀、阻燃的性能，且具有更高的强度，消除了木材的很多天然缺陷，可以更有效地利用木材资源，因而是木结构发展和应用的方向。

（3）钢梁

钢梁的材料强度高，塑性好，钢材便于加工和安装。因此钢梁的使用范围较广。由于材料强度高所需截面尺寸小，所以钢梁自重较轻。钢材易生锈、防火性能较差，故需要进行维护。

钢梁可由型钢直接制作，最常用的截面形式是普通工字形截面和宽翼缘工字形截面，当梁的跨度较大时，可采用由钢板焊接而成的组合工字形截面或箱形截面（图 4.3）。普通工字形截面钢梁高度取其翼缘宽度的3～5倍。

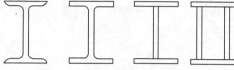

图 4.3　钢梁的常用截面形状

（4）混凝土梁

混凝土梁分为普通钢筋混凝土梁和预应力混凝土梁。

普通钢筋混凝土梁是目前应用最广泛的梁，是由混凝土、纵向钢筋和箍筋组成。由于混凝土抗拉强度低（与石材相似），所以在梁的受拉区设置纵向钢筋以抵抗弯矩引起的拉力，使梁的承载力得以极大地提高，并显著提高梁的变形能力。梁的剪力由混凝土和箍筋共同承担（图 4.4）。

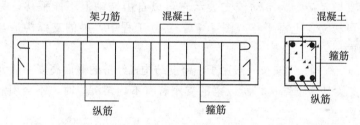

图 4.4　钢筋混凝土梁

普通钢筋混凝土梁具有构造简单、施工方便、可模性好、造价低廉等优点。缺点是自重较大；当跨度较大时，挠度和裂缝宽度控制问题突出。

预应力混凝土梁是在受拉区对混凝土施加预压应力，并使梁产生向上的预起拱，可有效地控制梁的裂缝宽度和挠度。预制的预应力混凝土梁一般均为后张预应力，在非地震区或低烈度地震设防区可采用无粘结预应力梁，而在高烈度地震设防区宜采用有粘结预应力梁。预应力混凝土梁一般采用较高强度的混凝土和高强钢筋，可有效节省材料，减小截面尺寸。因此，当梁的跨度达到 12m 以上时宜采用预应力混凝土梁。预应力混凝土梁除配置预应力钢筋和箍筋外，也需要配置适量的普通纵筋。

混凝土梁最常用的截面形式是矩形截面，一般梁截面的高度是其宽度的 2～3 倍。这样可做到用较小的截面获得较大的抗弯承载力和刚度。当建筑对梁的高度有限制时，也可以采用宽度大于高度的扁梁。当梁与板整浇在一起时，与梁相连的一定宽度范围内的板也可看作是梁的一部分，此时形成 T 形截面梁。根据梁截面弯曲正应力分布的特征，远离中性轴的材料会充分发挥效能，所以适当减少中性轴附近的材料并把它集中布置在上、下边缘处，这样便形成工字形截面和箱形截面(图4.5)，这样的截面受力合理，但施工较复杂。一般在跨度较大时可采用。对跨度较大、荷载较大的简支梁，因为跨中弯矩最大，为适合弯矩的变化，可采用沿梁长变高度的双坡梁和鱼腹式梁等。前者用作屋面梁；后者用作吊车梁。

（5）钢-混凝土组合梁

钢-混凝土组合梁是受压区的混凝土和受拉区的钢通过抗剪连接件连接形成的组合结构（图4.6），充分利用了钢和混凝土各自的强度特点，其结构延性好，承载力高，自重轻。

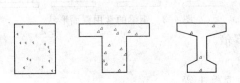

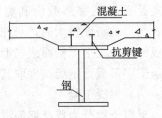

图 4.5　钢筋混凝土梁的截面形式　　　　　图 4.6　钢-混凝土组合梁

2. 梁按支撑条件分类

（1）简支梁

简支梁的支撑是一端为不动铰支表示它可以自由转动但不能平移，另一端为活动铰支表示它既可转动，也可平移（图4.7）。实际工程中，梁的支撑构造与理想的铰支经常是有差别的。

简支梁是静定结构，简支梁一般用于小跨度结构，经济的截面高度一般为跨度的1/8～1/12。由于简支梁是静定结构，所以梁的支座若有不均匀沉降时，不会引起附加内力。

（2）连续梁

一根连续的梁有多于2个的铰支座支撑，就形成连续梁（图4.8）。

图 4.7　简支梁　　　　　　　　　　　　图 4.8　连续梁

连续梁有以下一些特点：

1）连续梁在梁的支座截面处为负弯矩（边支座除外），跨中截面为正弯矩，这样弯矩的最大绝对值比简支梁的弯矩小，所以在荷载和跨度相同的情况下，连续梁的截面高度可比简支梁小。

2）连续梁是超静定结构，结构刚度较大，整体性好，局部破坏可能使结构的超静定次数减小，不一定导致整个结构破坏。但是当连续梁的支座有不均匀沉降时，会引起内力的重新分布。

（3）悬臂梁

一端为固定端支撑，而另一端为自由端的梁称为悬臂梁（图4.9）。悬臂梁广泛应用在阳台、雨篷、体育场看台罩棚等部位。悬臂梁在根部受力最大。当受相同的均布荷载、跨度相同时，悬臂梁的最大弯矩是简支梁的 4 倍，而最大挠度是简支梁的近 10 倍。因此，一般悬臂梁的外伸跨度不超过梁根部截面高度的 6 倍。当外伸跨度较大时经常做成沿梁长度变截面高度的梁既与梁的弯矩分布相适应，又使梁显得轻盈美观，如意大利佛罗伦萨运动场看台挑篷（图4.10）。

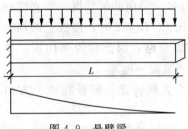

图 4.9　悬臂梁

图 4.10　意大利佛罗伦萨运动场

悬臂梁除进行强度和变形计算外，还要注意进行抗倾覆设计。

3. 梁按形状分类

梁按形状可分为直线形梁、折线形梁和曲线形梁。绝大多数的梁均为直线形梁。直线形梁通常水平放置，有时根据需要倾斜放置(图4.11)。

折线形梁（图4.12）在实际工程中主要用于楼梯斜梁。它的受力特点与直线形梁相同。折线形梁的计算跨度等于水平投影跨度。折线形梁在转折部位应加以处理。

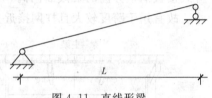

图 4.11　直线形梁

曲线形梁有平面曲线梁（如弧形阳台）和空间曲线梁（如螺旋楼梯，图4.13）。曲线形梁的受力特点是除了承受弯矩、剪力外，还承受扭矩。

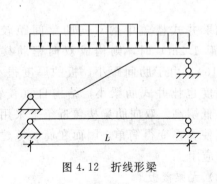

图 4.12　折线形梁

图 4.13　螺旋楼梯

4.1.2　板

板是支撑在梁（柱、墙）上用于覆盖一个面的水平构件，如房屋建筑中的楼板。板的长、宽两个方向的尺寸远大于其厚度。板承受施加在板面上的垂直重力荷载，荷载作用效应主要是受弯。

1. 现浇钢筋混凝土楼板

现浇钢筋混凝土楼板有肋梁楼板、井式楼板、密肋楼板、无梁楼板和现浇空心板。

(1) 肋梁楼板

单向肋梁楼板由板、次梁及主梁组成（图 4.14），单向肋梁楼板一般支撑在周边的次梁和主梁上，当主梁间距 L_2 与次梁间距 L_1 之比 $L_1/L_2 \geqslant 2$ 时，楼板上的均布荷载将主要传给次梁，而直接传给主梁的荷载很小，可以忽略，因此称为单向板。单向肋梁板的主要传力途径为板→次梁→主梁→柱（墙）→基础→地基。

当 $L_2/L_1 < 2$ 时，板上荷载则必须考虑向两个方向传递，即板在两个方向均要受弯，称为双向板。

肋梁楼板应用得最广泛，它的整体性好，板中配筋量较低，板上开洞方便。

(2) 井式楼板

在柱间梁（主梁）上交叉设置两个方向的（次）梁，则构成井式楼板（图 4.15），井式楼板两个方向的梁截面同高，由于是两个方向受力，梁的高度比肋形梁截面高度小，故宜用于跨度较大且柱网接近方形的结构。

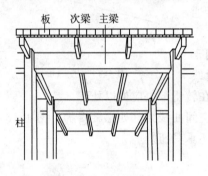

图 4.14　单向肋梁楼板

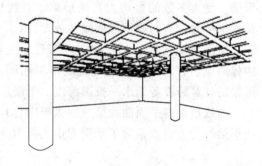

图 4.15　井式楼板

(3) 密肋楼板

图 4.16　密肋楼板

如果井式楼盖中的双向肋梁间距较密（如间距 1.2m）时，则构成双向密肋楼盖（图 4.16）。由于肋间距小，板的厚度很小，肋的高度也比井式肋梁小，结构自重较轻，且可降低层高。双向肋梁楼盖近年来采用塑料膜壳使支撑变得简单，因而在商场等建筑中多有应用。

(4) 无梁楼板

无梁楼板（图 4.17）为板柱结构体系，板直接支撑于柱上。无梁楼板所占用结构高度小，支模简单，但板厚较大，用钢量较大。无梁楼板除受弯外，在柱边板会受到较大的冲切，所以当柱网较大时，柱顶要设柱帽，不但提高板的抗冲切能力，且减少了板的计算跨度，无梁楼板多用于商店、仓库等柱网接近方形的建筑。

（5）现浇空心板

现浇空心板是在现浇混凝土板中按设计要求埋置空心管而形成的一种空心板结构体系，其孔洞率可达45％左右，一般适用于板跨较大的楼盖及屋盖结构中。目前使用较多的空心管是玻璃纤维增强复合水泥挤压成型空心管和金属波纹管，现浇空心板的刚度大，在与柱相交处可设与板厚同高的暗梁，因而增加了建筑的净高度，且房间布置灵活，施工简便易行，是近年发展起来的一种新型楼盖。其结构体系如图4.18所示。

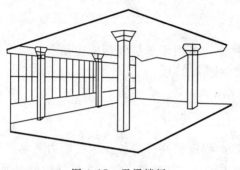

图 4.17　无梁楼板

图 4.18　现浇空心板中的空心管布置

2. 装配式楼板

装配式楼板常用的有预制空心板和槽形板（图4.19）。装配式楼板的优点是施工速度快，多用于多层砌体结构；缺点是整体性差，为此，在有抗震设防要求时，常在装配式楼板上现浇一层钢筋混凝土，加强其整体性，形成装配整体式楼板。

3. 钢筋混凝土-压型钢板组合楼板

在多、高层钢结构房屋中，多用压型钢板作为钢筋混凝土楼板的底模，与混凝土浇在一起，成为板的一部分，形成钢筋混凝土-压型钢板组合楼板（图4.20）。这种组合楼板施工速度快，与主体钢结构在施工速度上能较好地协调一致。

（a）圆孔板　　　　　（b）槽形板

图 4.19　预制板

图 4.20　组合楼板

4.1.3　柱

柱是主要承受压力的竖向构件，用于支撑梁、桁架、楼板等。根据受力情况，柱分为轴心受压和偏心受压（图4.21）。

1. 钢筋混凝土柱

钢筋混凝土柱应用得最广泛，如单层工业厂房中的排架柱，多、高层房屋中的框架柱。钢筋混凝土柱的截面形式主要有方形、矩形、圆形（图4.22）。

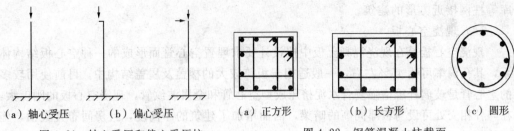

（a）轴心受压	（b）偏心受压
图 4.21　轴心受压和偏心受压柱	

（a）正方形	（b）长方形	（c）圆形
图 4.22　钢筋混凝土柱截面		

2. 钢柱

钢柱具有承载力高，塑性、韧性好等优点，多用于单层轻钢结构和多、高层钢框架结构中。钢柱最常用的截面有工形和箱形（图 4.23）。

3. 钢-钢筋混凝土组合柱

（1）钢管混凝土柱

将混凝土灌入钢管内形成组合柱，可以大幅度提高柱的抗压承载能力且延性比钢筋混凝土柱好，施工速度快。可用于压力较大的柱，如地铁车站、大型锅炉框架等。

（2）钢骨混凝土柱

钢筋混凝土柱中配置钢骨（一般为型钢）形成的组合柱（图 4.24）。比同截面钢筋混凝土柱承载力高，延性好，而比钢结构节省钢材，同时外包的钢筋混凝土对钢骨起到防腐、防火的保护作用。

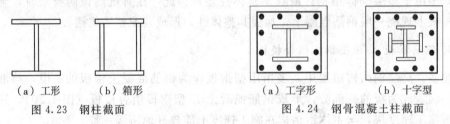

（a）工形	（b）箱形
图 4.23　钢柱截面	

（a）工字形	（b）十字型
图 4.24　钢骨混凝土柱截面	

4.1.4　墙

承重墙承受梁、板传来的压力及墙的自重，有时还承受水平荷载引起的剪力和弯矩。

1. 砌筑墙

砌筑墙由砌块和砂浆砌筑而成。天然砌块有石材，人工制造的砌块有黏土砖、混凝土空心砌块等。砌筑砂浆有水泥砂浆和混合砂浆。

墙的厚度既考虑受力要求，还要注意墙的高厚比不能太大，以免在墙平面外失稳。

砌筑墙容易就地取材，造价低廉，保温、隔热、耐火、耐久性好，因此广泛应用于单层和多层的一般建筑中，如教学楼、住宅等。但砌筑墙结构自重大，整体性较差，对基础和抗震均不利。砌筑采用手工操作，施工质量控制难度较大。此外，烧制黏土砖要占用大量农田，影响农业生产。因此，要大力推广利用工业废料生产墙体材料，如粉煤灰空心砌块、粉煤灰烧结砖等。为了提高砌筑墙体的整体性和抗震能力，多在墙体中设钢筋混凝土构造柱和圈梁，有时还采用配筋砌体。

2. 钢筋混凝土墙

高层钢筋混凝土结构中应用剪力墙结构和框架-剪力墙结构形式比较普遍，这些结构中的剪力墙除承受竖向荷载外，还是结构中抵抗水平作用（水平地震作用、风荷载）的主要构件。

4.1.5 基础

基础是把建筑物、机械设备等的荷重传给地基的结构，如柱下基础、墙下基础。

基础一般用砖、石、混凝土或钢筋混凝土等材料建成。基础应有足够的底面积和埋置深度，以保证地基的强度和稳定性，并且不发生过大的变形。

基础的类型很多，设计时要根据上部结构的形式、荷载大小、使用要求、地基土的构成和物理力学性质、地下水位的高低以及施工条件等因素考虑确定，还应进行必要的技术和经济方案比较，经综合考虑确定。

1. 条形基础（砌体）

条形基础是指长度远大于其高度和宽度的基础。砌体结构的墙下多采用这种基础（图4.25）。根据地方材料的供应情况和地基土的承载力，条形基础多采用砖、毛石或混凝土等材料建造。为加强基础的整体性，减小不均匀沉降，砖或毛石条形基础可设置钢筋混凝土地圈梁。

2. 扩展基础

柱基础主要采用扩展基础。如柱子是现浇时，基础和柱浇成一个整体，如柱子是预制的，则在基础中预留安装柱子的杯口，杯口尺寸要比柱截面尺寸大一些，待柱子插入杯口后，在柱子周围用细石混凝土浇实。

扩展基础构造简单，比较经济（图4.26）。较广泛应用于单层、多层钢筋混凝土框（排）架结构中，有时为增强基础的整体性，可设置地梁将扩展基础联结起来。

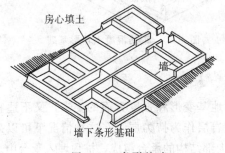

图 4.25　条形基础

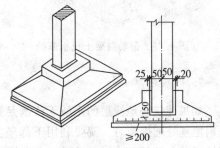

图 4.26　扩展基础

3. 钢筋混凝土条形基础

当荷载较大或地基承载力较低时，基础需要较大的底面积，若采用扩展基础，可能导致各基础相距很近，此时可做成连续的柱下条形基础（图4.27）。

4. 钢筋混凝土十字交叉梁基础

在柱下沿两个方向设置钢筋混凝土条形基础就形成十字交叉梁基础（图4.28）。这种基础整体性好，可减少基础的不均匀沉降。

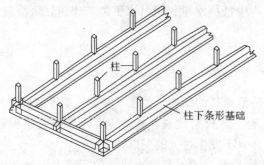 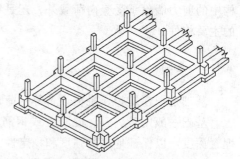

图 4.27 钢筋混凝土条形基础　　　　图 4.28 钢筋混凝土十字交叉梁基础

5. 筏板基础

如果十字交叉基础不能满足地基承载和变形条件要求以及高层建筑有地下室时，可采用筏板基础（图4.29）。此时地下室的空间比较宽敞、灵活。筏板基础可做成带交叉肋梁的形式，也可做成平板式。

6. 箱形基础

箱形基础由底板、顶板和纵横交叉的隔墙组成（图4.30）。箱形基础整体刚度大，在高层建筑中应用较普遍。

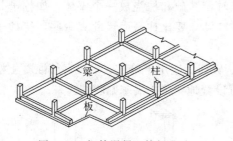 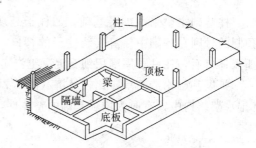

图 4.29 钢筋混凝土筏板基础　　　　图 4.30 钢筋混凝土箱形基础

7. 桩基础

如果建筑场地浅层的土质无法满足建筑物对地基变形和强度方面的要求，又不适宜采用地基处理措施时，就要利用下部坚实土层或岩层作为持力层，在这种情况下可以采用桩基础。桩基础一般由设置于土中的桩和承接上部结构的承台组成，桩顶埋入承台中。

根据施工方法的不同，桩分为预制桩和灌注桩两种。

1）预制桩是将桩预制好后沉入地基。沉桩的方法有锤击、振动打入、静压和旋入等。预制桩按所用材料的不同可分为钢筋混凝土桩、钢桩和木桩。

钢筋混凝土预制桩必须根据在起吊、运输和沉桩等各个阶段的需要确定配筋量，因而用钢量较大，费用较高。

2) 灌注桩是通过现场机械钻孔或现场打入钢管成孔,然后再浇注混凝土而成的。灌注桩一般只根据使用期间可能出现的内力配置钢筋,用钢量较省,较为经济。

桩基础是以表面摩阻力和桩尖阻力把上部荷载传给下部土层的。凡认为只通过桩端阻力传递荷载的桩称为端承桩;通过桩身表面摩阻力传递荷载的桩称为摩擦桩。

端承桩适用于软弱土层下不深处有坚硬土层的情况;摩擦桩适用于软弱土层较厚的情况。

4.1.6 拱

在房屋建筑和桥梁工程中,拱是广泛应用的一种结构形式。在荷载作用下拱以受压为主,能够充分利用材料强度,不仅可以用砖、石、混凝土、钢筋混凝土、木材和钢材等材料建造,而且能够获得较好的经济和建筑效果。在拱结构方面,我国早在1400多年前就有成功应用的范例。位于河北省赵县城南洨河上的单孔石拱桥——安济桥(又称赵州桥,图1.16),跨径37.02m,在拱的两肩之上又各设两个小拱,这既可减轻自重、节约材料,又便于排洪,且增加美观。

1. 拱的受力特点

悬索在其自重作用下会自然形成一抛物线,此时悬索受轴向拉力,拱为抛物线的相反方向,根据这一原则形成的拱只受压力。

拱与梁的主要区别是拱的主要内力是轴向压力,而弯矩和剪力很小或为零,但拱脚支座产生水平推力,拱越平缓,水平推力越大,所以拱脚支座应能可靠地传递和承受水平推力,否则拱的结构性能将无法保证。

2. 拱的类型

拱按结构组成和支撑方式,分为三铰拱、两铰拱和无铰拱三种(图4.31)。

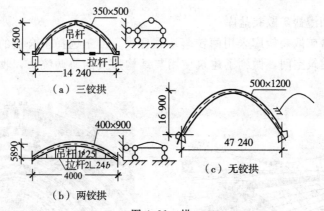

图 4.31 拱

3. 拱结构的工程实例

(1) 伦敦证券交易所

伦敦证券交易所横跨铁路之上,长达78m。在铁路与其上的办公楼层以桁架连接。

图 4.32 伦敦证券交易所

架空的办公室（共 10 层）用 4 榀高达 7 层的钢制抛物线无铰拱支撑。落在拱上的柱承担压力，吊在拱下的柱承受拉力用来承载楼板梁（图 4.32）。

（2）意大利都灵展览大厅

意大利都灵展览大厅跨度 95m，矢高 18.4m，屋顶采用钢筋混凝土波形拱，拱身由每段长 4.5m 的预制钢丝网水泥拱段组成，预制拱段先安装在临时支架上，再局部现浇钢筋混凝土形成整体（图 4.33）。

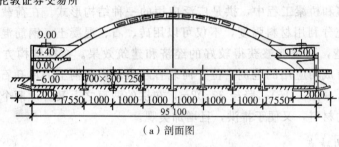

（a）剖面图

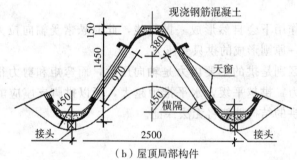

（b）屋顶局部构件

图 4.33 意大利都灵展览大厅

（3）湖南湘澧盐矿散装盐库

湖南湘澧盐矿散装盐库采用两铰落地柱杆拱。由于选择了合适的矢高和外形，可以有效地利用建筑空间，做到了建筑使用与结构形式的协调统一，收到了良好的效果（图 4.34）。

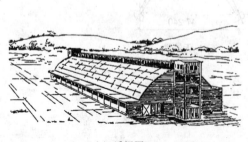

（a）透视图

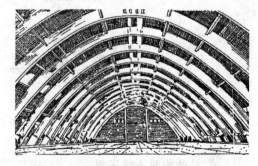

（b）室内图

图 4.34 湖南湘澧盐矿散装盐库

4.2 桁架结构与框架结构

4.2.1 桁架结构

桁架结构受力合理，计算简单，施工方便，适应性强，对支座没有横向推力，因而在结构工程中得到了广泛应用。在房屋建筑中，桁架常用来作为屋盖承重结构，这时常称为屋架。

1. 桁架结构的特点

根据简支梁截面应力的分布情况，一根单跨简支梁受荷后的截面应力分布为压区三角形和拉区三角形，中和轴处应力为零，离中和轴越近的区域应力越小。因此，如果把纵截面上的中间部分挖空形成空腹形式，则可以收到节省材料减轻结构自重的效果，挖空面积越大，材料越省，自重越轻。倘若大幅度挖空，中间剩下几根截面很小的连杆时，就发展成所谓的"桁架"（图 4.35）。

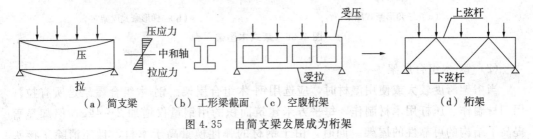

(a) 简支梁　　(b) 工形梁截面　　(c) 空腹桁架　　　　(d) 桁架

图 4.35　由简支梁发展成为桁架

由此可见，桁架是由杆件组成的格构体系，它具有与简支梁完全不同的受力性能。尽管从结构整体来说，外荷载所产生的弯距图和剪力图与作用在简支梁上时完全一致，但在桁架结构内部，则是桁架上弦受压，下弦受拉，由此形成力偶平衡外荷载所产生的弯距。外荷载所产生的剪力则表现为各腹杆的轴心压力或拉力。

因此，桁架结构比梁结构具有更多的优点：

1）扩大了梁式结构的适用跨度。

2）桁架是由杆件组成的，桁架体系可以多样化，如平行弦桁架、三角形桁架、梯形桁架、弧形桁架等形式。

3）施工方便，桁架可以整体制造后吊装，也可以在施工现场高空进行杆件拼装。

2. 桁架结构的内力

桁架的节点一般假定为铰结点，当荷载作用在结点上时，桁架各杆件均为轴心受力构件，桁架的杆件内力与桁架的外形有密切的关系，桁架的外形与简支梁在均布荷载作用下的弯矩图形越接近，则各杆件的内力越均匀。

3. 屋架结构的形式

用于房屋上的桁架称为屋架。屋架结构的形式很多，按所使用材料的不同，可分为木屋架、钢-木组合屋架、钢屋架、轻型钢屋架、钢筋混凝土屋架、预应力混凝土屋架、钢筋混凝土-钢组合屋架等。按屋架外形的不同，有三角形屋架、梯形屋架、抛物线屋架、平行弦屋架等。根据结构受力的特点及材料性能的不同，也可以采用桥式屋架、无斜腹杆屋架或刚接桁架、立体桁架等。

（1）木屋架

常用的木屋架是豪式屋架（图4.36）一般分为三角形和梯形两种。其特点如下：

1）屋架的节间大小均匀，屋架的杆件内力不致突变太大。因木材强度较低，这对采用木料作杆件提供有利条件。

2）这种屋架形式的腹杆长度与杆件内力的变化相一致，两者协调而不矛盾。

3）木屋架的结点采用齿联结。这种屋架结点上相交的杆件不多，为齿联结提供可能性。豪式木屋架的节间长度以控制在 $2\sim3m$ 的范围内为宜，一般为 $4\sim8$ 节间，适用跨度为 $12\sim18m$。

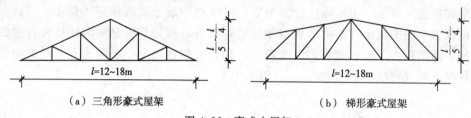

（a）三角形豪式屋架　　　　（b）梯形豪式屋架

图4.36　豪式木屋架

（2）钢-木组合屋架

当桁架跨度较大或使用湿材时，应选用钢-木组合屋架。钢-木组合屋架是所有拉杆用钢材制作、压杆用木材制作，每平方米建筑面积的用钢量仅增加 $2\sim4kg$，但却显著提高了结构的可靠性的屋架。同时，由于钢材的弹性模量高于木材，且还消除了接头的非弹性变形，从而提高了此类屋架结构的刚度。

钢-木组合屋架的适用跨度视屋架结构的外形而定。对于三角形屋架，其跨度一般为 $12\sim18m$；对于梯形、折线形等多边形屋架，其跨度可达 $18\sim24m$。

（3）钢屋架

钢屋架的典型形式有三角形屋架、梯形屋架和平行弦（矩形）屋架等。对屋架外形的选择、弦杆节间的划分和腹杆布置，应按下列原则考虑：

1）满足使用要求。

2）受力合理。应使屋架外形与梁的弯距图相近似，杆件受力均匀；短杆受压、长杆受拉；荷载尽量布置在节点上，以减小弦杆局部弯矩。

3）便于施工。杆件的类型和数量宜少，节点构造应简单，各杆之间的夹角应控制在 $30°\sim60°$ 之间。

4）满足运输要求。必要时可将屋架分为若干个尺寸较小的运送单元。

三角形屋架（图4.37）的外形与均布荷载的弯矩图相差较大，因此弦杆内力沿屋架跨度分布不均匀，弦杆内力在支座处最大，在跨中最小。

通常三角形屋架的跨中高度一般取屋架跨度的 $1/4\sim1/6$。从建筑物的整体布局和用途出发，在屋面防水材料为各种瓦类块材等需要上弦坡度较陡的情况下，往往还是要用三角形屋架。

梯形屋架（图 4.38）适用于屋面坡度较小的屋盖结构。梯形屋架的外形比较接近于均布荷载作用下的弯矩图，腹杆较短，弦杆受力较均匀。梯形屋架的跨中高度一般取屋架跨度的 1/6～1/10。梯形屋架的端部高度：若为平坡时，取 1800～2100mm；若为陡坡时，取 500～1000mm，但不宜小于屋架跨度的 1/18。

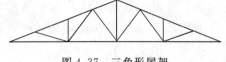

图 4.37　三角形屋架

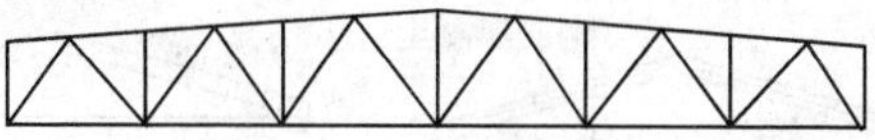

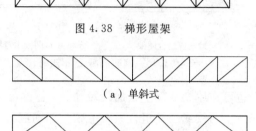

图 4.38　梯形屋架

平行弦屋架多用于托架或支撑体系，其上、下弦平行，腹杆长度一致，杆件类型少，符合标准化、工业化制造要求（图 4.39）。

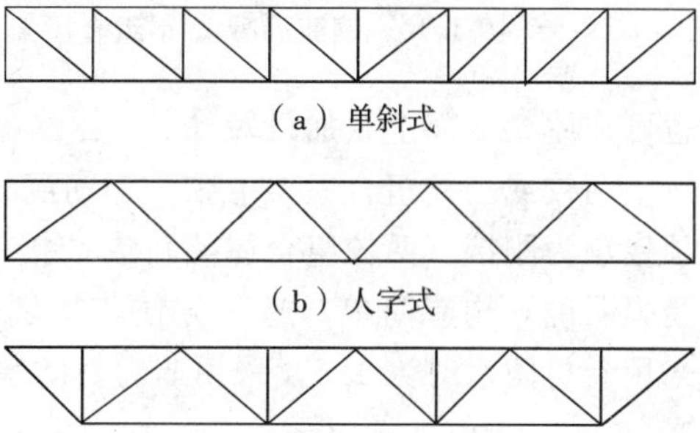

（4）轻型钢屋架

轻型钢屋架按结构形式主要有三角形屋架、三角拱屋架和棱形屋架三种，其中，最常用的是三角形屋架。屋架的上弦一般用小角钢、下弦和腹杆可用小角钢或圆钢。

屋面有斜坡屋面和平坡屋面两种。三角形屋架和三角拱屋架适用于斜坡屋面，屋面

（a）单斜式

（b）人字式

（c）人字式

图 4.39　平行弦桁架

坡度通常取 1/2～1/3。棱形屋架的屋面坡度较平坦，通常取 1/12～1/8。轻型钢屋架适用于跨度≤18m，柱距 4～6m，设置有起重量≤50kN 的中、轻级工作制桥式吊车的工业建筑和跨度≤18m 的民用房屋的屋盖结构。

也有一些实际工程的跨度已超过了上述范围。三角形轻型钢屋架常用的有芬克式和豪式两种。构件布置和受力特点与普通钢屋架相似。

（5）钢筋混凝土屋架

钢筋混凝土屋架的常见形式有梯形屋架、折线形屋架、拱形屋架、无斜腹杆屋架等。根据是否对屋架下弦施加预应力，可分为钢筋混凝土屋架和预应力混凝土屋架。钢筋混凝土屋架的适用跨度为 15～24m，预应力混凝土屋架的适用跨度为 18～36m 或更大。

梯形屋架上弦为直线，屋面坡度为 1/10～1/12，适用于卷材防水屋面。一般上弦节间为 3m，下弦节间为 6m，矢高与跨度之比为 1/6～1/8，屋架端部高度为 1.8～2.2m。梯形屋架自重较大，刚度好。适用于重型、高温及采用井式或横向天窗的厂房。

折线形屋架外形较合理，屋架屋面坡度平缓，适用于卷材防水屋面的中型厂房。为改善屋架端部的屋面坡度，减少油毡下滑和油膏流淌，一般可在端部增加两个杆件，以使整个屋面的坡度较为均匀。

拱形屋架上弦为曲线形，一般采用抛物线形，为制作方便，也可采用折线形，但应当使折线的节点落在抛物线上。拱形屋架外形合理，杆件内力均匀，自重轻、经济指标良好。但屋架端部屋面坡度太陡，这时可在上弦上部加设短柱而不改变屋面坡度，使之适合卷材防水。拱形屋架矢高比一般为 1/6～1/8。

（6）钢筋混凝土-钢组合屋架

屋架在荷载作用下，上弦主要承受压力，有时还承受弯矩，下弦承受拉力。为合

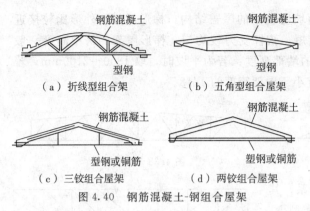

（a）折线型组合架　　　　（b）五角型组合屋架

（c）三铰组合屋架　　　　（d）两铰组合屋架

图 4.40　钢筋混凝土-钢组合屋架

理地发挥材料的作用，屋架的上弦和受压腹杆可采用钢筋混凝土杆件，下弦和受拉腹杆可采用钢拉杆。这种屋架称为钢筋混凝土-钢组合屋架。常见的钢筋混凝土-钢组合屋架有折线形屋架、三铰屋架、两铰屋架等（图 4.40）。

折线形屋架屋面坡度约 1/4，适用于石棉瓦、瓦楞铁、构件自防水等屋面。为使屋面坡度均匀一致，也可在屋架端部上弦加设短柱。

两铰或三铰组合屋架上弦为钢筋混凝土或预应力混凝土构件，下弦为型钢或钢筋，顶接点为刚接（两铰组合屋架）或铰接（三铰组合屋架）。此类屋架杆件少，自重轻，受力明确，构造简单，施工方便，特别适用于农村地区的中小型建筑。其屋面坡度，采用卷材防水时为 1/5，采用非卷材防水时为 1/4。

4.2.2　框架结构

1. 框架结构的特点

由梁、柱构件在节点处刚接组成的结构称为框架。框架结构的优点是：建筑平面布置灵活，能够获得较大的使用空间，建筑立面容易处理，可以适用于不同房屋造型。需要说明的是，钢筋混凝土框架结构多用于多层建筑，较少用于高层建筑。因为当房屋高度超过一定的范围时，框架结构侧向刚度较小，水平荷载作用下侧移较大。从受力合理和控制造价的角度出发，现浇钢筋混凝土框架高度一般不超过 60m；地震区现浇钢筋混凝土框架，当设防烈度为 7 度、8 度和 9 度时，其高度一般不超过 55m、45m 和 25m。国内采用钢筋混凝土框架建成的最高建筑是北京长城饭店，有 22 层，高 80m。

2. 框架结构的种类

框架结构按所用材料的不同，可分为钢结构和混凝土结构，钢框架结构一般是在工厂预制钢梁、钢柱，运送到施工现场再拼装连接成整体框架，具有自重轻、抗震（振）性能好、施工速度快、机械化程度高等优点。但由于用钢量大、造价高、耐火性能差、维修费用高等缺点，使其使用受到一定的限制。混凝土框架结构由于其取材方便、造价低廉、耐久性好、可模性好等优点，所以在我国得到了广泛应用。

钢筋混凝土框架结构根据施工方法的不同可分为整体式、装配式和装配整体式三种。整体式框架又称全现浇框架，它由现场支模浇注而成，整体性好，抗震能力强。泵送混凝土和组合钢模板的应用，改变了现场搅拌、费工费时的缺点，使整体式框架得到了广泛应用。装配式框架的梁、柱等构件均为预制，施工时把预制的构件吊装就位，并通过节点进行连接。这种框架的优点是机械化程度高、施工速度快，但整体性较差，抗震性能也弱，工程应用较少。装配整体式框架兼有装配式和整体式框架的优点，预制构件在现场吊装就位后，通过在预制梁上浇注叠合层等措施，使框架连成整体。

工程中应用较多的是现浇混凝土柱和装配整体式梁板组成的装配整体式框架结构体系。

3. 框架结构的布置

按照结构布置的不同,框架结构可以分为横向承重、纵向承重和纵横双向承重三种布置方案(图4.41)。

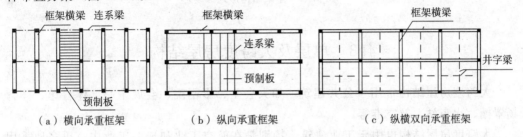

（a）横向承重框架　　　　（b）纵向承重框架　　　　（c）纵横双向承重框架

图 4.41　框架结构的布置

在横向承重方案中,竖向荷载主要由横向框架承担,楼板为预制时应沿横向布置,楼板为现浇时,一般需设次梁将荷载传至横向框架。横向框架还要承受横向的水平风荷载和地震作用。在房屋的纵向则可设置连系梁与横向框架连接,这些连系梁与柱实际上形成了纵向框架,承受平行于房屋纵向的水平风荷载和地震作用。由于房屋端部的横墙受风面积较小,而纵向框架的跨度一般较多,纵向水平风荷载所产生的框架内力不大,常可忽略不计,但纵向地震作用引起的框架内力则应进行计算。

在纵向承重方案中,竖向荷载主要由纵向框架承担,预制楼板布置方式和次梁布置方式与横向承重框架相反。纵向框架还要承受纵向的水平风荷载和纵向地震作用,而在房屋的横向设置的连系梁与柱形成横向框架,以承受房屋横向水平风荷载和横向地震作用。

当柱网为正方形或接近正方形,或楼面荷载较大的情况下,可采用纵横双向承重方案,这时楼面常为现浇双向板楼盖或井字梁楼盖,两个方向的框架同时承受竖向荷载和水平荷载。

4.2.3　排架结构

排架结构由屋架(或屋面梁)、柱和基础组成,柱与屋架铰接,而与基础刚接。根据厂房生产工艺和使用要求的不同,排架结构可做成等高 [图4.42（a）]、不等高 [图4.42（b)]和锯齿形 [图4.42（c),通常用于单向采光的纺织厂] 等多种形式。钢筋混凝土排架结构是目前单层厂房结构的基本形式,跨度可超过 30m,高度可达 $20\sim30m$或更高,吊车吨位可达 150t 甚至更大。

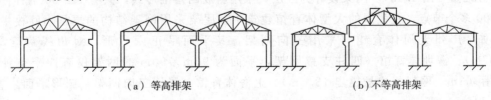

（a）等高排架　　　　　　　　（b)不等高排架

图 4.42　排架结构形式

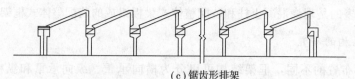

(c)锯齿形排架

图 4.42 排架结构形式（续）

4.3 单层及大跨度房屋结构

大跨度房屋结构常用于公共建筑，如大会堂、影剧院、会展中心、体育馆、体育场罩棚、火车站、航空港等。

大跨度房屋结构也用于工业建筑。特别是在航空工业和造船工业中，更多地采用大跨度结构如飞机制造厂的总装配车间、飞机库、造船厂的船体结构车间等。这些建筑采用大跨度结构是受装配机器（如船舶、飞机）的大型尺寸或工艺过程要求所决定的。

大跨度建筑物的用途、使用条件以及对建筑造型方面要求的差异性，决定了采用结构方案的多样性——网架结构、悬索结构、网壳结构、薄膜结构等。

4.3.1 网架结构

1. 网架结构的特点及应用

网架结构是一种新型结构形式，它是由许多杆件从两个方向或几个方向按一定规律组成的高次超静定空间结构。能承受来自各个方向的荷载。与平面桁架结构相比具有以下特点：

1）网架是多向受力的空间结构，比单向受力的平面桁架适用跨度更大，一般可达到 30～60m，甚至 60m 以上。

2）网架是高次超静定空间结构，结构的安全度大。

3）网架结构整体空间刚度大，稳定性能及抗震性能好，安全储备高，对于承受集中荷载、非对称荷载、局部超载、地基不均匀沉陷等均有利。

4）便于定型化、工业化、工厂化、商品化生产，集装箱运输；又因零件尺寸小、质量轻，所以便于存放、装卸、运输和安装，现场安装不需要大型起重设备。

网架结构是目前大跨度结构中应用最普遍的一种结构形式。如北京首都机场的四机位飞机库网架，双跨，跨度为 153m，进深 90m，可同时容纳波音 747 大型客机进行维修（图 4.43）。网架设计为三层，采用斜放四角锥形式，共有 18 000 个杆件、6000 多个节点。在我国的大型体育馆建筑中，屋架采用网架结构的更是不胜枚举。例如，广州天河体育馆（采用三向网架，其平面呈正六边形，对角线跨度为 107m）、深圳体育馆（四柱支撑网架，平面为 90m×90m 的网架仅有四个支柱，间距 63m，网架每边悬挑出 13.5m）、上海体育馆（采用三向网架，圆形平面，直径 110m）等。

· 100 ·

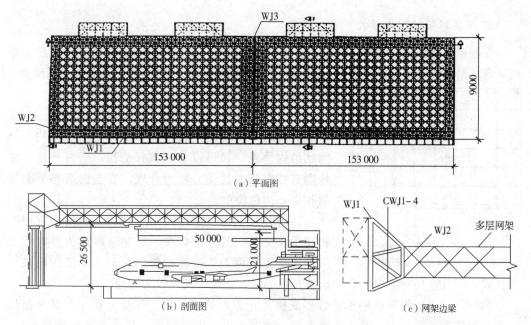

图 4.43　北京首都机场的四机位飞机库网架

2. 网架结构的分类

网架结构按外形可分为平板形网架和壳形网架。它可以是单层的，也可以是双层的。双层网架有上、下弦之分。图 4.44 为几种类型网架的形式简图。

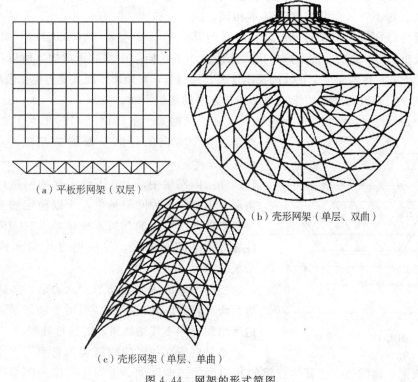

（a）平板形网架（双层）

（b）壳形网架（单层、双曲）

（c）壳形网架（单层、单曲）

图 4.44　网架的形式简图

3. 平板网架的结构形式

平板网架的构造、设计、制造、安装都比较简单，建筑上也容易处理。常用的平板网架有由平面桁架系组成的交叉梁系网架、由四角锥体或三角锥体组成的角锥体系网架。

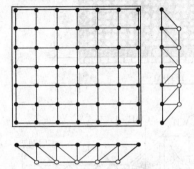

（1）交叉梁系网架

交叉梁系网架是由上弦、下弦和腹杆同在一个竖直平面内的平行弦桁架相互交叉组成的网状结构。该网状结构体系一般可设计成斜杆受拉，竖杆受压，弦杆则有拉有压。其受力较为合理，节点构造与平面桁架相似，构造简单。

1）两向正交正放网架（图 4.45）。当两个方向的桁架垂直交叉、弦杆垂直或平行建筑平面边界时称为两向正交正放网架。这种网架不仅上、下弦的网格尺

图 4.45 两向正交正放网架

寸相同，而且在同一方向的平面桁架长度一致，使制作安装较为方便。

两向正交正放网架适用于正方形或接近正方形的建筑物，其受力状况与其平面尺寸及支撑情况关系较大。对于周边支撑，接近于正方形的网架，其受力类似于双向板，两个方向的杆件内力差不大，受力比较均匀。

2）两向正交斜放网架。两向正交斜放网架（图 4.46）的构成特点是：两个方向的竖向平面桁架垂直交叉，且与边界成 45° 夹角。

两向正交斜放网架中平面桁架与边界斜交，各片桁架长短不一，而其高度又基本相同，因此，靠近角部的短桁架相对刚度较大，对与其

（a）有角支承

（b）无角支承

图 4.46 两向正交斜放网架

垂直的长桁架有一定的弹性支撑作用，从而减小了长桁架中部的正弯矩，所以，在周边支撑情况下，它比两向正交正放网架刚度大、用料省，对矩形平面其受力也比较均匀。

两向正交斜放网架适用于正方形和长方形的建筑平面。

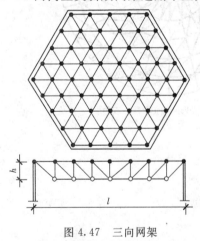

图 4.47 三向网架

3）三向网架。三向网架（图 4.47）的构成特点是：三个方向的竖向平面桁架互成 60° 角斜向交叉。

在三向网架中，上、下弦平面的网格均为正三角形，因此，这种网架是由若干以稳定的三棱体作为基本单元所组成的几何不变体系。三向网架受力性能好，空间刚度大，并能把力均匀地传至支撑系统。

三向网架适用于三角形、六边形、多边形和圆形且跨度较大的建筑平面。当用于圆形平面时，周边将出现一些不规则网格，需另行处理。

这种网架在我国的建筑实例有上海文化广场的扇形平面的三向网架、江苏体育馆的八角形的三向网架、上海体育馆的圆形平面的三

向网架。

（2）角锥体系网架

角锥体系网架是由三角锥、四角锥或六角锥单元组成的空间网架结构，它比交叉桁架体系等网架刚度大，受力性能好。它还可以预先做成标准锥体单元，这样安装、运输、存放都很方便。

1）正放四角锥网架。正放四角锥网架（图 4.48）的构成特点是：以倒四角锥体为组成单元，锥体的

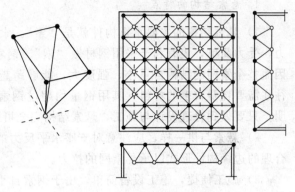

图 4.48　正放四角锥网架

四边为网架的上弦杆，锥棱为腹杆，各锥顶相连即为下弦杆，它的上、下弦杆均与相应边界平行。一般适用于建筑平面呈正方形或接近于正方形的周边支撑、点支撑（有柱帽或无柱帽）大柱距，以及设有悬挂吊车的工业厂房和有较大屋面荷载的情况。

正放四角锥网架的杆件受力比较均匀，空间刚度比其他类型四角锥网架及两向网架好。当采用钢筋混凝土板作屋面板时，板的规格单一，便于起拱，屋面排水相对容易处理，但因杆件数目相对较多，其用钢量可能略高一些。

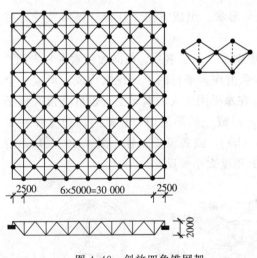

2500　　6×5000=30 000　　2500

2000

图 4.49　斜放四角锥网架

2）斜放四角锥网架。所谓斜放，是指四角锥单元的底边与建筑平面周边夹角为 45°（图 4.49）。它比正放四角锥网架受力更为合理。因为四角锥体斜放以后，上弦杆短，对受压有利，下弦杆虽然长，但为受拉杆件，这样可以充分发挥材料强度。斜放四角锥体网架的形式新颖，经济指标较好，结点汇集的杆件数目少，构造简单，因此近年来用得较多。它适用于中小跨度和矩形平面的建筑。它的支撑方式可以是周边支撑或边支撑与点支撑相结合，当为点支撑时，要注意在周边布置封闭的边桁架以保证网架的稳定性。

4.3.2　悬索结构

悬索结构是以一系列受拉的索作为主要承重构件，这些索按一定规律组成各种不同形式的体系，并悬挂在相应的支撑结构上。悬索一般采用由高强钢丝组成的高强钢丝束、钢铰线或钢丝绳，也可采用圆钢筋、带钢或薄钢板等材料。

悬索在工程上的应用最早是桥梁。我国古代汉朝已有用链索建造的桥梁，以后又有铁索桥、绳索桥等相继出现。红军二万五千里长征经过的大渡河泸定桥（跨度 104m）就是著名的铁索桥。在国外，19 世纪以后也有一些跨越海峡的比较大的钢缆桥出现。

1. 悬索结构的特点

1) 悬索结构的主要承重构件就是"索"。索网只受轴向拉力，既无弯矩，也无剪力，受力简单，更有利于采用钢材做"索"。钢索材料采用高强度的钢铰线或钢丝绳，因而整个索网的结构自重小、强度大，能够跨越很大的跨度。但悬索体系的支撑结构往往需要耗费较多的材料，其用钢量均超过钢索部分。国内外的许多悬索工程实践说明，只要做到合理设计与施工，悬索结构完全可以取得好的综合经济效益。

2) 悬索与拱一样，应注意对支座水平反力的处理，采用合理的支座形式，即采用合理的边缘构件形式以承受索网的拉力。

3) 施工便捷，施工设备简单。由于钢索自重很小，索的架设安装利用简便的施工机具便可完成，不需要大型起重设备和搭设大量脚手架，也不需要模板；还可以利用架设好的钢索安装屋面材料。

4) 适应性强，造型美观。悬索结构适用于各种建筑平面和外形轮廓。利用曲线索，采用不同的支撑形式，可方便地创造出各种新颖、独特的建筑造型。

5) 可以创造具有良好物理性能的建筑物。例如，双曲下凹碟形屋盖具有极好的音响效果，因而可以用于对声学要求较高的公共建筑。

2. 悬索结构的形式

悬索结构的形式极其丰富多彩，根据几何形状、组成方法、悬索材料以及受力特点等不同，可以有多种不同的划分。

通常，我们将悬索结构分为四大类：单层索系、双层索系、横向加劲索系和索网。

1) 单层索系。当平面为矩形时，单层索系由许多平行的单层拉索构成，形成一个单曲下凹屋面［图4.50（a）］。拉索端部悬挂在水平刚度大的横梁上，也可直接有柱子支撑。当平面为圆形时，拉索按辐射状布置，形成一碟形屋面。拉索的周边支撑在受压圈梁上，在中心或者设置受拉环［图4.50（b）］，或者设置支柱［图4.50（c）］，后者称为伞形悬索结构。拉索中的拉力与跨中的垂度大小成反比。

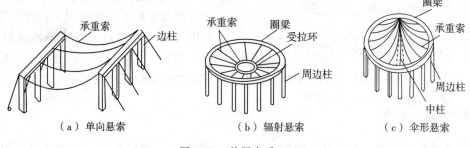

（a）单向悬索　　　　　（b）辐射悬索　　　　　（c）伞形悬索

图4.50　单层索系

2) 双层索系。其特点是除了如单层索系所具有的承重索外，还有曲率与之相反的稳定索。它同样可以用于矩形和圆形平面。当平面为矩形时，双层索系有许多平行的承重索和稳定索构成，两索之间用拉索或受压撑杆相联系［图4.51（a）］，由于双层索系往往做成斜腹杆形式，因此也称为索桁架。对于圆形平面，承重索与稳定索按辐射状布置。在中心设置受拉环，在周边则视拉的布置方式设一道或二道受压圈梁［图4.51（b）］。

这种双层索系的屋面可做成上凸、下凹或凹凸形，其主要优点是：可以对上、下索施加预应力，从而提高整个屋盖的刚度，上凸与凹凸形的屋面对排水有利。

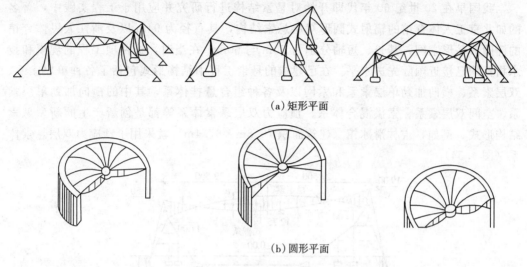

(a) 矩形平面

(b) 圆形平面

图 4.51 双层索系

3) 横向加劲索系。对于采用轻型屋面的单层索系，为了加强其刚度来承受不对称荷载或动荷载，可在单曲悬索上设置横向加劲构件（桁架或梁），如图 4.52 所示。在外荷载作用下，横向加劲构件能有效地分担并传递荷载。当建筑物平面为方形、矩形或多边形时，拉索沿纵向平行布置。如果纵向两端支撑结构的水平刚度较大，而横向两端支撑结构较弱，更宜采用此种体系。

4) 双曲面交叉索网。双曲面交叉索网也称为鞍形悬索，由两组正交的、曲率相反的拉索直接叠交组成，其中下凹的一组是承重索，上凸的一组是稳定索（图 4.53），其曲面大都采用双曲抛物面，适用于各种形状的建筑平面，如矩形、圆形、椭圆形、菱形等。为了锚固索网，沿屋盖周边应设置强大的边缘构件，如圈梁、拱、斜梁、桁架等，以承受由于拉索而引起的应力和弯矩。

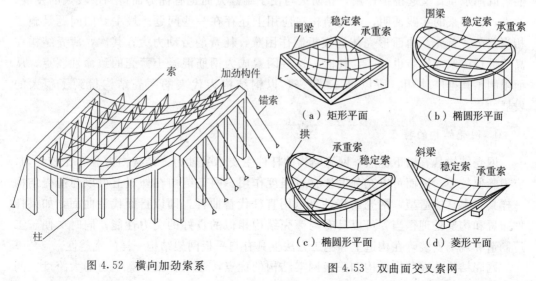

图 4.52 横向加劲索系   图 4.53 双曲面交叉索网

3. 悬索结构的应用

我国早在 20 世纪 60 年代即开始对悬索结构进行研究并应用于工程实践中，著名的如北京工人体育馆的辐射式圆形双层悬索结构，其直径为 94m 以及浙江人民体育馆的椭圆形鞍形索网，其长、短轴分别为 80m 与 60m。在当时，这两项工程的规模和技术指标均已接近国际先进水平。在已建成的悬索工程中结构形式包括了各种单层索系、双层索系、横向加劲单层索系和索网以及各种组合悬挂体系，其中的横向加劲单层索系、空间双层索系、索拱混合体系、预应力双层悬索体系等都是创新产生的新型悬索结构形式。例如，吉林滑冰馆（建筑面积 76.8m×67.4m）就采用了预应力双层悬索体系（图 4.54）。

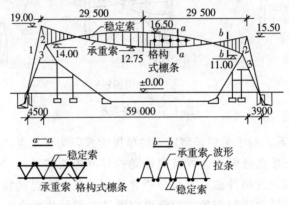

图 4.54　吉林滑冰馆预应力双层悬索

4.3.3　网壳结构

网壳结构即为网状的壳体结构，其外形为壳，构成为网格状，是格构化的壳体，也是壳形的网架。20 世纪 50～60 年代，钢筋混凝土薄壳结构因其具有良好的受力性能，既能承重，又起围护作用，在防火与便于维修方面也有优势而得到了较大的发展。然而，多年来的实践证明，薄壳结构在应用上还存在一些问题。最主要的问题是施工相当复杂。首先，曲面形壳体的模板制作困难，耗费的劳动力大；其次，薄壳结构在高空进行浇筑或拼装也耗工、耗时，这些因素成为钢筋混凝土薄壳的致命性弱点，从而限制了其推广使用。所以近 30 年来，以钢结构为代表的网壳结构得到了很大的发展。

1. 网壳结构的特点

网壳结构具有以下优点：网壳结构的杆件主要承受轴力，结构内力分布比较均匀，应力峰值较小，因而可以充分发挥材料强度作用。网壳结构在外观上可以与薄壳结构一样具有丰富的造型，网壳的杆件可以用直杆代替曲杆，即以折面代替曲面，如果杆件布置和构造处理得当，可以具有与薄壳结构相似的良好的受力性能，同时又便于工厂制造和现场安装，在构造上和施工方法上具有与平板网架结构一样的优越性。

网壳结构兼有薄壳结构和平板网架结构的优点，是一种很有竞争力的大跨度空间结构，近年来发展十分迅速。网壳结构的缺点是计算、构造、制作安装均较复杂，使其在实际工程中的应用受到限制。但是，随着计算机技术的发展，网壳结构的计算和制作中的复杂性将因计算机的广泛应用而得到克服，而网壳结构优美的造型、良好的受力性能和优越的技术经济指标将日益明显，其应用将越来越广泛。

2. 网壳结构的形式

网壳结构按杆件的布置方式分类，有单层网壳、双层网壳和局部双层网壳等形式。一般来说，中小跨度（一般为 40m 以下）时，可采用单层网壳；跨度较大时，则采用双层网壳或局部双层网壳。单层网壳由于杆件数量少、质量轻、节点简单、施工方便，因而具有更好的技术经济指标。但单层网壳曲面外刚度差、稳定性差，各种因素都会对结构的内力和变形产生明显的影响，因此，在结构杆件的布置、屋面材料的选用、计算模式的确定、构造措施的落实及结构的施工安装中，都必须加以注意。双层网壳可以承受一定的弯矩，具有较高的稳定性和承载力。当屋顶上需要安装照明、音响、空调等各种设备及管道时，选用双层网壳能有效地利用空间，方便天花板或吊顶构造，经济合理。双层网壳根据厚度的不同，有等厚度与变厚度之分。

网壳结构按曲面形式分类有：圆柱面网壳；球面网壳；椭圆抛物面网壳，又称双曲扁壳；双曲抛物面网壳，又称鞍形网壳、扭网壳。

（1）圆柱面网壳

圆柱面网壳由沿着单曲柱面布置的杆件组成。柱面曲线主要采用圆弧线，有时也可用抛物线、椭圆线或悬链线。

单层网壳按其杆件排列方式分类，可采用以下几种网格：① 单向斜杆正交正放网格；② 交叉斜杆正交正放网格；③ 联方网格；④ 三向网格 ［图 4.55 (a)、(b)、(c)、(d)］。

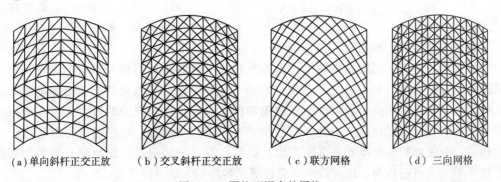

(a) 单向斜杆正交正放　　(b) 交叉斜杆正交正放　　(c) 联方网格　　　　(d) 三向网格

图 4.55　圆柱面网壳的网格

单层圆柱面网壳支撑在两端横隔时，其跨度不宜大于 30m，当沿纵向边缘落地支撑时，其跨度（此时为网壳宽度）不宜大于 25m，因此大跨度屋盖很少采用单层圆柱面网壳。

（2）球面网壳

球面网壳宜于覆盖跨度较大的房屋。它的关键在于球面的划分。球面划分的基本要求有二：① 杆件规格尽可能少，以便制作和装配；② 形成的结构必须是几何不变体。目前常用的网格布置有以下几种形式：肋环形、肋环斜杆形、三向网格、扇形三向网格、葵花形三向网格、短程线形等（图4.56）。

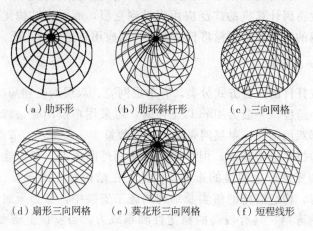

（a）肋环形　　　（b）肋环斜杆形　　　（c）三向网格

（d）扇形三向网格　　（e）葵花形三向网格　　（f）短程线形

图4.56　球面网壳

（3）椭圆抛物面网壳

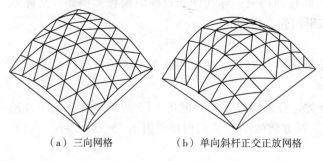

（a）三向网格　　　　（b）单向斜杆正交正放网格

图4.57　椭圆抛物面网壳的网格

椭圆抛物面是一种平移曲面，它是以一竖向抛物线作为母线，沿着另一相同上凸的抛物线平行移动而形成的。这种曲面与水平面相交截出椭圆曲线，所以称为椭圆抛物面。一般这种曲面都做得比较扁，矢高与底面最小边长之比不大于1/5，通常称为双曲扁壳（图4.57）。

（4）双曲抛物面网壳

如果将一竖向下凹的抛物线沿上凸的抛物线平行移动就可得到双曲抛物面。由于其构成的双曲面呈马鞍形，因此也叫鞍形壳。这种曲面与竖直面相交截出抛物线，与水平面相交截出双曲线，所以称为双曲抛物面。双曲抛物面网壳的最大优点是可以直线形杆件来构成互反曲面。因此，单层网壳可以用直梁构成，双层网壳可以直线形桁架构成。双曲抛物面可以用来覆盖方形、矩形、菱形和椭圆形平面的建筑物。如果将其作为单元来进行组合，还可以形成无数形式各异的方案（图4.58）。

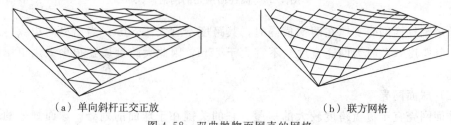

（a）单向斜杆正交正放　　　　　　　　（b）联方网格

图4.58　双曲抛物面网壳的网格

3. 网壳结构的应用

网壳结构用在大跨度建筑中，绝大部分是体育建筑。我国早在 20 世纪 60 年代曾在郑州、烟台、抚顺等地的体育馆上采用了直径在 60m 左右的肋环斜杆形穹顶，其构造方式沿用了钢桁架中角钢以节点板连接。北京体育学院体育馆为 3000 座席，面积为 7200m²，外围尺寸 59m×59m 的屋盖由四片双曲抛物面双层网壳组成。网壳的构造采用了两向正交的桁架，其网格与高度均为 2.9m。由于房屋高度的限制与建筑要求，组合网壳中间的矢高仅为 3.5m，即跨度的 1/17（图 4.59）。

图 4.59　北京体育学院体育馆双曲抛物面网壳

近年来，网壳在工业建筑的散料仓库中也得到了广泛应用，比起传统的刚架或拱在材料消耗与造价上都有明显的优势。1998 年建成的扬州第二发电厂干煤棚（103.6m×120m），经过方案对比，网壳的外形曲线采用了接近于椭圆的三心圆柱面，即曲面分为三段，由半径为 63m 的大圆与两段半径为 37.4m 的小圆组成，矢高为 37.2m（图 4.60）。圆壳的布置为斜置正放四角锥，具有受力均匀及较强侧向刚度的优点，采用国内首创的三支点整体"积累滑移法"施工。

图 4.60　扬州第二发电厂干煤棚网壳

4.3.4 薄膜结构

薄膜结构是最近发展起来的张拉结构中的一种形式，它以性能优良的柔软织物为材料，可以是向膜内充气，由空气压力支撑膜面，也可以利用柔软性的拉索结构或刚性的支撑结构将薄膜绷紧或撑起，从而形成具有一定刚度、能够覆盖大跨度空间的结构体系。

1. 薄膜结构的特点

薄膜材料具有优良的力学特性。目前，用织物与有机涂料复合而成的薄膜材料，其抗拉强度可达1400N/cm，薄膜的受力为单纯受拉，膜材只承受沿膜面的张力，因而可以充分发挥材料的受拉性能。同时，膜材厚度小、质量轻，一般厚度在0.5～0.8mm，重量为0.005～0.02kN/m²，采用拉力薄膜结构、充气薄膜结构的屋盖，其自重为0.02～0.15kN/m²，仅为传统大跨度屋盖自重的1/10～1/30，它是跨度重量比最大的一种结构。

薄膜结构还是一种理想的抗地震建筑物。它的自重轻，对地震反应很小，为柔性结构，具有很好的变形性能，易于耗散地震能量。另外，薄膜结构即使被破坏，也不会造成人员伤亡，不会造成支撑结构或下部承重结构的连锁性破坏。此外，由于膜材大多为不燃或阻燃材料，耐火性好，所以增强了建筑物的防火灾能力。

薄膜结构制作方便，施工速度快，造价经济。薄膜材料为轻质、柔软织物，可在工厂裁剪、制作、打包成卷运往工地，搬运容易，而且现场施工非常方便。由于它的质量轻，施工时几乎不需要脚手架，屋盖工程的施工工期可以大为缩短。

薄膜材料与传统屋盖材料相比，具有透光性。膜材多为反射能力强的半透明织物，透光率一般可达4%～16%，能满足大跨度建筑在平时使用的采光要求，白天几乎不需要人工照明。这不仅可以节约大量的能源费用，而且给人一种开敞明快的感觉。

薄膜结构的主要缺点是耐久性较差。早期的织物薄膜，不仅强度低，而且只有5～10年的寿命，因此，薄膜结构常常被认为只能用于临时性建筑。最近几年，由于高强、防火、透光、耐久性好、性能稳定的薄膜材料的出现和应用，薄膜结构的设计寿命可达30年以上，使人们认识到薄膜结构也可以作为永久性屋盖结构。薄膜结构的另一个问题是，由于薄膜张力的连续性，局部的破坏就会造成整个薄膜结构垮掉。

2. 薄膜结构的分类

薄膜结构按其支撑方式的不同，一般可分为空气薄膜结构、悬挂薄膜结构、骨架支撑薄膜结构和复合薄膜结构（索穹顶）等。

1）空气薄膜结构。这是向气密性好的膜材所覆盖的空间输送空气，利用内、外空气的压力差，使膜材处于受拉状态，结构就具有了一定的刚度来承受外荷载，因此也称为充气结构（图4.61）。充气建筑结构通常分为三大类：气压式、气承式和混合式。其区别主要在于其静态工作原理、结构和使用特点。气压式充气结构是在若干充气肋或充气被密闭的空间内保持空气压力，以保证其支撑能力的结构。气承式结构则是靠不断地向壳体内鼓风，在充满气后使其自行撑起的一种结构。混合式则是气压式和气承式的结合形式。气压式充气结构的优点是，其使用空间无需创造剩余压力，与此相连的是无需设置鼓风机外室。但由于其跨度受到限制，造价高（比气承式结构高2～3倍），充气肋或充气被内工作压力高，因而材料的质量要求也高。气承式结构具有建造速度快、结构简单、使用安全可靠、价格低廉（因对材料的气密性要求不高）以及在内部安装拉索的情况下其跨度和面积可以无限制地扩大等优点，因而得到了广泛应用。

| （a）气承式 | （b）混合式 | （c）气压式 |

图 4.61　空气薄膜结构

2）悬挂薄膜结构。一般采用独立的桅杆或拱作为支撑结构将钢索与膜材悬挂起来，然后利用钢索向膜面施加张力将其绷紧，这样就形成了具有一定刚度的屋盖(图 4.62)。

3）骨架支撑薄膜结构（图 4.63）。这是以钢骨架代替了空气薄膜结构中的空气作为膜的支撑结构，骨架可以按建筑要求选用拱、网壳之类的结构，然后在骨架上敷设膜材并绷紧，适用于平面为方形、圆形或矩形的建筑物。

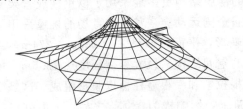

图 4.62　悬挂薄膜结构

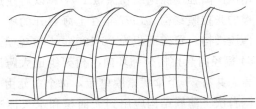

图 4.63　骨架支撑薄膜结构

4）复合薄膜结构（图4.64）。这是薄膜结构中最新发展的一种结构体系，由钢索、膜材及少量的受压杆件组成，由于主要用于圆形屋面，所以也称为"索穹顶"。

这个体系包括连续的拉索和单独的压杆，在荷载作用下，力从中心受拉环或桁架通过放射状的径向脊索、谷索、环向拉索、斜拉索传向周围的受压环梁。扇形的膜面从中心环向外环方向展开。通过对钢索施加拉力而绷紧，固定在压

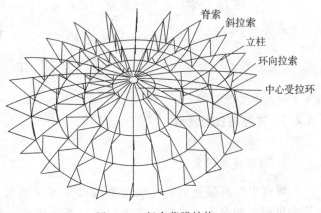

图 4.64　复合薄膜结构

杆与接合处的节点上（图 4.65）。复合薄膜结构适用于大跨度的圆形或椭圆形建筑，目前它的最大跨度已达 210m。如图 4.65 所示的苏州乐园宇宙大战馆球体屋面即为此种类型。

图 4.65　苏州乐园宇宙大战馆球体屋面

3. 薄膜结构的应用

我国的薄膜结构正处于起步阶段。1995 年，在北京顺义和鞍山相继建造了两个气承式空气膜游泳馆，平面尺寸为 30m×30m，建筑面积 1075m²，顶点高 12m，膜材选用国产高强度涤纶织物涂敷 PVC。以后建成的薄膜结构更多地采用了以钢柱或骨架支撑的张拉膜结构。1997 年在上海召开的第八届全国运动会，其主体育场的挑篷采用了薄膜结构，覆盖面积为 36 100m²，屋盖呈马鞍形，平面投影尺寸为 288m×274m，由 64 榀径向悬挑桁架和环向次桁架组成大跨度的空间结构，最大悬挑长度达 73.5m。屋盖总共有 57 个伞状索膜单元，每个单元由 8 根拉索和一根立柱覆以膜材组成。这是中国首次将薄膜结构应用到大面积和永久性建筑上，影响极为深远。之后，上海虹口体育场采用马鞍形大悬挑空间索桁架薄膜结构，面积达 26 000m²；青岛颐中体育场面积 30 000m²，由 70 个索膜张拉的锥形单元组成。可以预计，薄膜结构在我国将会得到更大的发展。

4.4　高层建筑

4.4.1　高层建筑的发展

1. 高层建筑的定义

城市中的高层建筑是反映这个城市经济繁荣和技术进步的重要标志，当人们谈起举世闻名的摩天大楼时，往往和芝加哥、纽约这样的国际大都市联系在一起，这足以说明高层建筑对城市社会形象的贡献。目前，世界各国对高层建筑的定义没有统一的标准，我国《高层建筑混凝土结构技术规程》规定，10 层及 10 层以上或房屋高度超过 28m 的建筑物为高层建筑。当建筑物的高度超过 100m 时，习惯上称之为超高层建筑。

2. 高层建筑的发展状况

（1）世界高层建筑的发展

近代高层建筑起源于美国，已有 100 多年的历史。世界上第一幢近代高层建筑是于 1885 年建成的美国芝加哥的家庭保险大楼，10 层，高 55m，采用铁柱和砖墙作为结构体系。此后的 10 年中，在芝加哥和纽约相继建成了 30 多幢类似的高层建筑。随着经济和技术的发展，19 世纪末期，出现了一些由强度较高的铁作为建筑材料的高层建筑。当时具有代表性的建筑是于 1889 年建成的巴黎埃菲尔铁塔。最早的钢筋混凝土高层建筑是于 1903 年建成的美国辛辛纳提城的英格尔斯（Ingalls）大楼，16 层，高 64m。工业技术的进步以及钢结构和电梯的结合，对高层建筑的发展起了很大的推动作用。20 世纪 30 年代出现了高层建筑发展的第一个高潮，于 1931 年建成的纽约帝国大厦，102 层，高 381m，保持了世界最高建筑记录达 41 年之久。

第二次世界大战使高层建筑的发展几乎处于停顿状态，直到 20 世纪 50 年代，又开始了新的发展。20 世纪中期出现了高层建筑发展的第二个高潮，当时最具代表性的高层建筑是于 1973 年建成的高 417m 美国纽约世界贸易中心双塔楼（已倒塌）和于 1974 年建成的高 443m 美国芝加哥西尔斯大厦。

美国的高层建筑在质量、层数及数量上一直居于世界领先地位。20 世纪 80 年代前，北美经济发达，世界前十幢高楼均在美国；80 年代后，亚洲经济迅速发展，尤其是近几年来，日本、马来西亚和中国内地及中国香港、中国台湾等迅速发展高层建筑，已逐步成为世界建造高层建筑的新中心。目前，世界排名前 10 位的最高建筑，亚洲占 6 幢，而中国（包括香港、台湾）占 4 幢。目前，我国上海不仅有国内最高的建筑，其高层建筑数量之多也是国内之最，世界第一。20 世纪各个时期世界上的最高建筑如表 4.1 所示。

表 4.1　20 世纪各个时期世界上的最高建筑

年　份	1911	1931	1973	1974	1997
名称	渥尔华斯大厦	纽约帝国大厦	世界贸易中心大厦	西尔斯大厦	石油大厦（双子星大楼）
国家（城市）	美国（纽约）	美国	美国（纽约）	美国（纽约）	马来西亚（吉隆坡）
层数	54	102	110	110	88
高度/m	241	381	417	443	452

（2）我国高层建筑的发展

我国自行建造高层建筑是从 20 世纪 50 年代开始的。50 年代中期建造了几幢 8～10 层的砖混结构住宅和旅馆。1959 年，北京建成了几幢钢筋混凝土高层公共建筑，如民族饭店，12 层，高 47.7m；民航大楼，15 层，高 60.8m。60 年代，我国建成了广州宾馆，27 层，高 88m。70 年代，北京、上海等地建成了一批钢筋混凝土高层住宅（12～16 层）；1974 年，建成了北京饭店，19 层，高 87.15m。1976 年，建成了广州白云宾

图 4.66 正在兴建的上海
环球金融中心

馆，33 层，高 108m，标志着我国高层建筑开始突破 100m。从我国的摩天大楼出现之日起，就接力般地向世界最高挺进。1985 年，150 多米高的深圳国贸大厦以"三天一层"的深圳速度首开中国内地超高层建筑先河。1987 年，143m 高的上海静安希尔顿宾馆拔地而起；仅隔两年，就被 154m 高的上海新锦江宾馆所代替。相隔一年，165m 高的上海商城又成了我国最高的建筑。进入 90 年代，随着我国经济实力的增强和城市建设的快速发展，我国的高层建筑得到了前所未有的发展，高层建筑的规模和高度不断突破，在这一时期，我国建成了一批超过 200m 的高层建筑。1990 年，北京京广中心突破 200m。1996 年，深圳地王大厦又以"九天四层楼"的新深圳速度将记录拔高到 325m。仅过了两年，上海金茂大厦（图 4.66）就以 420.5m 的高度排名世界第四，亚洲第三，中国第一。

我国的高层建筑战绩辉煌。在世界排名前十位的摩天大楼中，中国（包括香港、台湾）有其四。如果考虑到位列 11 的深圳地王大厦和第 12 名的广州中信广场，世界最高的"一打"建筑中，中国占一半。

摩天大楼早已不是飘渺的神话，它已成为中国与亚洲的重要景观。上海更是中国内地摩天大楼最集中的地方，浦东新区在短短几年内建成超高层建筑近 200 幢，这在世界上也极为罕见。目前，我国上海的高层建筑已居世界之首。

3. 高层建筑的发展趋势

（1）新材料的开发和应用

随着高性能混凝土材料的研制和不断发展，混凝土的强度等级和塑性性能不断地得到改善。混凝土的强度等级已经超过 C100，在高层建筑中应用高强度混凝土，可以减小结构构件的尺寸，减少结构自重，对高层建筑结构的发展产生重大影响。高强度且具有良好可焊性的厚钢板将成为今后高层建筑钢结构的主要用钢。耐火钢材 FR 钢的出现为钢结构的抗火设计提供了方便。采用 FR 钢材制作高层钢结构时，其防火保护层的厚度可大大减小，在有些情况下可以不采用防火保护材料，从而降低钢结构的造价，使钢结构更具有竞争性。

（2）高层建筑的高度将出现突破

表 4.2 为目前世界上最高的十大建筑。表 4.3 为我国内地最高的十大建筑，它们都是 20 世纪 90 年代后期建成的。由于高层建筑中的科技含量越来越高，已成为反映一个国家或城市科技实力和建设水平的指标之一，因此，目前世界上一些国家纷纷提出拟建世界最高建筑，以作为一个国家经济实力和综合国力的象征，如美国、巴西、日本等国都提出拟建 1000m 以上的高层建筑；一西班牙建筑设计师也为我国上海设计了高度超过 1000m 的建筑。其中目标最为远大的是日本大成建设公司提出的建造高度 4000m 以上的超高层建筑"都市大厦"。

表 4.2　世界上最高的十大建筑

排　名	建筑名称	城　市	完工年份	层　数	高度/m	结构材料	用　途
1	中国台北 101 大厦	台北	2004	101	508	组合	多用途
2	石油大厦（双子星大楼）	吉隆坡	1997	88	452	组合	多用途
3	希尔斯大厦	芝加哥	1974	110	443	钢	办公
4	金茂大厦	上海	1998	88	420	组合	办公、宾馆
5	世界贸易中心（已倒塌）	纽约	1972	110	417	钢	多用途
6	帝国大厦	纽约	1931	102	381	钢	办公
7	中环广场	香港	1992	78	374	混凝土	办公
8	中国银行大厦	香港	1990	71	369	组合	办公
9	酋长国办公楼	迪拜	2000	54	355	组合	办公
10	东帝士 85 国际大楼	高雄	1997	85	347	钢	多用途

表 4.3　我国内地最高的十大建筑

排　名	建筑名称	城　市	完工年份	层　数	高度/m	结构材料	用　途
1	金茂大厦	上海	1998	88	420.5	组合	办公、宾馆
2	地王大厦	深圳	1996	81	325	组合	办公
3	中信广场	广州	1997	80	322	混凝土	办公
4	赛格广场	深圳	1998	72	292	组合	办公
5	中银大厦	青岛	1996	58	246	混凝土	办公
6	明天大厦	上海	1998	60	238	混凝土	办公
7	上海交银金融大厦—北楼	上海	1998	55	230	混凝土	办公
8	武汉世界贸易中心	武汉	1998	58	229	混凝土	办公
9	浦东国际金融大厦	上海	1998	56	226	组合	办公
10	彭年广场（余氏酒店）	深圳	1998	58	222	混凝土	宾馆

目前，国内外正在兴建和准备建造的高层建筑如下：北京正在规划建造奥运村中的世贸中心，高 510m；还在规划建造高 520m，120 层的北京亦庄经济技术开发区大楼，建成后，它将成为我国首都的标志性建筑，该楼几乎与海拔 557m 的北京香山等高。中国香港正在建造 480m 高的联合广场。正在兴建的高 492m 的上海环球金融中心（图 4.66），总建筑面积 377 300m²，其主体高度比已经峻工的世界新科"楼王"台北 101 大厦高出 12m。高 420.5m 的南京国际金融中心，预计 2007 年竣工。高 300m 的北京国贸三期目前也即将破土动工，总建筑面积为 540 000m²，建成后将以写字楼、豪华酒店、商场、康乐中心为主，而且还要设立大宴会厅，它将高高耸立在朝阳商务中心区。还有规划于北京卫星城的望京大厦，高 300 多米。大连也正准备兴建 420m 高的大连国贸中心大厦（图 4.67），其建筑主体高度为 335.35m，加上塔尖总高度为 420m，地下 5 层，地上 78 层，总建筑面积 288 565.91m²，目前，该大厦设计已在加拿大西安大略大学边界层风洞实验室完成了大厦的"抗风能力"实验，结果表明，它可以抗百年一遇的强风，抗震按 7 级设防。位于苏州金鸡湖畔工业园的高 278m，约 68 层，分南、北双塔连体式门形建筑"东方之门"正准备破

图 4.67　正准备兴建的
大连国贸中心大厦

土动工，其总建筑面积达 43 万 m^2，投资金额 45 亿元人民币，建成后将成为苏州市的标志性建筑，也是中国最高、面积最大的双塔建筑。

韩国外国企业协会于 2004 年 5 月 28 日宣布，该协会将与汉城合作，在汉城上岩洞开始建造一座名为"国际商务中心（IBC）"的大厦，该建筑物的高度为 580m，这座韩国最高的大楼将于 2008 年落户汉城；这座商务中心占地面积 1.2 万坪①，总建筑面积 18 万坪。大楼地上 130 层，地下 7 层，将设特级饭店、外国人宿舍、国际会展中心以及交通、文化体育设施等。

日本清水建设株式会社正在建造的大楼高 550m。竹中工务店株式会社和大林株式会社正在建造的两座大楼都高达 600m。大成株式会社更是雄心勃勃，欲建 170 层、760m 高的超级摩天大楼。

在阿拉伯酋长国的迪拜，至少 125 层高的摩天大楼已破土动工，预计 2008 年底建成，大楼的高度至今还是一个秘密，目的是要在当今世界竞相建造全球最高摩天大楼的竞赛中摘得桂冠。从设计图纸上看，迪拜摩天大楼就像准备发射升空的一架巨型航天飞机（图 4.68）。

美国也正在筹建 532m 高的芝加哥摩天大楼。

在英国，伦敦市规划当局打算在泰晤士河南岸兴建一座高达 304.8m 的标志性建筑"伦敦桥大厦"，希望它能给古老的伦敦带来现代化的气息。

（3）组合结构高层建筑将增多

采用组合结构可以建造比混凝土结构更高的建筑。在多震国家日本，组合结构高层建筑发展迅速，数量已超过

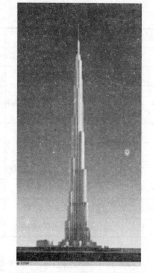

图 4.68　迪拜大厦模型

混凝土结构高层建筑。除外包混凝土组合柱外，钢管混凝土组合柱应用也很广泛，还有外包混凝土的钢管混凝土双重组合柱的应用也很多。巨型组合柱首次在中国香港的中国银行应用，取得了很大的经济效益；上海金茂大厦结构中也成功地应用了巨型组合柱。随着混凝土强度的提高以及结构构造和施工技术的改进，组合结构在高层建筑中的应用将进一步扩大。

（4）新型结构形式的应用将增多

已建成的中国银行大厦（在中国香港）和正在筹建的高 532m 的芝加哥摩天大楼，都采用了桁架筒体结构体系，这种结构体系可以将全部垂直荷载传至周边结构，其单位面积用钢量仅约 150kN/m^2，特别节省钢材。预计这种结构体系今后在 300m 以上的高层建筑中将得到更多的应用。巨型框架结构体系由于其刚度大，又便于在内部设置

---

① 1 坪约合 3.33m^2，下同。

大空间，今后也将得到更多的应用。多束筒结构体系已表明在适应建筑场地、丰富建筑造型、满足多种功能和减小剪力滞后等方面都具有很多优点，预计今后也将广泛应用。

（5）智能化的人居环境

智能化的人居环境就是具有高功能性、高节能性的人居环境。所谓高功能性，即居住在这种环境中的用户，可以通过住宅完善的计算机网络、综合数字网络及邮电通信网络，充分运用国内国际直拨电话、可视电话、电子邮件、声音邮件、电视会议、信息检索等手段，使"足不出户便知天下事"的理想真正变为现实。例如，使用这种住宅的电脑系统，即可根据温、湿度及风力等情况自动调节窗户的开闭、空调器的开关；若看电视时电话铃响了，则电视音量会自动降低；若有陌生人进入房中，各种测控系统会发出特殊警告。所谓高节能性，即这种人居环境中的住宅具有极高的节能性质。从其传输媒介上看，具有规范化的特点，即传输媒介有其一套规范化的布线系统标准，能将住宅的所有通信、生活、楼宇自动化统一组织在一套标准的布线上，从而避免了因住宅传输媒介的多样化而造成的大量人力、物力、财力的浪费。从其单个家庭住宅的使用和性能上讲，又具有周期性短、适用性强的特点，即能根据单个住户的要求迅速改变住房的设计模式，以适应更高的舒适度的要求。这种单个住宅一般都不在地基上建房，而由专门的住房工厂制造好，再送到用房地点。

（6）计算机在高层建筑结构分析中的应用

计算机在高层建筑结构分析中的应用，已经在 20 世纪末期得到了迅速发展。目前，国际上广泛应用于高层建筑的软件主要是 SAP 系列、ETAPS 系列、ANSYS 系列、GTSTRUDL 系列等。在我国，由中国建筑科学研究院开发的 PKPM 系列软件在国内也得到了广泛应用。然而，由于高层建筑必须对复杂的剪力墙结构进行更精确地分析以求得更合理的计算结果，来适应高层建筑结构动态分析中所需要的更高精度的要求，所以在 21 世纪，更进一步改进和发展软件将成为一项主要的任务。在 21 世纪里，各类软件还将通过计算机网络被更广泛地应用。

4.4.2 高层建筑结构体系与特点

随着大中城市建设用地的日趋紧张，为了尽可能地利用空间，高层建筑得到了很大的发展。同时，建筑结构体系也越来越复杂。高层建筑常用结构体系有框架结构体系、剪力墙结构体系、框架-剪力墙结构体系、筒体结构体系、巨型骨架结构体系。

1）框架结构体系（图 4.69）的优点：这种结构体系是以由梁、柱组成的框架作为竖向承重和抵抗水平作用的结构体系。框架结构建筑平面布置灵活，可以做成有较大空间的教室、会议室、餐厅、车库等；墙体采用非承重构件既可使立面设计灵活多变，又可降低房屋自重，节省材料；通过合理设计，钢筋混凝土框架结构可以获得良好的延性，具有较好的抗震性能。其缺点：结构的抗侧刚度小，对建筑高度有较大的限制；地震时侧向变形较大，容易引起非结构构件的损坏。

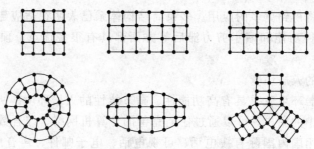

图 4.69 框架结构体系的一般典型平面图

2）剪力墙结构体系（图 4.70）的优点：利用建筑物墙体作为承受竖向荷载、抵抗水平荷载的结构，称为剪力墙结构体系。现浇钢筋混凝土剪力墙结构的整体性好，刚度大，在水平荷载作用下侧向变形小，承载力要求也容易满足，因此这种结构体系适合建造较高的高层建筑。其缺点：由于楼板的支撑是剪力墙，剪力墙的间距不能太大，因此剪力墙结构平面布置不灵活，不能满足公共建筑的使用要求。

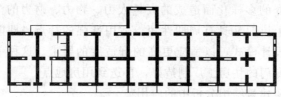

图 4.70 剪力墙结构体系

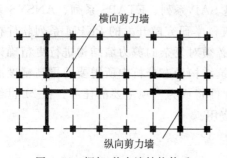

图 4.71 框架-剪力墙结构体系

3）框架-剪力墙结构体系（图 4.71）的特点是：建筑平面和立面设计灵活多变；框架和剪力墙协同工作，可以取长补短，既可获得良好的抗震性能，又可取得良好的适用性和一定的经济效益。

4）筒体结构体系（图 4.72）。随着建筑物层数、高度的增大，高层建筑结构承受的水平风荷载和地震作用大大增加，框架、剪力墙和框架-剪力墙结构体系往往不能满足要求。可将剪力墙在平面内围合成箱形，形成一个竖向布置的空间刚度很大的薄壁筒体；再由加密柱和刚度较大的裙梁形成空间整体受力的框筒构成具有很好的抗风和抗震性能的筒体结构体系。根据筒的布置、组成和数量等，筒体结构体系又可分为框架-筒体结构体系、多筒结构体系、筒中筒结构体系、成束筒结构体系等。框架-筒体结构体系：一般中央布置剪力墙薄壁筒、周边布置大柱距的框架，或周边布置框筒、中央布置框架，它的受力特点类似于框架-剪力墙结构。筒中筒结构体系：由内外几层筒体组合而成，通常内筒为剪力墙薄壁筒，可集中布置电梯、楼梯及管道竖井；外筒是框筒，可以解决、通风、采光问题。成束筒结构体系，又称为组合筒结构体系，在平面内设置多个筒体组合在一起，形成整体刚度很大的一种结构形式；其抗风和抗震性能优越，适用于 50 层以上的办公建筑。

5）巨型骨架结构体系（图 4.73）是一种新型的结构形式，由多级结构组成，一般有巨型框架结构体系和巨型桁架结构体系。巨型框架结构是利用筒体作为巨型柱，每隔数层利用设备层等做成巨型梁构成巨型框架结构，巨型梁之间是由普通梁柱构成的次框架从而形成较大空间，其竖向及水平荷载均传给巨型框架；巨型框架结构的抗侧刚度巨大，适用于100层甚至更高层的建筑。巨型桁架结构的骨架是以巨型桁架组成筒体的结构，其抗侧刚度也非常大，是超高层建筑理想的一种结构体系。

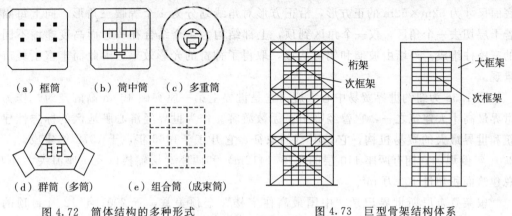

（a）框筒　　　（b）筒中筒　　　（c）多重筒

（d）群筒（多筒）　　　（e）组合筒（成束筒）

图 4.72　筒体结构的多种形式

图 4.73　巨型骨架结构体系

4.4.3　国内外著名的高层建筑

2004 年底建成的中国台湾台北 101 大厦（图 1.29）主体高度为 480m，包括顶层天线在内为 508m，是截至目前为止的世界第一高楼，比记录保持者马来西亚吉隆坡的石油大厦高 56m，有世界上最大且最重的"风阻尼器"，还有两台世界最高速的电梯，从 1～89 楼，只要 39s 的时间。"世界高楼"的四项指标，台北 101 大厦拿下世界最高建筑物、世界最高使用楼层和世界最高屋顶高度三项世界第一。

图 1.30 为 1997 年建成的马来西亚吉隆坡的石油大厦，高 451.9m，是目前世界上第二高建筑。由两个并排的圆形建筑，各自采用 23m×23m 的墙体内芯和底部直径为 46.2m 的 16 根混凝土圆柱周边框架组成。地上 88 层，高 390m，连同桅杆总高 452m。从底层到 84 层采用的都是混凝土结构，84 层以上是钢柱和钢环梁，大厦在第 60 层、第 72 层、第 82 层、第 85 层处收进，46 层以下有两个圆形副楼，整个建筑高宽比为 8.64，属于细长型建筑。

图 1.31 为 1974 年建成的美国芝加哥西尔斯大厦，高 443m，是目前世界上第三高建筑。它采用的是成束筒结构体系。地面以上至 50 层为 9 个筒，50～66 层为 7 个筒，67～89 层为 4 个筒，90 层以上两个筒。

图 1.32 为 1998 年建成的上海金茂大厦。该大厦高 421.5m，建筑面积 29 万 m²，地上 88 层（包括 52 层办公用房和 34 层旅馆用房），目前属于中国第一、亚洲第三、世界第四高的建筑。该结构体系是一个用外伸桁架与外侧 8 个巨型组合柱连接的混凝土核芯筒。主楼的平面构图是双轴对称正方形，有巧妙的切角，有凹有凸；主楼的立面构图也十分巧妙，在两条对角线端点即四角处，由下而上逐渐内收，其节奏逐段加快，但东南西北居中的四个面又不内收，因此主楼立面富有层次、节奏和韵律。其精心设计的外幕墙，显得十分美观典雅，避免了一般幕墙光亮、单调的外观。

它的基本造型融合了我国古代的塔式建筑风格，吸收了我国建筑文化的精髓，有着完美的比例关系，高得单纯但不单调；它用现代设计手法，采用新型建筑材料和超高层施工技术；创造出独特的建筑形象，挑起观者视线的波澜，使建筑有着一种成长和运动的感觉。

图 4.74 为香港中国银行大厦。其地面以上 71 层，高 315m，天线顶端高 369m，底面尺寸为 52m×52m 的正方形，沿正方形对角线划分为 4 个等腰三角形，向上每隔若干层切去一个角区，仅一个角区到顶，上部结构为 4 个结合在一起而高度递增不同的三棱柱组成。外墙由玻璃和铝材构成，取得了神奇的光影效果，由此而丰富了城市景观。

图 1.36 为纽约世界贸易中心大厦。它是世界上第一座突破 400m 高的建筑。作为世界最高十大建筑之一，它曾经吸引了无数游客。作为世界经济心脏地区的标志性建筑和世界最大的贸易机构，它是财富的象征。它开工于 1966 年，于 1972 年建成，于 2001 年倒塌，它拥有两座 110 层的主楼（412m）和两座 9 层辅楼以及一座海关大楼，总建筑面积超过 100 万 m^2。

曾荣登吉尼斯世界记录"中国最高住宅楼"金顶美誉，于 2001 年 12 月封顶的"世茂滨江花园"2 号楼（图 4.75），总体高 192m，打破了原中国最高住宅楼"兆丰花园"141m 的保持记录。"世茂滨江花园"2 号楼位于上海浦东黄浦江边，陆家嘴地区，共 53 层。由上海世茂房地产有限公司投资开发。该项目是汲取世界水岸建筑精粹的经典规划设计：总建筑面积近 70 万 m^2，香港马梁建筑师事务所倾心规划设计，与东方明珠、金茂大厦共同组成浦江东岸"一波三峰"的现代城市天际线。此外，"世茂滨江花园"曾于 2001 年获得建设部颁发的"人居经典"综合大奖。无论从规划设计、绿化环境、户型规划，还是从智能化、新技术与新材料的运用等方面均处在领先水平，它推动了上海房产界整体水平的提高。综合而言，"世茂滨江花园"可称誉为"五星级高水准豪宅"。

图 4.74　香港中国银行大厦　　　图 4.75　上海著名的江景豪宅"世茂滨江花园"2 号楼

4.5 智能及新型建筑

4.5.1 智能建筑

智能建筑（IB）是以建筑为平台，兼备建筑设备、办公自动化及通信网络系统，集结构、系统、服务、管理及它们之间的最优化组合，向人们提供一个安全、高效、舒适、便利的建筑环境。

智能建筑是多学科、多技术系统的综合集成，涉及建筑、土木工程、机械、动力、通信、计算机、人体工学、建筑心理学、行为学、美术等诸多领域。其基本内涵是：以综合布线系统为基础，以计算机网络为桥梁，综合配置建筑及建筑群内的各功能子系统，全面实现对通信网络系统、办公自动化系统、建筑及建筑群内各种设备（空调、供热、给排水、变配电、照明、电梯、消防、公共安全）等的综合管理。目的是应用现代 4C 技术（即计算机技术、控制技术、通信技术和图形显示技术）构成智能建筑结构与系统，结合现代化的服务与管理方式给人们提供一个安全、舒适的生活、学习与工作环境空间。智能建筑的智能主要体现在三个方面：①建筑能"知道"建筑内、外所发生的一切；②建筑能确定有效的方式，为用户提供方便、舒适和富有创造性的环境；③建筑能迅速"响应"用户的各种要求，即实现办公自动化（OA）、通信自动化（CA）、建筑自动化（BA）。现代建筑智能化的关键技术主要包括以下几项：①信息技术（IT）；②现代计算机技术；③现代通信技术；④现代自动控制技术；⑤现代图形、图像显示技术；⑥综合布线技术；⑦系统集成技术。

世界上第一座智能大厦是 1984 年 1 月在美国康涅狄格（Connecticut）州哈特福德（Hartford）市诞生的。它是由美国联合技术建筑系统（UTBS）公司将一幢旧金融大厦进行改造，定名为"都市大厦"（City Place Building）。之后，位于日本东京的一座智能大厦也相继建成，引起了各方面的极大关注。为适应必将到来的智能建筑时代的实施要求，日本于 1985 年 11 月制定了从智能设备、智能家庭到智能建筑、智能城市的发展计划，成立了建设省国家智能建筑专业委员会和日本智能建筑研究会（JIBI）。亚洲智能建筑学会也于 2000 年在中国香港成立。英国、法国、德国等欧洲国家也相继在 20 世纪 80 年代末 90 年代初开始发展各具特色的智能建筑。新加坡拨巨资为推广智能建筑进行专项研究，计划把新加坡建成"智能城市花园"。

在我国，可以认为智能建筑技术在 20 世纪 80 年代初期就部分地应用于建筑。一般认为，20 世纪 80 年代末 90 年代初智能建筑在我国兴起，自 90 年代中期迅速发展。北京发展大厦认为是中国智能建筑的雏形；之后，建成了目前亚洲第一、世界第二高楼的上海金茂大厦（88 层），以及北京京广中心、深圳地王大厦（81 层）、广州中信大厦（80 层）等一批智能化程度较高的智能建筑。据不完全统计，到 20 世纪末，国内已建成 1400 多幢智能建筑，其中上海约 400 幢、北京约 300 幢、广东约 250 幢、江苏约 200 幢。其中 180m 以上的智能建筑已达 40 多幢。

目前，智能化建筑正朝两个方面发展：一方面智能建筑不限于智能化办公楼，正在向公寓、酒店、商场等建筑领域扩展，特别是向住宅扩展。智能住宅由电脑系统根据天气、温度、湿度、风力等情况自动调节窗户的开闭、空调器的开关，以自动保持房间的最佳状态；当电话铃响时，开着的电视机音量会自动降低等。最近，建设部住宅产业现代化办公室公布了住宅小区智能化示范工程技术的具体要求，根据技术的全面性、先进性分为普及型、先进型、领先型三类。另一方面，智能建筑已从单体建筑向建筑群智能化发展。智能建筑发展的趋势是智能化、网络化、集约化和生态化。我国从 20 世纪 90 年代初以来相继建成一大批具有较高水平的智能建筑，正在建设的香港数码港荣获"2004年度最佳智能建筑"的称号。该项目投资约 20 亿美元，占地 24hm²，基本建设包括 4 座甲级智慧型写字楼、1 座五星级酒店、零售及娱乐中心以及大片住宅。为举办全国第十届运动会兴建的南京奥体中心，已将中国体育馆现代化建设全面推向智能化的道路，集中反映了国内体育场馆智能化建设的最新水平，为北京奥运场馆的建设提供了有益的借鉴。

随着中国经济的巨大发展，直接带动了中国建筑业的发展。人们在对建筑工程要求数量上大发展的同时，对建筑工程美观、品质、安全、环境和功能方面也提出了更多、更高的要求。面对这样繁重而复杂的任务，建筑设计与营造必须要具有现代化理念，开发采用现代化技术和运用现代化管理。其中智能化融入建筑中，乃是当今现代化建筑发展的一项重要内容和发展趋势。

1995 年，中国工程建设标准化协会通信工程委员会发布了《建筑与建筑综合布线系统和设计规范》，促进了通信网络和办公自动化系统在建筑中的应用。2000 年，国家出台了《智能建筑设计标准》，同年信息产业部颁布了《建筑与建筑群综合布线工程设计规范》和《建筑与建筑群综合布线工程验收规范》，这些国家标准的制定为我国智能建筑健康有序地发展提供了保证。

目前，建筑智能化已经成为整个社会信息化的一个组成部分，随着技术的进步、制度的变革，中国智能建筑的发展道路充满希望。

4.5.2 绿色建筑

绿色建筑是指为人们提供健康、舒适、安全的居住、工作的生活空间，同时实现高效利用资源（节能、节地、节水、节材），最低限度地影响环境的建筑物。绿色建筑的基本思想和目标在物质上可归纳为：在建筑全生命期内，对地球资源和能源的耗量减至最小；使建筑弃物的排出和对环境的污染降到最低；保护自然生态环境，注意自然与生态环境的协调；创造健康、舒适、安全的居住环境；具有适应性、可维护性。在文化上要求：保护建筑的地方多样性；保护拥有历史风貌的城市景观环境；对传统街区、绿色空间的保存和再利用；重视对旧建筑的更新、改造和利用，继承发展地方传统的施工技术；尊重公众参与设计等。

1993 年 6 月，国际建筑师协会通过了"芝加哥宣言"，提出保持和恢复生物多样性；资源消耗最小化；降低大气、土壤和水的污染；使建筑物卫生、安全、舒适；提高环境意识等五项原则。

绿色建筑是可持续发展观在建筑业中的具体应用，是世界建筑的发展趋势和方向。目前，中国建筑业基本上还是一个高能耗、高物耗、高污染的产业，在建设过程中存在可再生资源大量浪费的现象，特别是对土地资源的利用效率低。当前，建筑能耗已接近我国社会终端总能耗的 30%，到 2020 年可能逼近 40%，而我国既有和新建建筑中，高耗能建筑分别为 99% 和 95%，它们的单位建筑面积采暖能耗相当于气候条件相近的发达国家节能建筑的 2～3 倍。21 世纪头 20 年是我国推进建筑节能的战略机遇期。据专家测算，如果从现在起对新建建筑全面强制实施建筑节能设计标准，并对现有建筑有步骤地推行节能改造，到 2020 年，我国建筑能耗可减少 3.35 亿 t 标准煤，空调高峰负荷可减少约 8000 万 kW·h（约相当于 4.5 个三峡电站的满负荷），能源紧张状况和污染压力必将大为缓解。

4.6 特种结构

特种结构是指房屋、地下建筑、桥梁、水工结构以外的具有特殊用途的工程结构。

1. 烟囱

烟囱是排放工业与民用炉窑高温烟气的构筑物。根据不同工艺特点，烟囱设计必须满足不同的要求。例如，火力发电厂的烟囱需要具有较大的抽力，因此，要比其他烟囱高，大多在 200m 以上；冶金工业的烟囱，烟气温度很高，可达 700℃ 以上，这就要求加强烟囱内衬的耐火、隔热性能；化工系统的烟囱，烟气中含有大量侵蚀介质，所以要求烟囱具有较高的防腐蚀性能。

从烟囱所采用的材料来区分，有砖烟囱、钢筋混凝土烟囱、钢烟囱三种。前两种多为自立式或附着式烟囱；后一种则多为拉绳式或自立式烟囱。

烟囱由筒身、内衬、隔热层、基础及附属设施（爬梯、避雷设施、信号灯平台等）组成。

砖烟囱适宜的高度为不大于 60m，烟气温度不宜超过 500℃，砖烟囱整体性差，抗震性能也差，但取材方便，造价低。另外，由于其体形粗大、重心低，稳定性较好也是它的优点。

钢筋混凝土烟囱比砖烟囱自重轻，整体性、抗震性、耐久性均较好，与钢烟囱相比较可免去防腐及维修费用。钢筋混凝土烟囱的高度目前已达到 350m 以上，这对排放效率及环境保护很有益处，但烟囱越高造价就会越高。

钢烟囱自重轻，整体性及抗震性能好，但耐久性差，维护周期短，费用高，所以当今钢烟囱用于高 30m 以上和永久性构筑物的较少。

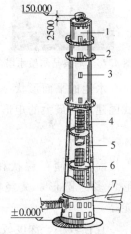

图 4.76 筒中筒烟囱
尺寸单位：m

从烟囱的形式来区分，有单筒式、双筒（筒中筒）式（图 4.76）和多筒式。我国单筒式烟囱最高的是 270m 的山西神头二电厂。

2. 水塔

水塔是给水工程中储水和配水的高耸构筑物，用于调节与稳定供水区的水压、水量。同时，造型别致、体态优美的水塔能为城市景观增色。

水塔由三个部分组成：基础、支筒（或支架）、水箱。水箱的类型有平底水箱、英兹式水箱、倒锥壳水箱（图 4.77）。

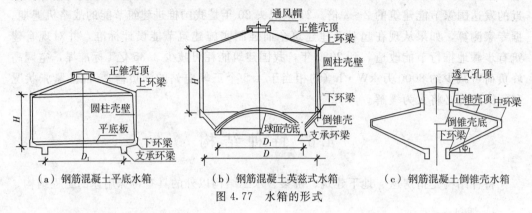

（a）钢筋混凝土平底水箱　　（b）钢筋混凝土英兹式水箱　　（c）钢筋混凝土倒锥壳水箱

图 4.77　水箱的形式

1）钢筋混凝土平底水箱。它由正锥壳顶、圆柱壳壁、平底板及支撑环梁组成。支模简单，施工方便。

2）钢筋混凝土英兹式水箱。它由正锥壳顶、圆柱壳壁、倒锥壳或球面底及支撑环梁组成。这种形式的球面壳底承受压力合理，但支模复杂，施工较困难。

图 4.78　瑞典马尔墨水塔

3）钢筋混凝土倒锥壳水箱。由正锥壳顶、倒锥壳底及支撑、连接环梁组成。容量不大的可在地上预制，然后顶升。

此外还有球形水箱等。目前，世界上容量最大的水塔是瑞典马尔墨水塔，容量为 10 000m³，顶上设有旋转餐厅（图 4.78）。

3. 水池

水池是建于地面上或地下给排水工程的构筑物。清水池用于供水；污水池用于污水处理。

水池的平面形状一般为矩形或圆形，均由钢筋混凝土或预应力钢筋混凝土建造。我国建造的最大的矩形水池是北京 100 000m³ 拼装式清水池。

4. 筒仓

筒仓是储存粒状和粉状松散物体的立式容器。平面形状多为圆形，又经常由多个筒仓组成群仓，储物效能高。

直径较小、深度较浅的筒仓有用砖建造的；大型筒仓（群）多由钢筋混凝土建造；也有用钢板建造的钢板仓。

我国江苏连云港建造的 28 只钢筋混凝土散装粮仓群（图 4.79），每个仓筒内径为 10m，壁厚为 250mm，从漏斗口起高 31.7m。

图 4.79　钢筋混凝土筒仓群

5. 电视塔

从 20 世纪 50 年代以来，由于电视广播和电信事业的发展，国外兴建了大量各种类型的电视塔。电视塔除了电视广播、通信的功能外，还有旅游观光等功能，也是城市的标志。

电视塔一般为筒体悬臂结构或空间框架结构，由塔基、塔座、塔身、塔楼及桅杆等五个部分组成。

按高度分，世界上排名前 10 位的电视塔依次为：① 加拿大多伦多电视塔，高 553m；② 莫斯科奥斯坦金电视塔，高 537m；③ 上海东方明珠电视塔，高 468m；④ 吉隆坡电视塔，高 421m；⑤ 天津天塔，高 415m；⑥ 北京中央电视塔，高 405m；⑦ 沙特阿拉伯电视塔，高 378m；⑧ 柏林电视塔，高 378m；⑨ 澳门电视塔，高 348m；⑩ 东京电视塔，高 333m。

（1）钢筋混凝土电视塔

加拿大多伦多电视塔（图 4.80），于 1975 年建成，总高度 553m，是目前世界上最高的钢筋混凝土电视塔。塔体平面是 "Y" 字形。钢筋混凝土结构的塔身从 3 片空心柱翼向上逐步收缩至 446.2m 处的塔身顶端，其上为钢结构天线桅杆。在塔身 335～365m 处设有 7 层的圆形大塔楼。在 446.2m 处设有小塔楼，是世界上最高的瞭望塔。

上海东方明珠电视塔于 1994 年建成，为目前世界上第三高的电视塔，坐落在浦东陆家嘴公园内（图 4.81）。

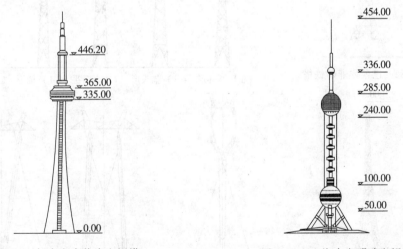

图 4.80　加拿大多伦多电视塔　　　　　图 4.81　上海东方明珠电视塔

该电视塔为预应力钢筋混凝土巨型框架结构。塔身主体为 3 个直径 9m 的垂直筒体组成正三角形，三角筒体之间有 7 组环梁相连，向上过渡为单筒体天线杆，最高部分为箱形截面钢天线桅杆。塔体下部另设了 3 根直径为 7m 与地面成 $60°$ 的斜筒来支撑塔身，塔上设有 3 个球体，从下到上直径分别为 50m、45m、14m。因有众多环形建筑高挂天空，故称为 "东方明珠"。

（2）钢结构电视塔

巴黎埃菲尔铁塔（图 4.82），建于 1889 年，塔高 300m，是最古老的高耸钢结构。

该塔是为庆祝法国大革命（1798年）100周年，举办博览会而建造的。该塔因设计工程师埃菲尔得名。埃菲尔铁塔以前只作为巴黎的象征，兼作旅游、观赏的纪念塔，后来相继装上无线电天线和电视天线，高度也加到321m。

日本东京电视塔（图4.83），建于1958年，总高度为333m，四边形角钢组合结构，用铆接连接，塔架可承受90m/s风速的风荷载。东京电视塔除广播电视、通信外，还具有气象、环境监测、交通管理等多种功能。

6. 输电塔

输电塔是架设导线，用于电力空中传送的高耸构筑物。输电塔由基础、塔身和悬挂导线的横担组成。

按形状分，有自立塔与拉线塔两大类。自立塔常用的有酒杯形、猫头形、上字形、干字形、桶形等；拉线塔有拉门形、拉猫形、拉V形等（图4.84）。

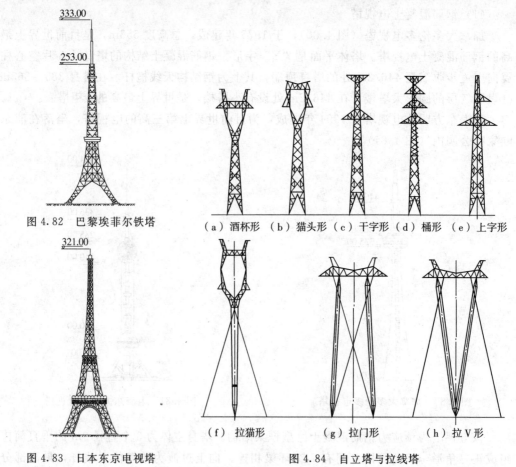

图4.82 巴黎埃菲尔铁塔

（a）酒杯形 （b）猫头形 （c）干字形 （d）桶形 （e）上字形

（f）拉猫形 （g）拉门形 （h）拉V形

图4.83 日本东京电视塔   图4.84 自立塔与拉线塔

按用途分，有直线塔、耐张塔、转角塔、换位塔、终端塔和跨越塔等。

输电塔有钢塔和钢筋混凝土塔。例如，1987年建于广州跨越珠江的自立式钢结构组合角钢500kV线路直线跨越塔，塔高235.75m（图4.85）；1990年建于安徽省淮南市市郊跨越淮河的钢筋混凝土500kV线路直线跨越塔，塔高202.5m（图4.86）。

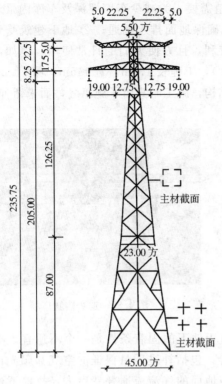

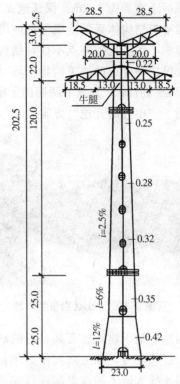

图 4.85　235.75m 钢塔（单位：m）　　　图 4.86　202.5m 钢筋混凝土塔（单位：m）

4.7　地 下 建 筑

　　地下建筑（underground structure）是指人类利用地壳所形成的具有建筑物功能的洞室或掩埋于地下的建筑系统的总称，即建造在岩层或土层中的建筑。

　　地下建筑按功能可分为军用、民用、防空工程、工业、交通和通信、仓库等建筑，以及地下公用设施。根据地下建筑的特殊性，其建筑设计要求有：① 选择工程地质和水文地质条件良好的地方；② 保证必要的防护能力；③ 创造适宜的内部环境；④ 为结构设计和施工创造有利条件。

　　地下建筑有着悠久的历史。例如，早在 18 万年前，北京山顶洞人穴居的岩洞可视为地下建筑的原型；4100 年前，古巴比伦城在幼发拉底河下挖成了 900m 的隧道；2200 年前建成的中国秦始皇骊山陵；135 年前，英国建成的第一条地铁；20 世纪，巴黎建成的 2113km 的地下下水道；日本大阪的 500m 宽、1000m 长的地下商业街；加拿大蒙特利尔的 81 万 m² 的地下城；瑞典的地下水电站、海军基地、地下飞机库；美国白宫的地下掩体等地下建筑举不胜举。

　　与地面建筑比较，地下建筑有其自身的优点：① 地下建筑可以节省地面空间，可用于城市绿地的建设，既可美化城市，也可疏缓交通。例如，位于上海宝山区牡丹江路、海江路交汇处的白玉兰广场人防地下车库（图 4.87），为单建式小型停车库，总建筑面积 2900m²，共有车位 92 个。车库地面位于宝山区白玉兰广场，因地面绿化需要，车库顶板土覆盖为 1.2m，保证地面景观种植需要。为减少车库埋深及车库内景观，采用反梁梁板结构体系，反梁上预埋泻水管以确保地面排水畅通；② 地下建筑受天气变化的影响不大。这一特点不仅对结构设计有利，且方便人们的日常使用。例如，位于上海人民广场旁边的迪美购物广场（图 4.88），工程长 174m，宽 145m，深 11.2m，建筑面积 49 557m²，为地下两层的无梁楼盖结构，施工时只留了施工缝，而未留伸缩缝，且采用了"中心岛开挖"方案。

图 4.87　宝山区白玉兰广场　　　　　　图 4.88　迪美购物广场

　　当然，地下建筑也有其自身的缺点，由于地下的固有条件是一个不适宜人类长期生活的自然环境，欲生活其中必须加以改善，包括补进质量保证的空气和阳光，而任何将阳光导入地下的设想都难以实现，且与地面的气流流通耗费巨大，故地下建筑不适宜用作人们长期处于其中的住宅、写字楼等。

　　从 1863 年英国伦敦建成世界上第一条地铁开始，国内外地下空间的发展已经历了相当长的一段时间，国外地下空间的开发利用从大型建筑物向地下的自然延伸发展到复杂的地下综合体（地下街）再到地下城（与地下快速轨道交通系统相结合的地下街系统），地下建筑在旧城的改造再开发中发挥了重要作用。

　　现今，地下市政设施也从地下供、排水管网发展到地下大型供水系统，地下大型能源供应系统，地下大型排水及污水处理系统，地下生活垃圾的清除、处理和回收系统，以及地下综合管线廊道（共同沟）。随着经济的发展，地下停车场、地下购物中心、地下人防工程等将越来越多地出现在我们的生活中。相信，随着生产力的发展，地下建筑这一领域将被人们更为广泛地开拓。

思 考 题

4.1　建筑结构的基本构件有哪些分类？

4.2　梁按材料分为哪些种类？各自有何特点？

4.3　试比较各种板的特点及应用范围。

4.4　常用基础形式有哪些？各自有何特点及其应用范围？

4.5　试比较拱与梁的受力特点。

4.6　试比较桁架与梁的受力特点。

4.7　什么叫框架？什么叫排架？各自的应用范围？

4.8　网架结构有何特点？主要应用于哪些建筑？

4.9 交叉梁系网架主要有哪几种？各自有何特点？

4.10 角锥体系网架主要有哪几种？各自有何特点？

4.11 悬索结构有何特点？设计时应注意何问题？

4.12 网壳结构按杆件布置方式分为哪几类？各自有何优、缺点？

4.13 膜结构有何特点？空气薄膜结构分为哪几类？

4.14 试述国内外高层建筑的发展趋势。

4.15 高层建筑结构体系有哪几种？各自有什么特点？

4.16 结合目前国内外现状，试述高层建筑的利弊。

4.17 新材料的开发和使用对高层建筑有何影响？

4.18 如何理解智能建筑？

4.19 试述智能建筑的发展趋势。

4.20 如何理解绿色建筑？为什么要大力发展绿色建筑？

4.21 何谓特种结构？主要包括哪些构筑物？

4.22 何谓地下建筑？地下建筑有何优、缺点？地下建筑主要应用于哪些工程？

第5章 道路与铁道工程

5.1 道路工程概述

5.1.1 交通运输方式及道路运输

1. 交通运输方式的组成及其特点

随着社会的进步，人类对交通的需要迅速增长，形成了由多种运输方式组成的交通运输系统。交通运输是国民经济的基础产业之一，它把国民经济各领域和各个地区联系起来，在生产和消费之间起着纽带作用，是保障全社会蓬勃发展的网状大动脉，也是人类在政治、文化、生活及军事等方面交往的主要通行方式。

现代交通运输系统是由铁路、道路、水运、航空及管道五种运输方式组成的。各种运输方式由于技术经济特征不同，各有其优、缺点。铁路运输客货运量大、连续性较强、成本较低、速度较高，但建设周期相对较长、投资大，需中转；水运通过能力高、运量大、耗能少、成本低、投资省、一般不占农田，但受自然条件限制大、连续性较差、速度慢；航空运输速度快，两点间运距短，但运量小、成本高；管道是随石油工业而发展起来的一种运输方式，具有连续性强、成本低、安全性好、损耗少的优点，但仅适用于油、气、水等货物运输；道路运输机动灵活，中转少、直达门户、批量不限、货物送达速度快、覆盖面广，是其他运输方式所不能比拟的，也是最活跃的运输方式。

2. 道路运输的地位与作用

道路是为国民经济、社会发展和人民生活服务的公共基础设施，道路运输在整个交通运输系统中处于基础地位。道路运输系统是社会经济和交通运输系统中的一个子系统，社会经济水平和交通需求决定着道路交通的发展进程，而道路交通也会影响并制约社会经济和交通运输的发展水平。在国家实行积极的财政政策时，会将投资重点转移到基础设施建设上，包括道路建设，以促进国民经济的增长。随着国家经济和科学技术的发展，道路交通的地位显得越来越重要。道路运输的作用主要表现在以下几点：

1）公路运输机动灵活、快速直达，是最便携也是唯一具有送达功能的运输方式，可以实现门对门运输，这是公路运输独特的优势。

2）道路运输可以自成运输体系。其他运输方式在组织运输生产中需要道路运输提供集散条件，运输方式之间的运输生产衔接也需要通过道路运输来完成。

3）道路运输的通达深度广，覆盖面大。道路可以通到工矿企业、城乡村镇，甚至可以到户。道路运输可以覆盖中国内地所有各地。到 1997 年底，全国所有的县、

97.3％的乡镇、81％的行政村通了公路，特别是在我国中西部和一些经济不发达地区，公路运输是最主要的运输方式。

4) 道路客、货运量在交通运输体系中所占比重不断提高。随着我国道路网的不断完善和技术改造，特别是大量高速公路的建成通车，道路客、货运量所占的比重不断提高。1997年公路运输完成的客、货运量分别占全社会的90.9％和76.6％；完成的客运周转量和货运周转量分别占55.4％和13.8％。

5) 道路运输成为世界各国发展速度最快和主要的运输方式。道路交通的发达程度已经成为衡量一个国家经济实力和现代化水平的重要标志。1997年末，我国民用车辆保有量为1219万辆，相当于1978年的8.98倍，完成的客、货运量分别为1978年的7倍和10倍，完成的客、货周转量为1978年的9倍和18倍。

5.1.2 我国道路现状与发展趋势

1. 道路发展的历史

我国道路建设具有悠久的历史，远在汽车还没有出现以前，就在道路建设方面创造了光辉的业绩。早在西周就将城乡道路按不同等级进行统一规划，修建了以镐京（今西安市长安区境内）通往各诸侯城邑的牛、马车道路，形成以都城为中心的道路交通体系。秦始皇统一中国后，颁布《车同轨》法令，大修驰道、直道，使道路建设得到较大发展。公元前2世纪的西汉，开通了连接欧亚大陆的丝绸之路，由长安出发，经河西走廊、塔里木盆地直达中亚和欧洲，对当时东西方各国的交往起到重要的沟通作用。唐代是我国古代道路发展的鼎盛时期，初步形成了以城市为中心四通八达的道路网。到清代全国已形成了层次分明、功能较完善的"官马大道"、"大路"、"小路"系统，分别为京城到各省城、省城至地方重要城市及重要城市到市镇的三级道路，其中"官马大路"长达2000余公里。

2. 公路发展的现状

1901年，我国开始进口汽车，能通行汽车的道路在原有大车道的基础上开始发展起来。从1906年在广西友谊关修建第一条公路开始到1949年全国解放的40多年间，历经清末、北洋军阀、民国、抗日战争、解放战争各个历史时期，由于旧中国社会的不稳定，经济的落后，加之国民党军队溃败时对道路的破坏，到1949年，全国公路能通车的里程仅有8.07万km，且缺桥少渡，标准很低，路况极差。

中华人民共和国成立以后，为了迅速恢复和发展国民经济，巩固国防，国家在经济基础非常薄弱的情况下，对公路建设做出了很大努力，取得了显著成就，到1978年，我国公路总里程增加到89万km。

改革开放以来，国家把交通作为国民经济发展的战略重点之一，为公路交通事业快速发展提供了机遇。这一阶段的工作方针是统筹规划、条块结合、分层负责、联合建设，筹资渠道是国家投资、地方筹资、社会融资、引进外资。1978年以来的20多年，是我国公路事业发展最快、建设规模最大、最具活力的时期。道路发展的突出成就是高速公路的飞速崛起，高速公路是交通运输现代化的重要标志之一，1980年10月，我国高速公路实现了零的突破。高速公路的建设带动了沿线经济发展，快速运输日益显示出巨大的经济效益和社会效益，形成了快速发展的"高速公路产业带"。高速公路不仅技术标准高、线形顺畅、路面平整、沿线设施齐全，而且全立交、全控制出入、双向隔离行驶、无混合交通干扰，为公路运输的快速、安全、高效、便捷和舒适提供了技术保证。

尽管我国公路建设取得了巨大成就，但由于公路交通基础薄弱，各地发展极不平衡，因此与发达国家相比，还有很大差距，还不能适应国民经济和社会发展的需要。存在的主要问题：一是数量少，按国土面积计算的公路密度仍然很低，只相当于印度的 1/5、美国的 1/7、日本的 1/30；二是质量差、标准低，在通车里程中，大部分为等级较低的三级、四级公路，还有达不到技术标准的"等外路"。有的公路防护设施不全，抗灾能力很差。因此，在今后相当长的时期内，加快新建公路的建设和低等级公路的改建，将是我国公路建设的主要任务。

3. 发展规划

根据我国国民经济和社会发展的长远规划，中国公路在未来几十年内，将通过"三个发展阶段"实现现代化的奋斗目标。

第一阶段：近期达到交通运输紧张状况有明显缓解，对国民经济的制约状况有明显改善。

第二阶段：到 2020 年左右达到公路交通基本适应国民经济和社会发展的需要。

第三阶段：到 21 世纪中叶基本实现公路交通运输现代化，达到中等发达国家水平。

为发展我国公路、水运交通，交通部计划从"八五"开始，用几个五年计划的时间，在发展以综合运输体系为主的交通运输业的总方针指导下，基本建成公路主骨架、水运主通道、港站主枢纽和支持保障系统的"三主一支持"交通长远规划。其中支持保障系统是指安全系统、运输通信枢纽和各级交换中心、交通教育系统、交通科技等。

公路主骨架即国道主干线系统，就是到 2020 年左右重点建成约 3.5 万 km 的"五纵七横"12 条国道主干线公路，它是以高速公路和一级、二级公路为主，连接全国所有 100 万人口以上的特大城市和 93% 的 50 万人口以上的大城市。该系统形成以后，将各省会（首府）、直辖市、中心城市、主要交通枢纽和重要口岸联系起来，车辆行驶速度可提高 1 倍；省间、城市间、经济区域间 400～500km 的公路运输可实现当日往返，800～1000km 的公路运输可当日到达，实现第二阶段的奋斗目标。"五纵七横"国道主干线系统。

五纵：同江至三亚；北京至福州；北京至珠海；二连浩特至河口；重庆至湛江。

七横：绥芬河至满洲里；丹东至拉萨，青岛至银川；连云港至霍尔果斯；上海至成都；上海至瑞丽；衡阳至昆明。

国家计划近期将建成同江至三亚、北京至珠海、连云港至霍尔果斯、上海至成都的两纵两横主干线以及北京至沈阳、北京至上海、重庆至北海三个重要路段。该目标将建成 1.85 万 km，初步形成贯穿全国东西、南北的干线公路大通道，以高速公路为主，实现第一阶段的目标，也为第二阶段目标的实现打下良好的基础。

除国道主干线外，各省、直辖市、自治区还根据本地区的情况，正在规划建设省级干线网和地方道路系统。这些规划完全实现后，我国的公路交通将彻底改变面貌。

5.1.3 公路的分级与技术标准

1. 公路的分级

公路是指连接城市、乡村，主要供汽车行驶的具备一定技术条件和设施的道路。根据公路的作用及使用性质，可划分为：国家干线公路（国道）、省级干线公路（省道）、县级干线公路（县道）、乡级公路（乡道）以及专用公路。为了满足经济发展、规划交通量、路网建设和功能等的要求，公路必须分等级建设。交通部 2004 年颁布实施的《公路工程技术标准》（JTGB01—2003）将公路根据功能和适应的交通量分为五个等级：高速公路、一级公路、二级公路、三级公路、四级公路。

2. 公路的技术标准

公路的技术标准是指在一定自然环境条件下能保持车辆正常行驶性能所采用的技术指标体系。公路的技术标准反映了我国公路建设的技术方针，是法定的技术要求，公路设计时都应该遵守。各级公路的具体标准是由各项技术指标体现的，如表 5.1 所示。

表 5.1 各级公路的主要技术指标汇总表

公路等级		高速公路			一级公路			二级公路		三级公路		四级公路
设计速度/（km/h）	120	100	80	100	80	60	80	60	40	30	20	
车道数/条	4、6、8	4、6、8	4、6	4、6、8	4、6	4	2	2	2	2	1、2	
路基宽度/m （一般值）	28.0 34.5 45.0	26.0 33.5 44.0	24.5 32.0	26.0 33.5 44.0	24.5 32.0	23.0	12.0	10.0	8.5	7.5	4.5 6.5	
停车视距/m	210	160	110	160	110	75	110	75	40	30	20	
圆曲线 半径/m	一般值	1000	700	400	700	400	200	400	200	100	65	30
	最小值	650	400	250	400	250	125	250	125	60	30	15
最大纵坡/%	3	4	5	4	5	6	5	6	7	8	9	

各级公路的技术指标是根据路线在公路网中的功能、规划交通量和交通组成、设计速度等因素确定的。其中设计速度是技术标准中最重要的指标，它对公路的几何形状、工程费用和运输效率影响最大，在考虑路线的使用功能和规划交通量的基础上，根据国家的技术政策制定设计速度。路线在公路网中具有重要的经济、国防意义，交通量较大者，技术政策规定采用较高的设计速度；反之规定较低的设计速度。对于某些公路尽管交通量不是很大，但其具有重要的政治、经济、国防意义，比如通向机场、经济开发区、重点游览区或军事用途的公路，可以采用较高的设计速度。

5.1.4 公路路线设计与路基设计

道路是一种带状三维空间结构物，包括路基、路面、桥梁、涵洞、隧道和沿线设施等工程实体。一般所说的路线，是指道路中线的空间位置。道路中线在水平面上的投影叫路线平面图；用一曲面沿道路中线竖直剖切，再展开成平面的图示叫纵断面图；沿道路中线任一点（即中桩）作的法向剖切面叫横断面图。路线设计是指确定路线空间位置和各部分几何尺寸的工作。为了研究方便，把路线设计分解为路线平面线形设计、路线纵断面设计和路线横断面设计。三者是相互关联的，即分别进行，又综合考虑。

1. 路线平面线形设计

公路的平面线形主要由直线、圆曲线、缓和曲线组成。直线是平面线形中的基本线形。直线路段的长度应根据路线所处地段的地形、地物、地貌，并结合土地利用、驾驶员的视觉、心理状态以及保证行车安全等合理布设。圆曲线是平面线形中最常用的基本线形。它在路线遇到障碍或地形需要改变方向时设置。各级公路不论转角大小，均应设置圆曲线。由于车辆以一定的速度在圆曲线上行驶时，会产生一作用在车上的离心力，此离心力有使车辆向外侧倾倒的倾向，可按照车辆不至于因离心力作用而倾倒，以及该级道路的设计车速的要求，计算确定圆曲线的半径的限制值。为了平衡离心力的倾倒作用，可以把道路的横断面做成向曲线内侧单向倾斜，这种倾斜称作超高。设置超高后，由于平衡了一部分离心力的作用，在一定的设计速度条件下，圆曲线半径的限制值可以适当降低。一般情况下，应尽量采用大于或等于圆曲线半径一般值，当受地形或其他条件限制时方可采用圆曲线半径最小值。在直线段和圆曲线之间，必须插入一段曲率半径逐渐过渡的缓和曲线。缓和曲线采用回旋曲线。缓和曲线长度应根据相应等级公路的计算行车速度求得。

2. 路线纵断面设计

纵断面是指通过公路中线的竖向剖面，它随地形的起伏而变化。采用直线坡段和相邻坡段间插入的抛物线或圆形竖曲线所组成。其技术标准包括纵坡、纵坡长度、平均纵坡、合成坡度、竖曲线等。公路路线最大纵坡是线形设计控制的一项重要指标，它直接影响公路路线的长短、使用质量、行车安全以及工程造价和运输成本。

在两个相邻的纵坡之间要插入竖曲线，用以缓冲汽车行驶在纵坡变坡点时产生的冲击，保证行车视距、增加行车安全感和舒适感，且便于道路排水。竖曲线按线形有凹凸之分。对于凸形竖曲线，以改善纵坡顺适性、保证行车视距为依据，而凹形竖曲线则为缓和冲击力和保证夜间行车灯光束照明视距、跨线桥视距要求而确定。

3. 路线横断面设计

公路横断面包括行车道、中间带、路肩等。

行车道宽度与汽车宽度、汽车行驶速度、交通量、交通组成等因素有关，一般应有能满足错车、超车或并列行驶所必需的余宽。高速公路和一级公路应设置中间带，以分隔往返车流，保证安全，减少事故，提高通行能力。中间带由两条分设在各个方向行车道左侧的路缘带以及中央分隔带组成。行车道的两侧需设置路肩，以保持行车道的功能和临时停车使用并作为路面的横向支撑。路基顶面的宽度为上面各部分的总和。

4.路基和路面的设计

(1)路基

路基是指路面下的土基，是公路的重要组成部分。它是按照路线位置和一定的技术要求修筑的带状构造物，承受由路面传播下来的荷载，路基必须具有足够的强度、稳定性和耐久性。路基由土质和石质材料组成，横断面形式可分为路堤、路堑和半填半挖三种基本类型，如图5.1所示。

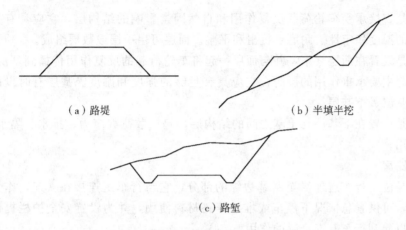

(a)路堤   (b)半填半挖

(c)路堑

图5.1 路基横断面形式

1)路堤是高于原地面的填方路基，其断面由路基顶宽、边坡坡度、护坡道、取土坑或边沟、支挡结构、坡面防护等部分组成。

2)路堑是指全部由地面开挖出的路基，它由全路堑、半路堑（又称台口式）和半山峒三种形式。其断面由路基顶宽、边沟、排水沟、截水沟、弃土堆、边坡坡度、坡面防护、碎落台、支挡结构等部分组成。

3)半填半挖是指横断面上部分为挖方，下部分为填方的路基，通常出现在地面横坡较陡处，它兼有上述路堤和路堑的构造特点和要求。

(2)路面

路面是指在路基表面上用各种不同材料分层铺筑而成的结构物，供车辆在其上以一定的速度安全、舒适地行驶。良好的路面必须具备：①足够的强度，以支撑行车荷载，抵抗车辆对路面的破坏和过大的变形；②较高的稳定性，使路面强度在使用期内不致因水文、温度等自然因素影响而产生幅度过大的变化；③一定的平整度，以减小车轮对路面的冲击力，保证车辆安全舒适地行驶；④适当的抗滑能力，避免车辆在路面上行驶和制动时发生溜滑的危险。

1)路面等级及路面面层类型按其力学特性可分为两大类：柔性路面。包括用各种基层（水泥混凝土除外）和各种沥青面层、碎（砾）石面层、石块面层组成的路面。在行车荷载作用下产生的弯沉变形较大。刚性路面，即水泥混凝土路面。这种路面的刚度大，板体性强，在行车荷载作用下产生的弯沉变形很小，扩散荷载能力好。

2)路面结构组成。路面结构一般由面层、基层与垫层组成，如图5.2所示。

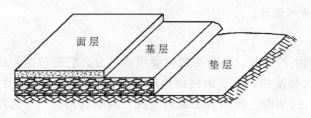

图 5.2　路面结构

面层是直接承受车轮荷载反复作用和自然因素影响的结构层，它应具有足够的强度、良好的温度稳定性、耐磨、抗滑和平整。面层可由一层或数层组成。

基层是设置在面层之下，并与面层一起将车轮荷载的反复作用传播到基层、垫层、土基，是起主要承重作用的层面，它应具有足够的强度和刚度。基层有时设两层，分别称为上基层、下基层。

垫层是设置在下基层与土基之间的结构层，起扩散荷载应力、排水、隔水、防冻、防污等作用。

（3）路肩

路肩是位于行车道外缘至路基边缘的部分，它与行车道连接在一起，作为路面的横向支撑，可供紧急情况下停车或堆放养路材料使用，并为设置安全护栏提供侧向净空，还可以起到行车有安全感的作用。

5.1.5　公路交通控制与管理

随着交通量的增长，路上的交通日益拥挤，再加上摩托车、非机动车和行人的干扰造成交通混乱、堵塞的现象屡见不鲜。这不仅影响车辆的行驶速度和公路的通行能力，而且易产生交通事故。因而特别需要加强对交通的控制通行能力与管理。交通控制设备主要有交通标志、路面标线和交通信号三类。它们的功能主要是对车辆、驾驶员和行人起限制、警告和诱导作用。公路交通管理就是按照交通法规及交通规则，规定车辆、驾驶员和行人在道路上的行动准则，并运用各种手段、方法，合理地限制和科学地组织、指挥交通，确保行车和行人的安全。

5.2　城市道路

根据我国行政管辖范围以及道路功能特点，道路工程一般分为三大类型，即公路、城市道路、特殊道路（包括厂矿道路、林业道路、机场道路、港口道路等）。就建设规模、运营里程来看，主要是公路和城市道路两大类型。公路的建设与管理隶属交通部门；城市道路则隶属于城市建设和城市管理部门。由于两类道路各有其功能和特点，在设计和施工方面不可能完全相同，因此我国实行公路和城市道路两套设计及其相关的施工技术规范。

5.2.1 城市道路的组成、功能及特点

1. 城市道路的组成

与公路相比，城市道路的组成更为复杂，其功能也多一些。城市道路包括各种类型和等级的道路、交通广场、停车场以及加油站等设施。在交通高度发达的现代城市，城市道路还包括高架道路、人行过街天桥（地道）和大型立体交叉工程等设施。

一般情况下，在城市道路的建筑红线之间，城市道路由各个不同功能部分组成，即车行道、路侧带、分隔带、交叉口和交通广场、停车场和公交停靠站台、道路雨水排水系统、其他设施。

2. 城市道路的功能

城市道路是城市中人们活动和物资流动必不可少的重要基础设施。除此之外，城市道路还具有其他许多功能。例如，增进土地的开发及利用；提供公用空间；提供抗灾救灾通道等。在城市道路规划设计时，必须充分理解它的功能和作用。城市道路的功能，随着时代变化、城市规模、城市性质的不同，表面上或许有所差别，但就其本质来说，它的功能并没有多少改变，主要体现在四个方面，即交通设施功能、公用空间功能、防灾救灾功能、形成城市平面结构功能。

（1）交通设施功能

交通设施功能是指在城市活动产生的交通需求中，对应于道路交通需求的交通功能。交通功能又可分为长距离输送功能和沿路进、出入集散功能。一般说来，干线道路主要是长距离输送功能（包括过境交通）；支路则是为沿路两侧各种用地或建筑物发生的行政、商业、文化、生活等活动客（货）流进、出的交通集散提供直接服务；在不妨碍道路交通情况下的路边临时停车、装卸货物、公交停靠等也属于交通集散功能。

（2）公用空间功能

作为城市环境必不可少的人造公用空间主要有道路（包括广场、停车场）和公园。随着城市建设的高度发展，城市土地利用率越来越高，再加上建筑物的高层化，城市道路这一公用空间的价值显得愈加重要。它表现在除采光、日照、通风及景观作用以外，还为城市其他设施如电力、电讯、自来水、热力、燃气、排水等管线提供布设空间。

在大城市或特大城市中，地面轨道交通、地下铁道交通等也往往敷设在城市道路用地范围以内，市中心或大的交叉口的地下也可用以埋设综合涵道（又称共同沟）。此外，电话亭、火灾报警器、消防栓、配电箱（柜）等也大多是沿路设置的。

（3）防灾救灾功能

道路的防灾救灾功能包括起避难场地作用、防火带作用、消防和救援通道作用等。

在出现地震、火灾等大的灾害时，人们需要避难场所，具有一定宽度的道路（广场）也可作为临时避难场地。此外，道路与具有一定耐火性的建筑物一起可形成有效的防火隔离带，以避免火势向相邻街区蔓延。

（4）形成城市平面结构功能

从城市规划的过程来看，在基本确定用地性质和划定用地范围后，第一步便是进

行道路网（包括道路红线）的规划与设计就足以说明城市道路在形成城市平面结构中的重要作用。通常干线道路形成城市骨架，支路则形成街区、邻里街坊，城市的发展是以干道为骨架，然后以骨架为中心向四周延伸。从某种意义上说，城市道路网的形式将直接决定城市平面结构和市区发展趋势；反之，城市道路网的规划也取决于城市性质、城市结构及城市功能的确定和界定。

    3. 城市道路的特点

与公路及其他道路相比较，城市道路具有如下特点。

（1）功能多样，组成复杂

城市道路除了交通功能外，还具有其他许多功能，如上面所述的城市结构功能、公用空间功能等。因此，在道路网规划布局和城市道路设计时，都要体现其功能的多样性。另外，城市道路的组成比一般公路要复杂一些，它除了有机动车道以外，还会有非机动车道、人行道、设施带等，这些会给城市道路的规划、设计增加一些难度。

（2）行人、非机动车交通量大

公路和其他道路在设计中通常只考虑汽车等机动车辆的交通问题。城市道路由于行人、非机动车交通需求大，必须对人行道、非机动车道做出专门的规划设计。

（3）道路交叉口多

由城市道路的功能已经知道，它除了交通功能外，还有沿路利用的功能。加之一个城市的道路是以路网的形式出现的，要实现路网的"城市动脉"功能，频繁的道路交叉口是不可缺少的。

（4）沿路两侧建筑物密集

城市道路的两侧是建筑用地的黄金地带，道路一旦建成，沿街两侧鳞次栉比的各种建筑物也相应建造起来，以后很难拆迁房屋拓宽道路。因此，在规划设计道路的宽度时，必须充分预测到远期交通发展的需要，并严格控制好道路红线宽度。此外还要注意建筑物与道路相互协调的问题。

（5）景观艺术要求高

城市干道网是城市的骨架，城市总平面布局是否美观、合理，在很大程度上首先体现在道路网特别是干道网的规划布局上。城市环境的景观和建筑艺术，必须通过道路才能反映出来，道路景观与沿街的人文景观和自然景观浑为一体，尤其与道路两侧建筑物的建筑艺术更是相互衬托，相映成趣。完善、合理的城市道路网络也从一个侧面体现和反映了城市的文明程度。

（6）城市道路规划、设计的影响因素多

城市里一切人和物的交通均需利用城市道路。同时，各种市政设施、绿化、照明、防火等，无一不设在道路用地上，这些因素，在道路规划设计时必须综合考虑。

（7）政策性强

在城市道路规划设计中，经常需要考虑城市发展规模、技术设计标准、房屋拆迁、土地征用、工程造价、近期与远期、需要与可能、局部与整体等问题，这些都牵涉到很多有关方针、政策。所以，城市道路规划与设计工作是一项政策性很强的工作，必须贯彻有关的方针、政策，尤其是大中城市的道路改扩建工程更存在政策问题。

5.2.2 城市道路分类与分级

1. 城市道路分类、分级的目的

要实现城市道路的四个基本功能，必须建立适当的城市道路网络。在路网中，就每一条道路而言，其功能是有侧重面的，这在城市规划阶段就已经赋予了。也就是说，尽管城市道路的功能是多样性的、综合性的，但具体到某一条道路上还是应突出其主要的功能，这对保证城市正常活动、交通运输的经济合理以及交通秩序的有效管理等诸方面，都是非常必要的。

进行城市道路分类、分级的目的在于充分实现道路的功能价值，并使道路交通运输更加有序、更加有效、更加合理。

道路分类方法是建立在一定视角之上的。例如，根据道路在规划路网中所处的交通地位划分，有快速路、主干路、次干路和支路；根据道路对城市交通运输所起的作用划分，则有全市性道路、区域性道路、环路、放射路、过境道路等；根据道路所处的城市地理环境划分，有中心区道路、工业区道路、仓库区道路、文教区道路、生活区道路及游览区道路等。

可以肯定，功能不分、交通混杂的道路系统，对一个城市的交通运输乃至整个城市的正常运转和发展都是相当有害的。现代城市道路必须进行明确的分类、分级，使各类、各级道路在城市道路网中能充分地发挥其作用。

2. 我国城市道路分类、分级

（1）城市道路分类

我国现行的《城市道路设计规范》依据道路在城市道路网中的地位和交通功能以及道路对沿路的服务功能，将城市道路划分为四种类型，即城市快速路、城市主干路、城市次干路和城市支路。

（2）城市道路分级

城市道路的分级主要依据城市的规模、设计交通量及道路所处的地形类别等。

大城市常住人口多，出行次数频繁，加上流动人口数量大，因而整个城市的客、货运输量比中、小城市大。另外，市内大型建筑物较多，公用设施复杂多样，因此，对道路的要求比中、小城市高。为了使道路既能满足使用要求，又节约投资和用地，我国规定，除快速路不明确分级以外，其他各类道路各分为Ⅰ、Ⅱ、Ⅲ级。一般情况下，道路分级与大、中、小城市相对应。我国各城市所处的地理位置不同，地形、气候条件各异，同一类的城市其道路设计不一定采用同一等级的设计标准，应根据实际情况论证地选用。例如，同属大城市，但位于山区或丘陵区的城市受地形限制，很难达到Ⅰ级道路标准时，经过技术、经济比较，可以将其技术标准适当降低一个等级。又比如，某中等城市，若是省会、首府所在地，或特殊发展的工业城市，也可以根据实际需要适当提高道路等级。各类、各级道路的主要技术指标如表 5.2 所示。

表 5.2 城市道路各类（级）道路的主要技术指标

项目 类别	级别	设计车速 / (km/h)	双向机动车 道数/条	机动车道宽/m	分隔带设置	道路断面形式
快速路		80、60	≥4	3.75	必须设	二、四幅路
主干路	Ⅰ	60、50	≥4	3.75	应设	一、二、三、四幅路
	Ⅱ	50、40	≥4	3.75	应设	一、二、三幅路
	Ⅲ	40、30	2~4	3.5~3.75	可设	一、二、三幅路
次干路	Ⅰ	50、40	2~4	3.75	可设	一、二、三幅路
	Ⅱ	40、30	2~4	3.5~3.75	不设	一幅路
	Ⅲ	30、20	2	3.5	不设	一幅路
支路	Ⅰ	40、30	2	3.5~3.75	不设	一幅路
	Ⅱ	30、20	2	3.5	不设	一幅路
	Ⅲ	20	2	3.5	不设	一幅路

注：1) 设计车速在条件许可时，宜采用大值；
　　2) 改建道路根据地形、地物限制、拆迁占地等具体困难，可选用表中适当等级；
　　3) 城市文化街、商业街可参照表中次干路及支路的技术指标。

5.3 高速公路

5.3.1 国内外高速公路发展概况

1. 高速公路的概念

高速公路是汽车运输发展的产物，它既是技术标准提高后的公路，又与普通公路有某些质的区别。一般认为，它是中央设置有一定宽度的分隔带，两侧各配备两条以上的车道，分别供大量上下行汽车高速、连续、安全、舒适地运行，并全部设置立体交叉和控制出入的公路（《中国大百科全书》）。我国的《公路工程技术标准》(JTGB01－2003) 将高速公路定义为：专供汽车分向、分车道行驶，并应全部控制出入的多车道。《公路工程名词术语》(JTJ002－87) 则将高速公路定义为：具有四个或四个以上车道，并设有中央分隔带，全部立体交叉并具有完善的交通安全设施与管理设施、服务设施，全部控制出入，专供汽车高速行驶的公路。

因此，随着汽车工业的快速发展，汽车数量猛增，特别是小型高速汽车及重型车比重的增加，对公路发展提出了新的要求，需要寻求新的运输手段从根本上提高公路的运输能力，解决公路运输连续、大量、安全、快速以及舒适的问题，而高速公路正是适应汽车运输发展而产生的一种新型交通手段，大力发展高速公路已成为当今公路运输发展的一个重要特征。

2. 国外高速公路的发展

20 世纪 20~30 年代，新兴工业化国家汽车工业的蓬勃发展是高速公路产生的原动力。例如，1876 年，奥托发明了四冲程燃气发动机；1885 年，戴姆勒和本茨发明了汽车；1890 年，邓洛普发明了橡胶充气轮胎。所有这些发明对公路提出了高速的要求，随后世界上第一条真正的高速公路诞生在德国。

作为符合现代高速公路标准的第一条高速公路是在 1929～1932 年建造的大约 20km 长的科隆至波恩间的高速公路。至 1942 年，德国建造了 3860km 的高速公路，并有 2500km 高速公路在建，到 1996 年德国的联邦高速公路长度达 11 190km，占公路总里程的 4.89%。

美国是世界上高速公路最发达的国家之一，高速公路总长于 1995 年达到了 8.85 万 km，占美国公路总里程的 1.42%，占全世界高速公路总里程的 45% 以上。1937 年，美国在加利福尼亚州建成第一条 11.2km 长的高速公路。至 1993 年已建成州际高速公路系统 70 642km，其中免费公路 66 815km，收费公路 3827km，升级公路 2722km，加上州际高速公路系统以外的部分，高速公路里程超过 8.5 万 km。鉴于目前公路总量已经满足交通运输及国民经济发展的需要，1992 年美国国会通过法案，明确指出今后 30 年公路建设的重点是完善公路与航空、铁路及水运各种交通运输方式之间的联运，加强对现有公路的养护工作，不断提高高速公路管理水平，降低交通事故，减少空气及噪声污染，公路建设与运营走上了一个新的台阶。

日本是世界上公路密度最高的国家之一，面积密度约 3km/km^2。1997 年，日本高速公路总长达 5860km，占公路总长的 0.5%，却承担了公路运输总量的 25.6%。日本高速公路建设起步较晚，高速公路建设开始于第二次世界大战后，尽管当时日本正处于战后恢复期，但仍于 1957 年正式批准并实施建设 7 条纵贯国土、总长 3700km 的高速公路。1966 年，日本又制订了新的高速公路修建计划，提出：至 2000 年建设 32 条、总长 7600km 的高速公路。使日本全国 1h 可到达高速公路的地区占 70%；2h 可到达高速公路的地区占 90%。到 20 世纪 80 年代后期，这一计划已建和在建项目超过计划的 2/3。于是在 1987 年又提出了到 2015 年建设 14 000km 高标准干线公路的目标，其中国家干线高速公路在原 7600km 的基础上再增加 3920km，达到 11 520km，其中 2480km 为一般国道汽车专用公路，从而加强 10 万人以上地方中心城市的联系；强化东京、名古屋、阪神三大城市环行和绕行高速公路；加强重要港口、机场等客、货源集中地的连接；在全日本形成从城市、农村各地 1h 可到达高速公路的干线网络；该计划正在实施中，至 1998 年日本的高速公路里程已达 6114km，主要的干线公路已基本完成高速化。

3. 我国高速公路的发展

公路的发展与社会经济的发展是互动的，社会的发展、经济的腾飞必须要有完备的交通运输作为基础，而交通运输的进一步发展，又依赖于经济的支持和促进。高速公路在这方面体现得更加明显。改革开放以后，我国的工农业生产迅速发展，客流和货流量大幅度上升，汽车保有量以每年 14% 的速度增长，摩托车和小型拖拉机的增长速度更快，打开国门后的中国，车况也在迅速改变。原有公路状况不适应经济发展的矛盾日益突出。面对这种形势，各级公路主管部门采取措施，对部分干线公路进行了加宽和提高等级的改造，修建了一批一级公路，如南京至六合公路、沈阳至抚顺公路、天津至塘沽疏港公路等。这些公路开创了我国进行高等级公路建设的先河，可是这些公路无法解决混合交通及平面交叉口的问题，虽然其断面宽度已达 23～29m，但通行能力仅为四车道高速公路的 1/5。当时的这些现实都证明：高速公路的修建势在必行。

在这种形势下，20 世纪 70 年代后期，经有关领导和专家的提议，开始了我国高速公路建设的规划设想，并派团考察了国外高速公路。1983 年，交通部确定了我国首批建设的高速公路项目，其中有京津塘、广深珠、沪嘉、沈大等高速公路。

1984 年 12 月破土动工、1988 年 10 月建成通车的沪嘉高速公路，是我国内地第一条建成通车的高速公路。虽然沪嘉高速公路仅长 20km，就高速公路所能发挥的效益而言，沪嘉高速公路的影响是有限的，但它打破了中国内地高速公路零的记录，不仅在象征意义上，而且在设计、施工技术经验积累上对我国的高速公路建设都具有重要意义。几乎同时，1984 年 6 月 27 日动工，长 375km 的沈大高速公路部分路段，也相继通车，并于 1990 年全线通车，沈（阳）大（连）高速公路通车预示着我国高速公路建设时期的真正到来。

1994 年，公路建设工作提出了"统一规划、条块结合、分层负责、联合建设"的工作方针，高速公路的建设步入了一个新的发展阶段。至当年底，高速公路里程达到 1603km。

1998 年，中央采取的积极财政政策，不断加大交通基础设施的投资，并以此作为拉动全社会经济的重要手段。1998～2000 年，全社会对公路建设投资计划每年为 1800 亿元，1998 年、1999 年每年实际完成投资均超过 2000 亿元。事实证明，公路建设对我国国民经济的增长起到了重要的拉动作用。

2001 年，我国高速公路建设取得新的突破。全年新增通车里程 3152km，使全国高速公路总里程达 19 437km，跃居世界第二位。青海和内蒙古分别有 26km 和 151km 高速公路建成通车。此外，我国台湾的南北高速公路于 1968 年开始可行性研究，1970 年动工，1978 年 10 月竣工，历时近 10 年。该路自台湾高雄起，经台南、台中、台北到基隆止，全长 373.4km。南北高速公路设计车速平原区为 120km/h，丘陵区为 100km/h，全线按美国 AASHTO 及加利福尼亚州公路设计标准设计施工。这样，全国除西藏外，其他省、自治区、直辖市均通了高速公路。河南全年新增高速公路 569km，通车里程超过了 1000km，使全国高速公路里程突破 1000km 的省上升到了 7 个。以"五纵七横"国道主干线为重点的国家公路主骨架建设步伐加快。到 2001 年底全国共建成国道主干线 21 576km，占规划里程的 62.6%，其中高速公路 13 533km。预计"五纵七横"将提前于 2010 年完成。在国道主干线建设中，继全长 658km 的京沈和全长 1262km 的京沪高速公路建成通车之后，2001 年全长 1709km 的西南公路出海通道又顺利贯通，标志着国道主干线中"三个重要路段"的基本建成，所有"两纵两横三个重要路段"在 2002 年已完成。从高速公路发展的历史看，中国高速公路仅用了 10 多年时间就走过了发达国家一般需要 40 年才能走完的里程。

图 5.3 是我国高速公路发展示意图。

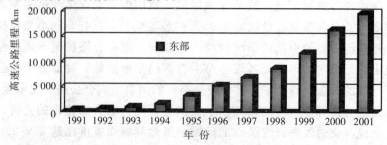

图 5.3　我国高速公路发展示意图

5.3.2 高速公路的特点、效益和意义

1. 高速公路的特点

高速公路在全世界的飞速发展是有其自身原因的。公路运输本身具有机动灵活、适应性强、"门对门"服务、量大面广等特点，但普通公路也存在线形标准低、路面质量不高、车速低、混合交通相互干扰大、开放式管理造成侧向行人与非机动车等干扰、事故多、安全性差等缺点，而高速公路与普通公路相比既有像设计指标这样量上的区别，又有像管理这样质上的区别。高速公路在设施与管理上的不同，使高速公路运输具有以下突出的优点：

(1) 行车速度高、通行能力大

高速公路除特殊困难地形外，设计车速均在 80km/h 以上，而且由于全封闭、全立交，车辆实际运行车速得到了很好的保证，车辆通常都能连续、高速地行驶。

车速的提高带来了通行能力的提高。1986 年，美国洲际高速公路占公路总里程的 1.2%，承担了 21.3% 的公路交通量；在联邦德国，高速公路比例为 1.73%，却承担了 37% 的公路总运量；英国高速公路比例为 0.81%，承担了 30% 的公路总运量；我国台湾一条占公路里程 1.92% 的高速公路，承担了全省 50% 的公路运量。同时，通行能力的提高也使路网的服务水平大大提高。

(2) 交通事故降低，安全性较好

高速公路全封闭的管理和路线现行标准的提高，使车辆排除了交叉口和横向的干扰，行车的安全性大大提高。据有关资料表明：欧美国家高速公路事故率、死亡人数和事故费用分别为普通公路的 1/3、1/2 和 1/4。日本普通公路交通事故每亿车公里为 1195 起，高速公路为 27 起，普通公路事故率是高速公路的 7.2 倍。同时，监控和紧急电话等设施也可大大减少事故的人员死亡数量和受伤程度。

(3) 运输效益提高

由于运营车速提高，行程时间缩短。同时，单位车公里油耗及机械损耗也明显减少，使运输成本降低，效益大大提高。据有关资料统计，高速公路每车公里的油耗和运费比普通公路可分别降低 25% 和 53%。

当然，高速公路修建也有其存在的问题，如：

1) 投资大，造价高。高速公路建设初期投资很大，我国高速公路平均造价超过 1500万元/km，造价高的地区甚至超过 5000 万元/km，对我国这样一个发展中国家，这是一个不小的数字。

2) 对环境影响大。高速公路路基宽、占地大，对原有自然环境改变很大，会引起地形、植被、水系、地基荷载等方面的破坏。高速公路的修建对原有居民的生活区域也会产生不利影响。另外，噪声和废气的污染也是不可避免的。这些不利影响应克服或减少到最小程度。

2. 高速公路的效益和意义

高速公路的效益不仅局限于公路运输本身，高速公路的建设对所在地区乃至整个

国家的国民经济会产生深远的影响。

（1）良好的投资效益

目前，高速公路建设已摆脱了国家拨款的单一筹资方式，国家投资与国内外银行贷款成了主要的筹资方式，因此，必须考虑资金回收。由于我国国民经济持续、稳定地发展，必然存在对公路与运输的客观需求，这就使通过收费回收投资有了根本保证。

（2）对国民经济发展的促进作用

高速公路的建设需要投入大量的资金，同时要消耗许多原材料，如钢铁、水泥、木材、石料、沥青等，大规模的建设将带动这些相关产业和劳动力市场的发展，从而促进经济发展。

（3）带动沿线地方社会和经济发展

高速公路发展使一些原本由于交通不便、经济落后的地区大大增强了与外界的联系，使这些地方的物资、劳动力及旅游资源被开发出来，也将发达地区的资金、技术、人才带到这些地区，从而促进落后地区的经济发展。据日本 1983 年对一些主导产业中的自动装置、量测元件、数控设备、电子计算机、集成电路、新陶瓷六个行业的 461 个厂家调查，由于高速公路的建成，其原材料和零件有 92% 是汽车运输，成品运出 94% 是靠汽车。又如，法国巴黎到里昂高速公路建成后，沿线出现了许多新的集镇，为带动就业和扩大市场提供了条件。

（4）有利于城市人口的分散和卫星城镇的开发

目前，我国的许多大、特大城市布局过于集中、庞大，造成人口密集、居住拥挤、交通阻塞、环境污染、生活供应紧张等弊端。未来的现代化城市较为合理的布局应该是一个核心、多个中心的结构，要使这样的结构成立，核心与各中心，以及各个中心之间的快速交通在很大程度上就依赖于高速公路。

修建高速公路后，使大城市和乡村的时间距离大大缩短，有利于大城市中的工业和人口向郊区及附近的中小城市分散，从而缓和大城市压力，同时又促进了乡村地区的经济发展。

（5）有利于国防

高速公路的建设对战时集中或疏散物资和人员、快速反应调动部队和军事装备也起着重要的作用。

例如，第二次世界大战时，德国为了适应摩托化部队的快速调集，当时就修建了 3860km 的高速公路，并以此作为飞机起飞的临时跑道。美国的州际和国防高速公路网连接了 48 个州的首府，并与加拿大、墨西哥相连。这些公路战时可通过特大军事装备，有的路段可作重型飞机机场跑道，个别路段附近设置安全区并有专用路线与之连接。这些都适应了现代战争紧急集中和疏散的需求。日本称高速公路为"对国家兴亡关系重大的道路"，已经形成了以东京为中心的全国高速公路网，能在 30s 内将城市人口疏散，在 2h 内通过高速公路到达全国主要城市，由此可见高速公路在国防和军事上的重要作用。

5.4 铁道工程概述

5.4.1 引言

在人们以马车作为代步和载货工具的年代，雨天时地面泥泞，车轮很容易陷入轮沟中。因此，人们就想到在地面铺上木板，让车轮好行驶。后来又为了使木板道能长久使用，就在木板上铺上铁板，这就是铁轨的开始。

到了 19 世纪初，随着世界产业革命和生产发展的需要，以及科学技术的进步，英国于 1825 年在大林顿到斯托克顿之间修建了长 21km 的世界第一条铁路，此后，比较发达的欧美资本主义国家竞相效仿，掀起了世界铁路建设的高潮。至 20 世纪初，世界铁路通车里程已达 110 万 km 以上，成为陆上交通的重要支柱。

我国铁路工程的知识是自 19 世纪中叶由西方传教士逐渐介绍过来的。1879 年，李鸿章为了将唐山开平的煤运往天津，奏请修建唐山到北塘铁路，遭到顽固王公大臣的反对，他们认为"火车烟伤禾稼""震动寝陵"，铁路"为祖宗所未创，应当予以停止"。后于 1881 年，清政府决定将铁路缩短，仅修建唐山至胥庄一段 10km，并用骡马牵引。一般认为，这是我国第一条正式投入运输的铁路，称为唐胥铁路，采用 4 英尺 8.5 英寸（1435mm）轨距以后相沿成为我国的标准轨距。此后，帝国主义列强为了掠夺中国资源的需要，竞相在中国争夺筑路权，在多种不平等条约中，占有在中国某些特定地区的筑路权成为条约的重要内容。一时主权沦丧，路权尽失，所有铁路几乎全被外国人把持，国人自强图存收回路权的呼声日益高涨，最著名的是四川的保路运动，这一运动触发了辛亥革命，推翻了清王朝，结束了我国 2000 多年的封建统治。

旧中国的铁路建设多数被外国人把持，少数为国人自建。到 1949 年解放前夕，如将通过车的铁路都计算在内，全国铁路营业里程为 21 810km（不包括台湾铁路在内），实际当时能勉强维持通车的铁路仅为 11 000km。

中华人民共和国成立后，百废俱兴，也带来了铁路建设事业的发展。新中国成立后的第一项大型基本建设就是成渝线的建成通车，使四川人民 40 多年的梦想在两年内得以实现。此后，我国铁路的建设事业走向了蓬勃发展的道路。但我国幅员辽阔，人口众多，铁路营业里程仅为 7 万 km。按每 100km^2 计有铁路为 0.57km，约居世界第 60 位；按 1 万人计约有铁路为 0.5km，约居世界第 100 位。铁路密度远远滞后于国民经济的发展。即使按近期我国铁路规划的总体布局，中国铁路至少也要达到 12 万 km 才能满足国民经济发展的要求。因此，中国铁路建设的任务远远未完成，铁路运输不论在目前还是在可以预见的未来，都是我国统一运输体系的骨干和中坚，都是发展国民经济的主动脉。

铁路运输的主要优点：巨大的运送能力；廉价的大宗运输，较少受气象、季节等自然条件的影响，能保证运行的经常性和持续性；计划性强，比较安全、准时；运输总成本中固定费用所占的比重大（一般占 60%），收益随运输业务量的增加而增长。

铁路运输的缺点：始建投资大，建设时间长，始发与终到作业时间长，不利运距较短的运输业务；受轨道限制，灵活性较差，必须有其他方式为其集散客货；大量资金、物质用于建筑工程，如路基、站场等，一旦停止营运，不易转让或回收，损失较大。

5.4.2 当前世界铁路的发展方向

1. 旅客运输

（1）铁路旅客运输重新受到各国政府的重视

铁路已有 170 多年的历史，它具有诸多的优势，铁路发展大潮促进了现代经济的发展，凡经历此大潮的国家都成为当今的发达国家。第二次世界大战后，一些国家把交通运输重点转向了公路和民航，但其成功的背后也带来了诸多负面影响。环境恶化；公路拥挤不堪，甚至严重堵塞，事故频繁；城市尤其是大城市，市区遍地高架，处处立交，汽车仍不能畅行，在大通道上平行的公路，高速公路一条又一条，仍不能满足运输的需求。这些使人们不得不重新正视铁路运输的优越性，把发展交通运输，尤其是发展城市及市郊旅客运输，大通道上的客货运输再度转向了铁路。发展铁路运输重新受到各国政府的重视。

（2）大力提高旅客列车的速度已是共同的趋势

速度是交通运输，尤其是旅客运输最重要的技术指标，也是主要的质量指标。自有铁路以来，人们就致力于列车速度的不断提高，在发展高速铁路的同时，各个国家都在大幅度地提高列车速度。早在 1987 年，就有 15 个国家的特、直快列车的旅行速度达到和超过 120km/h。在欧洲大陆，非高速线上特、直快列车的运营速度达到 160km/h 已很平常。提高旅客列车速度是当前各国铁路旅客运输发展的一大趋势。

2. 货物运输

铁路货物运输普遍采用重载技术，从 20 世纪 60 年代开始，被世界上越来越多的国家广泛重视。30 多年来一些国家依靠科技进步，重新履行和研究采用先进的技术设备使重载铁路技术装备总体水平有了较大提高。近年来，加拿大太平洋铁路开创了微机控制列车操纵，运用自导型转向架的新技术，使重载单元列车步入了新的一代。实践证明，重载运输是提高运输效率、扩大运输能力、加快货物输送和降低运输成本的有效方法。

重载列车所能达到的重量，在一定程度上仅反映了一个国家铁路重载运输技术综合发展的水平。目前，不同国家之间重载列车存在着较大的差异，基本上都是根据各自的铁路机车车辆、线路条件和运输实际需要确定列车重量标准。世界各国都在积极研究采用新型大功率机车增加轮周牵引力；装设机车多机同步牵引遥控和通信联络操纵系统，提高车辆轴重减轻自重，采用刚性结构，增加载重量；装设性能可靠的制动装置以及高强度车钩和大容量缓冲器。在改造既有线或修建重载专线中采用新型轨道基础，铺设重型钢轨无缝线路，强化线路结构提高承载力。对车站站场线路轨道进行相应的改造和延长。选用先进的通信信号设备，在运营中实现管理自动化，货物装卸机械化和行车调度指挥自动化等。

5.4.3 铁路线路与轨道

铁路线路是机车车辆和列车运行的基础。铁路线路是由路基、桥涵、隧道等建筑物和轨道（包括钢轨、连接零件、轨枕、道床、防爬设备和道岔等）组成的一个整体工程结构。

1. 铁路主要技术标准

铁路主要技术标准包括铁路等级、正线数目、限制坡度、最小曲线半径、牵引种类、机车类型、机车交路、车站分布、到发线有效长等。这些标准是确定铁路运输能力大小的决定因素，不仅对设计线的工程造价和运营质量有重大影响，而且是确定设计线一系列工程标准和设备类型的依据，所以称为铁路主要技术标准。

铁路等级是铁路的基本标准。其他各项标准的确定都与铁路等级有关。我国《铁路线路设计规范》（GBJ90－85）中规定，铁路的等级应根据它们在铁路网中的作用、性质和承担的远期年货运量确定。我国铁路共划分为三个等级，如表 5.3 表示。

表 5.3　铁路等级和主要技术标准

等　级	路网中作用	远期年客货运量/GN	最高行车速度/（km/h）	限制坡度/‰		最小平曲线半径/m	
				一般地段	困难地段	一般地段	困难地段
Ⅰ	骨干	≥150	120	6	12	1000	400（350）
Ⅱ	骨干	<150	100	12	15	800	350（300）
Ⅲ	联络、辅助	≥75					
	地区性	<75	80	15	20	600	300（250）

2. 路基

路基是铁路线路承受轨道和列车荷载的基础结构物。按地形条件及线路平面和纵断面设计要求，路基横断面可以修成路堤、路堑和半路堑三种基本形式，如图 5.4 所示。

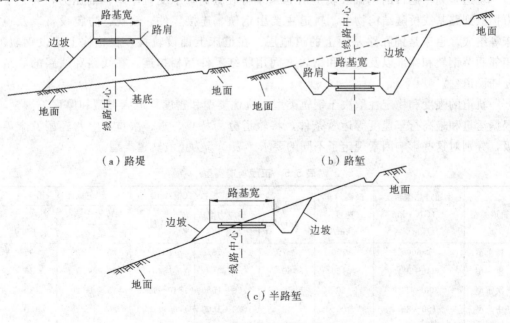

（a）路堤　　　　　　　　　　　（b）路堑

（c）半路堑

图 5.4　路基的基本形式

路基顶面的宽度，根据铁路等级、轨道类型、道床标准、路肩宽度和线路间距等因素确定。区间直线路段上的路面宽度数值如表5.4所示。

表5.4　区间直线地段路基面宽度（单位：m）

铁路等级	轨道类型	单线						双线				
		非渗水土			岩石、渗水土			非渗水土			岩石、渗水土	
		道床厚度	路堤路基面宽度	路堑路基面宽度	道床厚度	路堤路基面宽度	路堑路基面宽度	道床厚度	路堤路基面宽度	路堑路基面宽度	道床厚度	路堤路基
I级	特重型	0.5	7.0	6.7	0.35	6.1	5.7	0.5	11.1	10.7	0.35	
	重型	0.5	2.9	2.6	0.35	6.0	5.6	0.5	11.0	10.6	0.35	
	次重型	0.45	6.7	6.4	0.3	5.8	5.4	0.45	4.8	4.4	0.3	
II级	次重型	0.45	6.7	6.4	0.3	5.8	5.4	0.45	4.8	4.4	0.3	
	中型	0.4	6.5	6.2	0.3	5.8	5.4	0.4	4.6	4.2	0.3	
III级	轻型	0.35	5.6	5.6	0.25	4.9	4.9	—	—	—	—	

注：双线线距4m，路肩宽I、II级铁路0.6m，III级铁路0.4m。

路基面的形状有路拱和无路拱两种。非渗水的路基面往往做成不同形式的路拱，以便排水。为保证路基的整体稳定性，路堤和路堑的边坡都应根据有关规定筑成一定的坡度。

为了消除或减轻地面水和地下水对路基的危害作用，使路基处于干燥状态，必须采用地面和地下排水措施，将降落或渗入路基范围的地面或地下水，拦截、汇集、引导和排离出路基范围外。这些排水设施有侧沟、排水沟、截水沟、渗（暗）沟等。

3. 轨道

轨道是列车运行的基础。轨道引导列车行驶方向，承受机车车辆的压力，并把压力扩散到路基或桥隧结构物上。轨道主要由钢轨、连接零件、轨枕、防爬设备以及道床等组成。道床是铺在路基面上的道碴层。在道床上铺设轨枕，在轨枕上架设钢轨。相邻两节钢轨和端部以及钢轨和钢轨之间用联结零件互相扣连。在线路和线路的联结处铺设道岔。

轨道的强度和稳定性取决于钢轨类型、轨枕类型和密度、道床类型和厚度等因素。根据运量和最高行车速度等运营条件，将轨道分为特重、重、次重、中和轻型五个等级，分别对这些影响因素规定了不同的要求。表5.5为正线轨道类型。

表5.5　正线轨道类型

轨道类型	年通过总重密度/（GN·km/km）	最高行车速度/（km/h）	钢轨/（km/h）	轨枕根数/（根/km）		道床厚度/cm		
				预应力混凝土枕	木枕	非渗水土路基		岩石、渗水土路基
						面层	垫层	
特重型	＞600	≥120	≥70	1840~1670	1840	30	20	35
重型	600~300	≥120	60	1760	1840	30	20	35
次重型	300~150	120	50	1760~1680	1840~1760	25	20	30
中型	150~80	100	43	1680~1600	1760~1600	20	20	30
轻型	＜80	80	43、38	1600~1520	1600	20	15	25

钢轨要支撑和引导机车车辆，钢轨必须具有足够的刚度，以抵抗动轮作用下的弹性挠曲变形，并具有一定的韧度，以减轻动轮的冲击作用，不致产生折断。此外，钢轨还应具有足够的硬度，以抵抗车轮的压陷和磨损。

我国生产的标准钢轨有 70kg/m、60kg/m、50kg/m、43kg/m 等数种。标准长度为 25m 和 12.5m。钢轨连续铺设时，相邻钢轨间应留有轨缝，以适应温度变化时的胀缩。

钢轨是用联结零件固定在轨枕（木枕或钢筋混凝土枕）上的。两根钢轨头部内侧间与轨道中心线相垂直的距离称为轨距。我国绝大多数线路轨距为 1435mm，称为标准轨距。

道岔是铁路线路和线路间连接和交叉设备的总称，其作用为使机车由一条线路转向另一条线路，或者越过与其相交的另一条线路。最常用的道岔是普通单开道岔。它由转辙器、转辙机械、辙叉、连接部分和岔枕组成。除单开道岔外，还有三开、交分道岔等。

5.5 高 速 铁 路

速度是交通运输，尤其是旅客运输最重要的技术指标，也是主要的质量指标。我国铁路实现现代化的重要标志之一也是在大幅度地提高列车的运行速度。发达国家于 20 世纪 60~70 年代，逐步发展起高速铁路，用于城市与城市间的运输。

铁路速度可分为：速度 100~120km/h 称为常速；速度 120~160km/h 称为中速；速度 160~200km/h 称为准高速或快速；速度 200~400km/h 称为高速；速度400km/h 以上称为特高速。

为适应旅客运输高速化的需要，日本率先建成了时速 210km 的东海道新干线。在世界范围内掀起了修建高速铁路的浪潮。短短 30 余年间，世界已有日本、法国、德国、俄罗斯、瑞典、西班牙等国家新建和改建的高速铁路近 10 000km，最高时速已由 210km 提高到 300km。

归纳起来，当今世界上建设高速铁路有下列几种模式。

1）日本新干线模式。全部修建新线，旅客列车专用。

2）德国 ICE 模式。全部修建新线，旅客列车及货物列车混用。

3）英国 APT 模式。即不修建新线，也不大量改造旧线，主要采用由摆式车体的车辆组成的动车组；旅客列车及货物列车混用。

4）法国 TGV 模式。部分修建新线，部分旧线改造，旅客列车专用。

我国高速铁路的基本思想是：修建符合高速运行需要的高速客运专线和研制能作高速运行的机车车辆。高速铁路的实现为城市之间的快速交通往来和旅客出行提供了极大方便。同时也对铁路选线与设计等提出了更高的要求，如曲线最小半径加大到 2500m 甚至 7000m 以上，复线两中心线间距离由现有 4.0m 加大到 4.5~5.0m。列车牵引功率提高到 1500~2000kW/t，机车车辆临界速度超过 1.2 倍最高运行速度，而且具有很高的运行平稳性和脱轨安全性。还有铁路沿线的信号与通信自动化管理，铁路车辆的减震和隔声要求，对路线平、纵断面的改造，加强轨道结构，改善轨道的平顺性和养护技术等。

高速铁路线路应能保证列车按规定的最高车速、安全、平稳和不间断地运行。铁路曲线是决定行车速度的关键之一。在现有铁路上提速首先遇到的限制即是曲线限速问题。例如我国速度为 160km/h 的铁路曲线半径一般为 2000m；法国速度达 300km/h 的铁路曲线半径为 4000m。一般来说，各国对铁路曲线都有各自的标准和规范。在高速铁路上，随着列车运行速度的提高，要求线路的建筑标准也越高，如最小曲线半径、缓和曲线、外轨超高等线路平面标准；最大坡度和竖曲线等线路纵断面标准以及高速行车对线路构造、道岔等的特定要求。

另外，高速列车的牵引动力是实现高速行车的重要关键技术之一。它又涉及许多新技术，如新型动力装置与传动装置；牵引动力的配置已不能局限于传统机车的牵引方式，而要采用分散而又相对集中的动车组方式；新的列车制动技术；高速电力牵引时的受电技术；适应高速行车要求的车体及行走部分的结构以及减少空气阻力的新外形设计等。这些均是发展高速牵引动力必须解决的具体技术问题。

我国自 20 世纪 90 年代开始在常规铁路路基上进行了列车提速试验，并先在华东地区铁路、京沪铁路实施，列车速度高达 150～160km/h。从速度 160km/h 起步的主要原因如下：

1）技术上的条件。160km/h 是准高速的起点，是通向 200km/h 及其以上高速的桥梁，也是传统技术延伸与新技术发展的过渡点。

2）经济上的条件。在既有线路上进行适当的技术改造，即可达到速度 160km/h 的要求，比一开始实现速度 200km/h 以上高速的投资要少得多。

广州到深圳之间已开通了速度达 180～200km/h 的准高速铁路。

5.6 城市轨道及其他

社会与经济发展的同时，运输技术也在不断发展。19 世纪时，铁路是中长距离出行的主要工具，到了 20 世纪 30 年代，铁路在很多地区在很大程度上被汽车和航空取代了。人类为克服交通堵塞，环境污染等"城市病"而加快发展以城市轨道交通为骨干的城市客运公共交通，已成为人们的共识。城市轨道交通的特点是快捷、安全、准时、容量大、能耗低、污染轻。为了建设生态型城市，应把摊大饼式的城市发展模式改变为伸开的手掌形模式。因为城市呈伸开的手掌状发展，就可能使市区外围与绿地、树林等疏密相间。手掌状城市发展的骨架就是城市轨道交通。城市轨道交通是对环境友好的"绿色交通"。

高频率发车、低候车时间是城市轨道交通与城市间铁路（干线铁路）在运营方式上的最大区别。城市轨道交通按运量大小可分为城市快速铁路、地铁和轻轨三大类。城市快速铁路连接城市郊区与中心区，在郊区采取全立交的地面或高架方式，进入市中心区后钻入地下。由于城市快速铁路速度快、运量大、站间距离长、运价比较低，它将成为生态型城市轨道交通中的"主力军"。地铁在大城市中心区具有独特的优势，人们可以不受高楼林立、车辆拥堵的阻隔，实现快速流动。

5.6.1 城市地下铁道的发展

城市轨道公共交通的雏形是轨道公共马车，如图5.5所示。

1863年，世界上第一条用蒸汽机车牵引的地下铁道线路在英国伦敦建成通车，至今已有130多年的历史。由于列车在地下隧道内运行，尽管隧道里烟雾熏人，但当时的伦敦市民甚至皇亲显贵们都乐于乘坐这种地下列车，因为在拥挤不堪的伦敦地面街道上乘坐公共马车，其条件和速度还不如地铁列车。

世界第一条地下铁道的诞生，为人口密集的大都市如何发展公共交通取得了宝贵的经验；特别是到1879年电力驱动机车的研究成功，使地下客运环境和服务条件得到了空前的改善，地铁建设显示出强大的生命力。从此以后，世界上一些著名的大都市相继建造地下铁道。自1863~1899年，有英国的伦敦和格拉斯哥、美国的纽约和波士顿、匈牙利的布达佩斯、奥地利的维也纳以及法国的巴黎共5个国家的7座城市率先建成了地下铁道。图5.6为纽约早期地铁隧道面貌。图5.7为巴黎地铁车站概貌。图5.8为柏林地铁车站。图5.9为马德里的地铁车站和车辆。

图5.5　1902年柏林轨道公共马车

图5.6　纽约早期地铁隧道面貌

图 5.7　巴黎地铁车站概貌

图 5.8　柏林地铁车站

图 5.9　马德里的地铁车站和车辆

　　1925～1949 年，其间经历了第二次世界大战，各国都着眼于自身的安危，地铁建设处于低潮，但仍有日本的东京、大阪，前苏联的莫斯科等少数城市在此期间修建了地铁。

1996 年，东京地铁已拥有 12 条地铁线路，线路总长度约 237km，共设置车站 196 座，车辆保有总数约 2450 辆，年客运总量已突破 25 亿人次，是当今世界上地铁客运量最大的城市之一。

1932 年，莫斯科的第一条地铁开始动工，线路全长约 11.6km，共设置车站 13 座，到 1935 年 5 月建成通车运营。建设速度之快，在当时是空前的。以后莫斯科的地铁建设就一直没有中断过，即使在第二次世界大战期间也没有停顿。发展至今，莫斯科已拥有地铁线路 9 条，线路总长度约 244km，地铁车站总数为 150 座。莫斯科地铁系统的建筑风格和客运效率是举世闻名的，每个车站都是由著名的建筑师设计，并配有许多雕塑作品，艺术水平较高，使旅行者有身临宫殿之感，而所有地铁终点站都与公共汽车、无轨电车和轻轨系统相衔接，有几个车站还与铁路火车站相连接，为旅客提供了方便的换乘条件。

中国的北京，第 1 条地铁于 1969 年 10 月建成通车，线路长度为 23.6km；第 2 条环线又于 1984 年 9 月建成通车，全长 19.9km。截至 1992 年 10 月西单站建成通车，北京保持正常运营的地铁线路共长 43.5km，年客运量已突破 5 亿人次，与建成初期（1971 年）的年客运量 828 万人次相比，运量增长已超过了 65 倍，其客运量占全市公共交通总运量的比重已由当初的 8％增长到 15％强。2000 年 6 月 28 日，复八线全线贯通并投入运营，至此北京地铁线路总长达 55.5km，设车站 41 座，保有车辆总数近 600 辆。复八线投入运营后，地铁客运量增加了 8％。这样的增长态势是任何其他交通工具所无法比拟的。这说明城市客运交通的需求量很大，发展大、中客运量的轨道交通系统显然是我国大城市交通走出困境的必由之路。图 5.10 为北京地铁车站概貌。

图 5.10　北京地铁车站概貌

中国的上海，地铁 1 号线工程于 1995 年 5 月建成通车，线路总长为 21km，年客运总量约 3.6 亿人次，约占上海市公交客运总量的 8％，为上海市发展大运量快速客运交通开创了先例。上海地铁 2 号线一期工程于 2000 年 5 月正式建成通车。该线全长 19km，设有 13 座车站和一个停车场。图 5.11 为上海地铁列车概貌。

图 5.11   上海地铁列车概貌

从上述世界地铁建设发展概况可以看出，在 20 世纪 50 年代至 90 年代之间，世界范围内的城市地下铁道有了迅速发展。其主要原因：一是在第二次世界大战后以和平和发展为主流的年代里，亚洲、拉丁美洲、东欧的城市化进程加快，数百万人口的城市不断增加；二是发达国家中的小汽车激增与城市街道有限通行能力之间的矛盾日益突出，空气严重污染，使这些城市都面临着如何在较长的距离内，以最有效而快速的方式来输送大量乘客的问题。实践证明，只有通过建造地下铁道系统，才能解决这一难题。据统计，目前世界上已有 40 多个国家和地区的 127 座城市都建造了地下铁道，累计地铁线路总长度为 5263.9km，年客运总量约为 230 亿人次。

5.6.2   轻轨交通

1. 轻轨交通的发展

轻轨交通是一种中等运量的城市轨道交通客运系统，它的客运量在地铁与公共汽车之间。轻轨可分为两类：一类为车型和轨道结构类似地铁，运量比地铁略小的轻轨交通称为准地铁；另一类为运量比公共汽车略大，在地面行驶，路权可以共用的新型有轨电车。它是在传统的有轨电车基础上发展起来的新型快速轨道交通系统，由于其造价低、无污染、乘坐舒适、建设周期较短而被许多国家的大、中城市所接受，近年来得到不断发展和推广。

有轨电车已有 100 多年的历史。在 1881 年德国柏林工业博览会期间，展示了一列 3 辆电车编组的小功率有轨电车，只能乘坐 6 人，在 400m 长的轨道上往返运行。这是世界上第一辆有轨电车，它给世人提供了富有创意的启示。

世界上第一个投入商业运行的有轨电车系统是 1888 年美国弗吉尼亚州的里磁门德市。

此后，有轨电车系统发展很快，在 20 世纪 20 年代，美国的有轨电车线总长达 25 000km。到 30 年代，欧洲、日本、印度和我国的有轨电车有了很大发展。1908 年，我国第一条有轨电车在上海建成通车，到 1909 年大连也建成了有轨电车，在随后的年代里，我国的北京、天津、沈阳、哈尔滨、长春、鞍山等城市都相继修建了有轨电车，在当时我国城市的公共交通中发挥了骨干作用。但旧式有轨电车行驶在城市道路中间，与其他车辆混合运行，又受路口红绿灯的控制，运行速度很慢，正点率低，而且噪声大，加、减速性能较差，但仍不失为居民出行的便捷交通工具。

随着汽车工业的迅速发展，西方国家的私人小汽车数量急剧增长，大量的汽车涌上街头，城市道路面积明显不够用，于是导致世界上各大城市都纷纷拆除有轨电车线路。这阵风也波及我国，到 50 年代末，我国有关的大城市已把有轨电车拆除得所剩无几，仅剩下长春、大连和鞍山三座城市的有轨电车没有拆光，并一直保留至今，继续承担着正常的公共客运任务。

新型有轨电车之所以被国际上许多城市所接受，除了其造价较低，客运量适中外，还有以下主要特点：

1）新型有轨电车是以钢轮和钢轨为走行系统的交通方式，其车辆的牵引动力为电力，可以是直流传动、交流传动或线性电机传动等。

经过对世界各国现代有轨电车的调查研究，结合我国城市交通的具体情况，为适应各大城市不同运量的运输需要，新型有轨电车基本可以为四轴车铰接车、六轴单铰接车（图 5.12）以及八轴双铰接车（图 5.13）三种基本类型。

图 5.12　六轴单铰接式新型有轨电车

图 5.13　八轴双铰接式新型有轨电车

2）作为中等运量公共交通客运方式的新型有轨电车，其单向高峰小时输送旅客能力为 10 000～30 000 人次，介于地铁和公共汽车的客运能力之间，对中等城市组成公交骨干线路，大城市作为公交辅助线路是一种比较经济的客运方式。

3）新型有轨电车的线路可以为地面、地下和高架。铺设在地面上的轨道，根据道路条件可分三种情况：一是混合车道；二是半封闭式的专用道；三是全封闭专用车道，在新建有轨交通工程中，主要采用后两种专用道。

4) 新型有轨电车的车站设施一般比较简单，在地面车站上主要建筑就是装有风雨棚的站台。站台高度与车厢地板面相当，有利于乘客上下，减少停站时间。

5) 对环境影响小。由于新型有轨电车是以电为动力，对环境无污染，若线路布局得当，还将能塑造出一种有现代化明快气息的新景观。

6) 行车安全有保障。现代有轨交通系统通常都要考虑行车指挥系统和信号装置，以保证行车安全，如果运行速度高，行车密度大，还要设置自动闭塞信号系统。

鉴于上述主要特点，新型有轨电车在世界各城市公共交通领域中都占有重要地位。尽管西方城市的私人小汽车拥有量还在不断增加，但发展新型有轨电车仍然是一项重点。

2. 我国城市轻轨建设展望

(1) 我国的有利条件

1) 轻轨交通造价低廉，符合我国国情。我国现行轨道交通中：造价较高的地铁为每公里 6 亿~8 亿元人民币，而已建、在建、拟建的轻轨铁路的每公里造价为 1.5 亿~3.5 亿元人民币，仅为地铁造价的 1/4~1/2。例如，属轻轨交通性质的上海轨道交通 3 号线和北京轨道交通 13 号线（西直门—东直门城市铁路）。前者造价每公里 3.4 亿元人民币，约为上海地铁 1 号线造价的 1/2；后者造价每公里 1.5 亿元人民币，仅为北京地铁复八线造价的 1/4。昆明轻轨交通 1 号线预计为每公里 1.69 亿元人民币，仅为广州地铁 1 号线造价的 1/4。目前，我国大中城市的建设资金普遍不足，轻轨铁路相对较低的造价为我国城市轻轨交通大发展提供了可能。

2) 我国的有轨电车线路和铁路枢纽线路可以改造为轻轨铁路。我国的鞍山、大连、长春等城市还保留着有轨电车线路，可将其改造为轻轨铁路。同时还有 29 个大型铁路枢纽，可以将其中运输不太繁忙的线路改造为轻轨铁路，为城市交通服务。

3) 我国大中城市现代化改造为发展轻轨交通创造良机。以中心城市为核心，发展分散组团式的城市布局规划已成趋势。为此，不仅需要解决中心城的交通问题，还要解决中心城与边缘集团及卫星城间、卫星城与卫星城间的交通，这就为轻轨交通的发展提供了客观需求。我国拥有 50 万~100 万人口的大城市 44 座，100 万人口以上的城市有 35 座，为我国轻轨交通的发展提供了广阔天地。

(2) 城市轻轨建设展望

现已规划及可能修建轻轨交通的城市约 20 座，线路约 50 条，每条长约 15km，总长度约 750km。根据城市的发展，我国应有轻轨交通线路约 300 条，线路总长约 4500km。

预计到 2010 年，我国将建成轻轨线路约 450km；到 2020 年，我国将建成轻轨线路约 900km；到 2050 年前，将全部建成约 4500km 的轻轨线路。

到那时，城市轻轨铁路将与地下铁道、市郊（城市）铁路及其他轨道交通构成一个城市的快速轨道交通体系，它们互联互通，乘客在不同规模的综合换乘枢纽可方便换乘不同车次。

居民出行时间在百万人口以上的城市将控制在 40min 以内，中等城市控制在 30min 以内。在城市轨道交通网络范围内，居民步行达到任一轨道交通站的时间将控制在

10min 以内，乘客将感到乘坐轨道交通极其方便。轨道交通完成的运量可达到城市公共交通运量的 50%～80%。

轻轨交通对国民经济增长具有积极的推动作用，将产生巨大的社会和经济效益。它将直接带动总额相当于轻轨交通建设投资额 1 倍以上相关产业的发展，并带来相当于轻轨交通建设投资额 2 倍以上的经济效益。

5.6.3 城市轨道交通的技术进步与技术特征

1. 城市轨道交通的技术进步

城市的地下铁道和轻轨交通，都是属于集多工种、多专业于一身的复杂系统。在过去的 100 多年中，从单一的线路布置，发展到采用先进技术组成的复杂而通畅的地下和高架网络，使人类扩大了活动空间，为城市建设引入了立体布局的概念。显然，地铁和轻轨系统的建立，给城市的各种活动带来了非常方便的条件。

现代城市轨道交通技术进步的标志，当以行车控制技术和先进舒适的车辆为代表。

就行车控制技术而言，信息科学的不断进步，推动了微电子技术、信息传输技术和计算机网络技术飞跃发展，使轨道交通系统的行车控制技术得以充分利用这些高新技术成果。行车系统使用的设备和工艺流程技术，已从传统的应用电磁和电机设备，发展到功率电子和计算机连锁技术；从运用普通金属电缆，发展到运用具有高速通信能力的光缆，使通信系统向无线通信和控制系统一体化的方向发展。就地铁或轻轨的整体控制系统来说，将从以往的单一功能组合系统，向以模块化组成的、适用于多种目的和多层次需要的综合控制系统发展；从单个列车局部而孤立的控制技术，向列车群的综合管理和控制的方向发展；行车控制技术的进步将使列车运行的安全度和准点率得到更为可靠的保障。图 5.14 为温哥华的线性电机车线路。

图 5.14　温哥华的线性电机车线路

综上所述，可以看出世界城市轨道交通的发展动向。由于现代基础工业的发达和各项高新的技术飞快进步，更新颖、更巧妙、技术含量更高的轨道交通方式还会不断涌现，有待我们去努力开拓和创新。

2. 城市轨道交通的技术特征

(1) 有较大的运输能力

城市轨道交通由于采用了高密度的运转方式，列车发车间隔时间短，行车速度高，列车编组车辆数多，具有较大的运输能力。单向高峰小时运输能力：轻轨铁路为1万~4万人，地铁为4万~6万人，市郊铁路可达6万~8万人。

(2) 有较高的准时性

城市轨道交通车辆由于在专用行车道上运行，不受其他交通工具干扰，既不会产生拥堵现象，也不受气候条件影响，具有可靠的准时性。

(3) 有较高的安全性

城市轨道交通，没有平交道口，全封闭、全立交，不受行人和其他交通工具干扰，并具有先进的通信信号设备，基本不会发生交通事故，有较高的安全性。

(4) 有较高的舒适性

与常规公共交通相比，轨道比道路平坦，行车平稳。有的车辆、车站装有空调、导向设施、自动售检票等直接为乘客服务的设备，乘车条件优越，舒适性较好。

(5) 有较高的速达性

轨道交通与常规公共交通相比，有较高的启动和制动加速度，列车起停快，且有较高的运行速度。轨道交通多采用站台，乘客乘车方便，换乘迅速，在途时间短，可以较快到达目的地。

(6) 能有效地节省土地

城市轨道交通能充分地利用地下和地上空间，可节省土地，这对于土地资源短缺的大城市十分重要，有利于缓解市中心地区过于拥挤状态，能提高土地的利用价值，并改善城市景观。

(7) 对环境保护作用好

城市轨道交通由于采用电力牵引，不产生废气污染，位于市区的高架线路，也便于采取各种降噪防噪措施，一般不会对城市环境产生严重的噪声污染。

(8) 有较低的社会成本

与常规公共交通相比，由于采用电力牵引，节省能源，它有较低的自身运营成本、占用道路成本、占用停车场成本、交通事故损失成本、环境成本、时间价值成本。其中占用道路、停车场和交通事故损失成本基本为零。

5.6.4 磁悬浮铁路及新交通系统

1. 磁悬浮铁路

目前，国际上在向高级轻型高速交通系统开发，如磁悬浮列车系统。磁悬浮铁路与传统铁路有着截然不同的区别和特点。磁悬浮铁路上运行的列车，是利用电磁系统产生的吸引力和排斥力将车辆托起，使整个列车悬浮在铁路上，利用电磁力进行导向，并利用直流电机将电能直接转换成推力来推动列车前进。

磁悬浮铁路有常导和超导两种类型。常导型的能使车辆浮起 10~15mm 的高度，速度较低，用感应线性电机来驱动。超导型的能使车辆浮起 100mm 以上，速度较高，用同步线性电机来驱动，技术难度较大。与传统铁路相比，磁悬浮铁路由于消除了轮轨之间的接触，因而无摩擦阻力，线路垂直荷载小，适于高速运行。该系统采用一系列先进的高技术，使得列车速度高达 500km/h 以上，目前最高试验速度为 552km/h。

由于无机械振动和噪声，无废气排出和污染，有利于环境保护，能充分利用能源，从而获得高的运输效率。列车运行平稳，也能提高旅客的舒适性。磁悬浮列车由于没有钢轨、车轮、接触导线等摩擦部件，可以省去大量的维修工作和维修费用。另外，磁悬浮列车可以实现全盘自动化控制，因此磁悬浮铁路将成为未来最具竞争力的一种交通工具。

在磁悬浮列车的研究中，德国和日本起步最早。德国从 1968 年开始研究，1983 年在曼姆斯兰德建设了一条长 32km 的试验线，已完成了载人试验。行驶速度达 412km/h。其他发达国家也都在进行各自的研究开发。目前，磁悬浮铁路已经逐步从探索性的基础研究进入到实用性开发研究的阶段，经过 30 多年来的研究与试验，各国已公认它是一种很有发展前途的交通运输工具，如图 5.15 所示。

图 5.15　磁悬浮车概貌

我国对磁悬浮铁路的研究起步较晚，1989 年我国第一台磁悬浮实验铁路与列车在湖南长沙的国防科技大学建成，试验运行速度为 10m/s。

我国的上海浦东开发区建造了首条磁悬浮列车示范运营线。上海磁悬浮快速列车西起地铁 2 号线龙阳路站，东至浦东国际机场，全长约 33km，设计最大速度为 430km/h，单向运行时间为 8min。它既是一条浦东国际机场与市区连接的高速交通线，又是一条旅游观光线，还是一条展示高科技成果的示范运营线。随着这条线路的开发与运营，将大大缩短我国轨道建设与世界先进水平的差距。

2. 新交通系统

新交通系统又称自动化轨道新交通系统，始建于 20 世纪 70 年代中期的美国，与传统的轨道交通相比，具有采用直线电机和自动化水平高等特点。现在世界上有以下几种新交通系统：美国的自动导轨系统（简称 AGT），1974 年在得克萨斯州达拉斯沃斯堡机场建成，全长 21km；日本的新交通系统（称作 KRT）于 1975 年在冲绳国际海洋博览会开幕时开始使用，全长 1.4km（复线）；加拿大的新交通系统（称作 ICTS）

是中等运量交通系统，采用铁车轮，直线电动机驱动，无人操作，自动控制，1985 年 3 月 ICTS 在多伦多开业，全长 6.6km（复线）；法国的新交通系统，称作 VAL 系统，它实际上是世界上第一条无人驾驶的全自动化地下铁道，采用橡胶车轮，侧轨导向，无人驾驶，位于里尔的该系统全长 13.6km（复线）；联邦德国的新交通系统，1985 年在多德蒙特大学校园内建成，称 H－Bohn，即悬挂铁道，全长 11km。我国目前尚无任何形式的新交通系统。日本现已建成 4 条新交通系统线路，线路总长度约 29km。图 5.16 为日本神户的新交通系统——橡胶轮混凝土轨道体系。

图 5.16　橡胶轮混凝土轨道体系

思 考 题

5.1　现代交通运输系统是由哪几种方式组成的？各有哪些特点？

5.2　根据我国国民经济和社会发展的长远规划，中国公路在未来几十年内，将通过哪"三个发展阶段"？

5.3　根据公路的作用及使用性质，可将公路划分为几种公路形式？

5.4　什么叫路线？什么叫路线的平面图？什么叫路线的纵断面图？什么叫任意一点的横断面图？

5.5　城市道路由哪些不同功能部分组成？

5.6　城市道路的特点是什么？

5.7　高速公路的概念是什么？

5.8　高速公路的特点是什么？

5.9　高速公路在设施与管理上的不同，使高速公路具有的突出优点是什么？

5.10　铁路运输的特点有哪些？

5.11　新型有轨电车的主要特点有哪些？

5.12　我国城市轻轨建设的有利条件有哪些？

5.13　简述城市轨道交通的技术特征。

第6章 桥梁与隧道工程

6.1 桥梁工程概述

桥梁工程是土木工程的一个重要分支，是指桥梁的勘测、设计、施工、养护和检定等的工作过程，以及研究这一过程的科学和工程技术。

6.1.1 桥梁在交通运输事业中的作用

作为最重要的交通设施之一，桥梁在交通运输事业中起着非常重要的作用。便利的交通网对一个国家和地区的经济发展、文化交流和国防建设都具有非常重要的意义。在公路、铁路、城市道路和农村道路以及水利建设中，常常需要修建各种类型的桥梁，跨越各种障碍（如河流、山谷或其他交通线路等）。桥梁经常位于交通的咽喉部位，其经济和战略地位十分重要，直接影响到当地的社会进步、经济发展和文化交流。

交通的发展与桥梁工程的发展相互促进密不可分。古代桥梁以通行人、畜为主，载重不大，桥面纵坡可以较陡。现代交通则以通行汽车、火车为主，载重量和运行速度明显加大，桥梁所承受的载重逐倍增加，线路的坡度和曲线标准要求较高，因此，为了跨越更大、更深的江河、峡谷，迫使桥梁向大跨度发展，对桥梁的承载力和跨度提出了更高的要求。同时，桥梁工程技术的进步使设计和建造工程难度较大的桥梁（特别是大跨度桥梁）成为现实，进而能够推动交通运输事业向安全、快捷和网络化的高水平发展。

6.1.2 我国桥梁建造的成就

我国造桥的历史相当久远，我们的先祖在世界桥梁史上写下了不少光辉灿烂的篇章。我国古代桥梁不但数量惊人，而且类型也丰富多彩，几乎包含了所有近代桥梁中的主要形式。

根据史料记载，在距今约3000年前的周文王时，我国就在渭河上架设过大型浮桥。公元35年，东汉光武帝时，在今宜昌和宜都之间，架设了长江上的第一座浮桥。汉唐以后，浮桥的运用日趋普遍。现代桥梁中广为修建的多孔桩柱式桥梁，在我国春秋战国时期（公元前332年）就已经普遍在黄河流域和其他地区采用。

在各国有关桥梁的历史书上，大都记载我国是最早建造吊桥的国家，迄今至少已有3000年左右的历史。据记载，在唐朝中期，我国就从藤索、竹索发展到用铁链建造吊桥，而西方在16世纪才开始建造铁链吊桥，比我国晚了近千年。至今保留下来的古代吊桥有四川泸定县的大渡河铁索桥（1706年）（图6.1）以及灌县的安澜竹索桥

（1803 年）（图 6.2）等。泸定铁索桥跨长约 100m，宽约 2.8m，由 13 条锚固于两岸的铁链组成。安澜竹索桥是世界上最著名的竹索桥，此桥全长 340m，分 8 孔，最大跨径约 61m，全桥由用细竹篾编成粗 5 寸①的 24 根竹索组成。

图 6.1　大渡河铁索桥

图 6.2　安澜竹索桥

在秦汉时期，我国已广泛修建石桥。世界上现在尚保存着的最长、工程最艰巨的石梁桥就是我国于 1053～1059 年在福建泉州建造的万安桥，也称洛阳桥（图 6.3）。此桥长达 800m，共 47 孔。以磐石铺遍桥位江底，并且独具匠心地用养殖海生牡蛎的方法胶固桥基，使之成为整体，这是世界上绝无仅有的造桥方法，实为中外建桥史上的一个奇迹。

图 6.3　洛阳桥

举世闻名的河北赵县的赵州桥（又称安济桥），是我国古代石拱桥的杰出代表（图 1.9）也是世界现存最早、跨度最大的空腹式单孔圆弧石拱桥。该桥在隋大业初年（公元 605 年左右）为李春所创建，是一座空腹式的圆弧形石拱桥，净跨径 37.02m，宽 9m，拱矢高度 7.23m。在拱圈两肩各设有两个跨度不等的腹拱，这样既能减轻自重，节省材料，又便于排洪，增加美观。

除赵州桥外，我国还有其他著名的石拱桥，如北京永定河上的卢沟桥，颐和园内

---

① 1 寸＝0.03m，下同。

的玉带桥和十七孔桥，苏州的枫桥等。我国石拱桥的建造技术在明朝时期曾流传到日本等国，促进了与世界各国人民的文化交流。

世界上最早的开合式桥是广东潮安县横跨韩江的湘子桥（又名广济桥）。此桥始建于公元 1169 年，全桥长 517.95m，共有 20 个墩台 19 孔，上部结构有石拱、木梁、石梁等多种形式，还有用 18 条浮船组成的长达 97.30m 的开合式浮桥。论石桥之长、石墩之大、桥型之多以及施工条件之难、工程历时之久，都是古代建桥史上罕见的。

新中国成立后，桥梁建设出现了突飞猛进的局面。1957 年，第一座长江大桥——武汉长江大桥（图 6.4）的建成，结束了我国万里长江无桥的状况，从此，"一桥飞架南北，天堑变通途"。

1969 年，我国建成了举世瞩目的南京长江大桥（图 6.5），这是我国自行设计、制造、施工，并使用国产高强钢材的现代化大型桥梁。正桥除北岸第一孔为 128m 简支钢桁梁外，其余为 9 孔 3 联，每联为 3×160m 的连续钢桁梁。上层为公路桥面，下层为双线铁路。包括引桥在内，铁路桥部分全长 6772m，公路桥部分长为 4589m。南京长江大桥的建成，显示出我国建桥事业已达到了世界先进水平，也是我国桥梁史上又一个重要标志。此外，我国还创造和推广了不少新颖的桥型结构，如双曲拱桥、桁架拱桥、刚架拱桥。例如，山东的两铰平板拱，河南的双曲扁拱，山西与甘肃的扁壳拱，广东的悬砌拱，广西的薄壳石拱，湖南的圬工箱形拱和石砌肋板拱等。

图 6.4　武汉长江大桥

图 6.5　南京长江大桥

在施工技术方面，对于大跨度拱桥，除了有支架施工外，目前已广泛采用无支架施工、转体施工、刚性骨架施工等方法。图 6.6 为万县长江大桥。此桥全长 856.12m，主跨为 420m 的劲性骨架钢筋混凝土拱桥，目前居同类桥梁之冠。万县长江大桥矢跨比为 1/5，拱上结构为 14 孔 30m 预应力简支梁，引桥为 13 孔 30m 预应力简支 T 形梁（南 5 孔，北 8 孔）。桥面连续，宽 24m，设 2×7.5m 行车道和 2×3.0m 人行道。

图 6.6 万县长江大桥

　　梁式桥，在我国也获得了很大发展。对于中小跨径的梁桥，已广泛采用装配式的钢筋混凝土及预应力混凝土板式或 T 形梁桥的定型设计，它不但经济适用，并且施工方便，能加快建桥速度。1976 年建成的洛阳黄河公路大桥，是一座跨径为 50m 的预应力混凝土简支梁桥，全长达 3.4km。

　　除简支梁桥以外，近年来我国还修建了多座现代化的大跨径预应力混凝土 T 形刚架桥、连续梁桥和悬臂梁桥。已建成的黄石长江公路大桥（图 6.7），全桥总长约 2580.08m，其中主桥长 1.60m，即（162.5＋3×245＋162.5）m，五跨预应力混凝土连续刚构桥。采用钢围堰加大直径钻孔灌注桩基础。桥面净宽 19.5m，其中分向行驶的四个车道宽 15m，两侧各设 2.25m 宽的非机动车道。

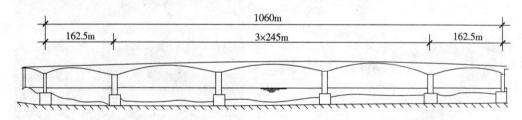

图 6.7 黄石长江公路大桥（主桥）

　　近年来，世界桥梁建筑中蓬勃兴起的现代斜拉桥，是结构合理，跨越能力大，用材指标低且外形美观的先进桥型。1975 年，我国开始建造斜拉桥。到现在已建成了几十座。杨浦大桥是世界上最大的叠合梁斜拉桥，主桥跨径为 40m＋99m＋144m＋602m＋144m＋90m＋44m。杨浦大桥（图 6.8）的成功兴建，代表着我国的斜拉桥技术已迅速赶上了世界先进水平。

　　广东虎门大桥，是我国第一座大型悬索桥，被誉为"世界第一跨"。虎门大桥由东引桥、主航道桥、中引桥、辅航道桥及西引桥五个部分组成（图 6.9、图 6.10）。大桥全长 4588m，桥宽 32m。辅航道桥为主跨 270m 的连续刚构桥，是目前世界上跨度最大的连续刚构桥；主航道为单跨简支钢加劲梁悬索桥，跨径 888m。主缆跨径为302.0m＋888m＋348.5m，其主跨居我国前列。

图 6.8　杨浦大桥

图 6.9　广东虎门大桥

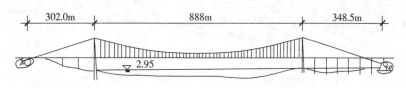

图 6.10　广东虎门大桥（主桥布置图）

　　江阴长江大桥是我国首座千米以上的特大跨径公路桥梁（图 6.11）。该桥采用 336.5m＋1385m＋309.4m 的单孔简支钢悬索桥结构。南引桥为 43m＋3×40m，北引桥为（50＋75＋50）m＋19×50m＋8×30m 组成，桥梁总长 3km，全桥总宽度 36.9m，桥面六车道净宽度 29.5m（包括中间分割带）。

图 6.11　江阴长江大桥夜景

6.1.3　国外桥梁建设简述

　　18 世纪，文艺复兴之后，在英国、法国和其他西欧国家兴起的工业革命推动了工业的发展，从而也促进了桥梁建筑技术方面的空前发展。

　　1855 年起，法国建造了第一批应用水泥砂浆砌筑的石拱桥。大约在 1870 年，德国建造了第一批采用硅酸盐水泥作为胶结材料的混凝土拱桥。之后在 20 世纪初，法国建成的戴拉卡混凝土箱形拱桥宽度达 139.80m。目前，最大宽度的石拱桥是 1946 年瑞典建成的绥依纳松特桥，跨度为 155m。

钢筋混凝土桥的崛起，要追溯到 1873 年法国的约瑟夫莫尼尔首创建成的第一座拱式人行桥。由于石拱桥良好的建筑艺术和钢筋混凝土突出的受压性能，所以从 19 世纪末到 20 世纪 50 年代间，钢筋混凝土拱桥无论在跨越能力、结构体系和主拱圈的截面形式上均有很大的发展。由法国弗莱西奈教授设计，于 1930 年建成的三孔 186m 拱桥（图 6.12）和 1940 年瑞典建造的跨径 264m 的桑独桥，均达到了很高的水平。1980 年，前南斯拉夫采用无支架悬臂施工方法建成了跨度达 390m 的克尔克桥（图 6.13），突破了 350m 的前世界记录。

图 6.12　法国博浪加斯脱桥

图 6.13　前南斯拉夫克尔克桥

1928 年，法国著名工程师弗莱西奈经过 20 年研究使预应力混凝土技术付诸实现后，新颖的预应力混凝土桥梁首先在法国和德国以异乎寻常的速度发展起来。德国最早用全悬臂法建造预应力混凝土桥梁，在 1952 年成功地建成了莱茵河上的沃伦姆斯连续刚架桥（跨度为 101.65m＋114.20m＋140.20m），10 年后莱茵河上的另一座本道尔夫桥的问世，将预应力混凝土桥的跨度推进到 208m。日本于 1976 年建成了当时世界上跨度最大的连续刚架桥，即浜名大桥，主跨径为 55m＋140m＋240m＋140m＋55m（图 6.14）。

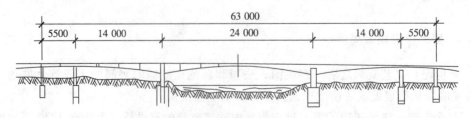

图 6.14　日本浜名大桥（尺寸单位：cm）

世界上第一座具有钢筋混凝土主梁的斜拉桥是1925年在西班牙修建跨越坦波尔河的水道桥。1962年,在委内瑞拉建成了宏伟的马拉卡波湖大桥(图6.15)后,为现代大跨度预应力混凝土斜拉桥的蓬勃兴起开辟了道路。该桥的主跨径为160m+5×235m+160m,总长达9km。目前,世界上跨径最大的斜拉桥是法国的诺曼底大桥(图6.16、图6.17),该桥全长2141.25m,跨越塞纳河,大桥从南至北布孔:27.75m+32.5m+9×43.5m+96m+856m+14+43.5m+32.5m。

图 6.15 委内瑞拉马拉卡波湖大桥

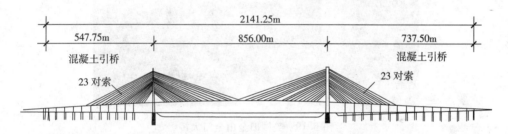

图 6.16 法国诺曼底大桥总体布置

图 6.17 法国诺曼底大桥

吊桥是能够充分发挥钢材优越性能的一种桥型。美国在19世纪50年代从法国引进了近代吊桥技术后,于19世纪70年代发明了"空中架线法"编纺桥缆。美国在1937年建成了旧金山金门大桥(图6.18、图6.19),该桥主跨径为1280.2m,曾保持了 27 年桥梁最大跨径的世界记录。桥跨布置为 342.9m＋1280.2m＋342.9m＝1966m，桥面宽 27.43m。

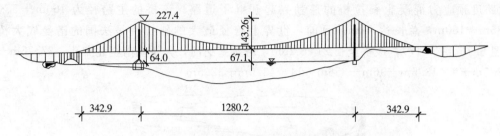

图 6.18　美国旧金山金门大桥总体布置（尺寸单位：m）

图 6.19　美国旧金山金门大桥

英国于 1981 年建成的恒伯尔桥，主跨径 1410m，是当时已建成桥梁中跨径最大的桥梁。于 1998 年建成的日本明石海峡大桥是目前世界上跨径最大的桥梁。明石海峡大桥（图 6.20、图 6.21）全长 3910m，主跨径 1990m，桥跨布置 960m＋1990m＋960m。

图 6.20　日本明石海峡大桥

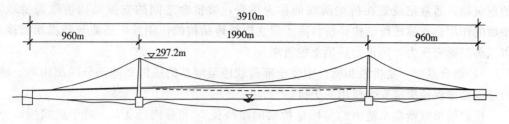

图 6.21　日本明石海峡大桥总体布置

　　可以看出，近年来的桥梁结构逐步向轻巧、纤细方面发展，但桥梁的承载力、跨长却不断增长。为了适应交通发展所提出的越来越高的要求，需要建造更多的可以承受更大荷载、跨径更大的跨越大江、海湾的桥梁。这就推动了桥梁结构向高强、轻型、大跨度的方向发展。这些要求促使我们在结构理论上研究更符合实际状态的力学分析方法与新的设计理论。充分发挥结构潜在的承载力，充分利用建筑材料的强度，力求使工程结构的安全度更为科学和可靠。

6.2　桥 跨 结 构

　　为跨越江河湖泊、山谷深沟以及其他线路（铁路或公路）等障碍，保持道路的连续性，就需要建造桥梁。桥梁一方面要保证桥上的通行能力，同时也要保证桥下水流的宣泄、船只的通航或车辆的通行。

6.2.1　桥梁的基本组成部分

　　如图 6.22 所示，桥梁一般由桥跨结构、桥墩和桥台、墩台基础组成。

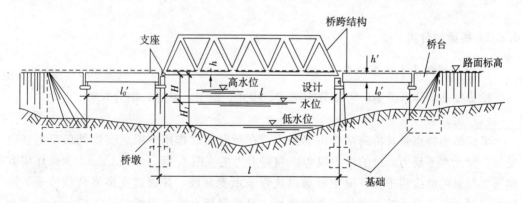

图 6.22　梁式桥的概貌

　　1）桥跨结构（或称上部结构），是主要承载结构物。一般包括桥面构造（行车道、人行道和栏杆等）、桥跨结构和桥梁支座。其主要作用是跨越山谷、河流及各种障碍物，并将其直接承受的各种荷载传递到下部结构，同时要保证桥上交通在一定条件下安全正常运营。

　　2）桥墩、桥台（统称下部结构），是支撑桥跨结构并将恒载和车辆活载传至地基的建筑物。通常把设置在桥梁两端的称为桥台，梁桥台之间的支撑结构物称为桥墩。桥墩的作用是支撑桥跨结构；桥台除了起支撑桥跨结构的作用外，还要与路堤相衔接，以抵御路堤土压力，防止台后填土的滑塌。

3）墩台基础，是桥墩和桥台中使全部荷载传至地基的底部奠基部分的结构物。墩台基础是确保桥梁能安全使用的关键。

反映桥梁宣泄洪水能力的指标是桥梁的净跨径 l_0 和总跨径 $\sum l_0$。对于梁式桥净跨径是指设计洪水位上相邻两个桥墩（或桥台）之间的净距（图 6.22），而拱式桥是指每孔拱跨拱脚内边缘之间的距离（图 6.23）。总跨径是多孔桥梁中各孔跨径的总和，也称桥梁孔径。

桥梁的计算跨径是桥梁结构力学计算的依据。对于有支座的桥梁，计算跨径是指桥跨结构相邻两个支座中心之间的距离，用 l 表示。对于拱式桥，计算跨径是指相邻两拱脚截面形心点之间的水平距离。

桥梁全长简称桥长，一般把桥梁两端两个桥台的侧墙或八字墙后端点之间的距离称为桥梁全长，以 L 表示。桥梁高度简称桥高，是桥面与低水位之间的高差，如图 6.22所示，或为桥面与桥下线路路面之间的距离（图 6.24）。

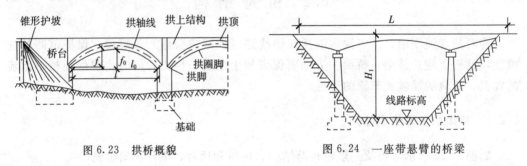

图 6.23　拱桥概貌　　　　　　图 6.24　一座带悬臂的桥梁

6.2.2　桥梁的分类

1. 按桥梁的基本体系分类

桥梁按基本体系分类，可以分为梁式、拱式、刚架、悬索、组合式等。

（1）梁式桥

梁式桥的特点是其桥跨结构由梁组成，在竖向荷载作用下梁的支撑处仅产生竖向反力，而无水平反力。梁的内力以弯矩和剪力为主［图 6.25（a）、（b）］。荷载作用方向通常与梁的轴线相垂直，梁主要通过抗弯来承受荷载，并通过支座将荷载传至下部结构。梁式桥可分为简支梁桥、连续梁桥、悬臂梁桥。简支梁桥的计算跨径小于 25m 时，通常采用钢筋混凝土材料建造。当计算跨径大于 25m 时，多采用预应力混凝土材料建造。连续梁桥和悬臂梁桥［图 6.25（c）］由于其跨间支座上的负弯矩使其各跨跨中的弯矩减小，由此提高了其跨越能力。

（2）拱式桥

拱式桥的特点是其桥跨的承载结构以拱圈或拱肋为主。在竖向荷载作用下，两拱脚处不仅产生竖向反力，还产生水平反力（图 6.26）。水平推力的作用使拱中的弯矩和剪力大大降低。拱式桥受力状态良好，跨越能力大。目前钢拱桥的最大跨径已达518m，钢筋混凝土箱形拱桥的跨径已达 420m，石拱桥的跨径已达 155m。拱式桥墩台基础必须能够承受强大的拱脚推力，对地基的要求很高，适宜于地质和地基条件良好的桥址。

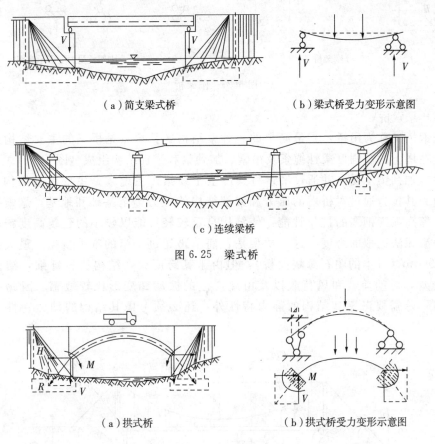

（a）简支梁式桥　　　　　　　　（b）梁式桥受力变形示意图

（c）连续梁桥

图 6.25　梁式桥

（a）拱式桥　　　　　　　　　（b）拱式桥受力变形示意图

图 6.26　拱式桥

（3）刚架桥

刚架桥是由桥跨结构（主梁）与墩台（支柱、板墙）整体连接而成的结构体系（图 6.27）。刚架桥的特点是在竖向荷载作用下，其柱支撑处不仅产生竖向反力，也产生水平反力，使其基础承受较大推力，因此要求桥梁有较好的地基条件。在荷载作用下，刚架桥结构中的梁和柱（支柱、板墙）的截面中均作用有弯矩、剪力和轴力。由于刚架桥大多采用超静定结构体系，因此混凝土的收缩与徐变、温度变化、墩台不均匀沉陷和预加力等因素会在结构中产生附加内力（次内力）。

相比较而言，刚架桥的外形尺寸较小，桥下净空较大，而且视野开阔，适于建筑高度受限又需要较大桥下净空的情况。但由于刚架桥的支柱往往较为单薄，不适于建造在有高速流冰或漂浮物撞击危险的河流。因此刚架桥多被用于跨线桥、高架桥、立交桥及跨越 V 形峡谷的桥等。

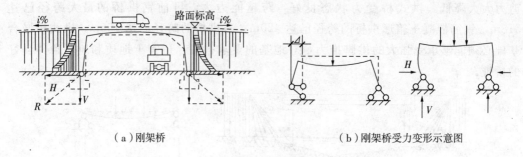

（a）刚架桥　　　　　　　　　　　　　　　（b）刚架桥受力变形示意图

图 6.27　刚架桥

（4）悬索桥

悬索桥又称为吊桥，是最简单的一种索结构。其特点是桥梁的主要结构由桥塔和悬挂在塔上的高强度柔性缆索及吊索、加劲梁和锚锭结构组成（图 6.28）。桥跨上的荷载有加劲梁承受，并通过吊索将其传至主缆索。主缆索是主要承重结构，仅承受拉力。其拉力通过对桥塔的压力和锚锭结构的拉力传至基础和地基。悬索桥可以充分发挥高强度钢缆的抗拉性能，使结构自重较轻，能以较小的建筑高度跨越其他任何桥型无法比拟的跨度。这一桥型是目前单跨超过千米的唯一桥型。最大跨度已达到 1990m（日本的明石海峡大桥）。但由于其跨度大，结构比较纤细，结构刚度相对较差，对动荷载和风荷载以及由此产生的振动和变形比较敏感。因此在设计计算时，除需要考虑其结构的静力特性外，还必须考虑其结构的动力特性、抗风稳定性。

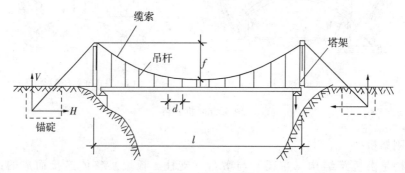

图 6.28　悬索桥概貌

（5）组合式桥

根据结构的受力特点，由几个不同受力体系的组合而成的桥梁称为组合式桥。根据其组合的基本类型不同，其受力特点也不同。

T 形刚架连续-刚构桥是由梁和刚架相结合的体系。它们是预应力混凝土几个采用悬臂施工法而发展起来的一种新体系。结构的上部梁首先形成一个 T 字形的悬臂结构。相邻两个 T 形悬臂在跨中可用剪力铰或挂梁连成一体，即称为带铰或挂梁的 T 形刚构 ［图 6.29（a）、（b）］。如果结构在跨中采用预应力钢筋和现浇混凝土区段连成整体，即为连续刚构 ［图 6.29（c）］。

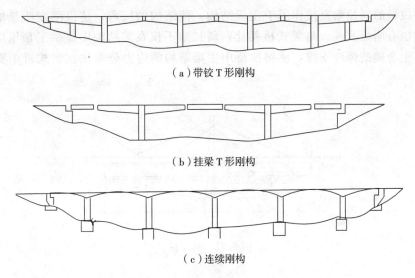

（a）带铰T形刚构

（b）挂梁T形刚构

（c）连续刚构

图 6.29　T形刚架连续-刚构桥

梁和拱的组合体系有系杆拱、桁架拱、多跨拱梁结构等（图 6.30）。系杆拱是典型的梁和拱组合的无推力结构体系，其梁和拱协同工作。

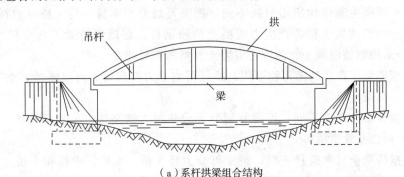

（a）系杆拱梁组合结构

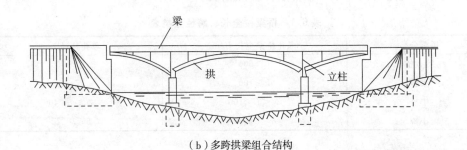

（b）多跨拱梁组合结构

图 6.30　梁和拱的组合结构

斜拉桥是典型的悬索结构和梁式结构组合的结构体系（图 6.31），由主梁、拉索和索塔组成，充分利用了悬索结构和梁式结构的优点。在结构体系中，梁结构直接承受桥面外荷载引起的弯矩和剪力，斜拉索为承受传来的荷载引起的拉力，其拉力的竖向分量通过对桥塔的压力传至地基和基础；水平分量使梁结构承受轴向压力。与悬索桥相比，斜拉桥的斜拉索直接作用于主梁结构，使结构的抗弯、抗扭刚度明显增强，抗风稳定性也有明显改善。与梁式桥相比，斜拉索不仅在梁结构中提供了预压应力，而且提供了更合理的弹性支撑，使斜拉桥中主梁结构的内力分布比在梁式桥中更为均匀合理。

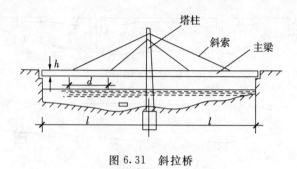

图 6.31　斜拉桥

2. 桥梁的其他分类简述

除了按桥梁的受力特点分成不同的结构体系外，还可以根据桥梁所用材料、所跨越的障碍以及其用途、跨径大小等对桥梁进行分类：

1）根据桥梁主跨结构所用材料不同，桥梁可划分为木桥、圬工桥（包括砖、石、混凝土桥）、钢筋混凝土桥、预应力混凝土桥和钢桥。在现代桥梁工程中较少采用木材，大部分采用钢筋混凝土、预应力混凝土材料和钢材建造。

2）根据桥梁所跨越的障碍物不同，桥梁可划分为跨河桥、跨海峡桥、立交桥（包括跨线桥）、高架桥等。

3）根据桥梁的用途不同，可将其划分为公路桥、铁路桥、公铁两用桥、人行桥、运水桥、农桥以及管道桥等。

4）根据桥梁全长和跨径不同，桥梁可分为特大桥、大桥、中桥和小桥。《公路工程技术标准》规定的大、中、小桥划分标准如表 6.1 所示。

表 6.1　桥梁按全长、跨径分类表

桥梁分类	多孔桥梁全长 L/m	单孔跨径 l/m
特大桥	$L \geqslant 500$	$l \geqslant 100$
大桥	$L \geqslant 100$	$l \geqslant 40$
中桥	$30 < L < 100$	$20 \leqslant l < 40$
小桥	$8 \leqslant L \leqslant 30$	$5 \leqslant l < 20$

5）根据桥面在桥跨结构中的位置，桥梁可分为上承式、中承式和下承式桥。桥面布置在主要承重结构之上者称为上承式桥；桥面布置在主要承重结构之下者称为下承式桥；桥面布置桥跨结构高度中间的称为中承式桥。

上承式桥结构简单，施工方便，而且其主梁或拱肋等的间距可按需要调整，以求得经济合理的布置。公路桥梁一般应尽可能采用上承式桥，当桥梁的容许建筑高度较小时，以及修建上承式桥必须提高路面标高而显著增大桥头路堤土方量时，常常采用中承式桥和下承式桥。对于城市桥梁，有时受周围建筑物等的限制不容许过分抬高路面标高时，也可修建下承式桥。

6.2.3 特色桥梁工程简介

（1）武汉长江大桥

武汉长江大桥位于龟蛇二山之间，1957年10月大桥贯通，是中国人民第一次跨越长江天堑的伟大胜利（图6.4）。

武汉长江大桥是一座公路、铁路两用连续钢桁梁桥，全长1670m，正桥部分为1156m（8墩9孔——三联3×128m连续钢桁梁），两岸引桥共514m。上层公路路面宽达18m，可以并行行驶六辆汽车、两侧设有人行道，下层为双线铁路桥。在长江大桥的建设中，大型钢梁的制造、架设、深水管柱基础的施工等是我国建桥史上的一个创举。

（2）番禺大桥

番禺大桥（图6.32）的设计达到国际国内先进水平，斜拉桥桥面宽度达到37.7m，列国内同类型桥第一位，列世界同类型桥第二位，列世界200m跨径以上同类型桥第一位。其主桥为161m+380m+161m三跨连续双塔空间双索面漂浮体系超宽斜拉桥，引桥有变高度连续箱梁桥、部分预应力等高度曲线连续箱梁桥、部分预应力连续板梁桥、部分预应力简支T梁桥及连续刚构—连续梁组合桥，路线总长4.875km，其中桥长3458.2m。

图6.32 番禺大桥

（3）润扬长江公路大桥（悬索桥和斜拉桥）

润扬长江公路大桥（图6.33）全长7371m，其中：南汊主桥采用主跨1490m悬索桥，北汊主桥采用主跨406m斜拉桥，引桥和高架桥均采用预应力混凝土连续箱梁桥。其中南汊悬索桥主缆系统的主跨1490m，边跨470m，矢跨比为1/10。

北汊斜拉桥的索塔采用空间索面花瓶形混凝土塔柱，索塔总高约145m。

（4）深圳市彩虹大桥（钢管混凝土拱桥）

深圳市彩虹大桥是一座城市跨线桥（图6.34）。该桥跨越深圳火车北站29条股道，是目前世界上跨越铁路股道最多的桥梁之一。这座桥梁的设计采用了全组合结构，实现了全桥无模板施工，满足了现代桥梁建设轻型大跨、预制拼装、快速施工的要求。

图 6.33　润扬长江公路大桥

图 6.34　深圳市彩虹大桥

主桥采用下承式无铰钢管混凝土柔性系杆拱，桥面宽 23.5m。西引桥为 30m＋30m＋29m 的预应力混凝土连续箱梁，主桥为主跨 $L＝150m$ 的门构式（下承式）钢管混凝土无铰系杆拱桥，东引桥为 28m＋30m＋30m＋28m 的预应力混凝土连续箱梁。

6.3　桥梁工程展望

随着经济的发展、综合国力的增强，我国的建筑材料、设备、建筑技术都有了较快发展，特别是电子计算技术的广泛应用，为广大工程技术人员提供了方便、快捷的计算分析手段，更重要的是我国的经济政策为公路事业发展提供多元化的筹资渠道，保证了建设资金的来源。桥梁发展的趋势有以下几个特点：

（1）跨径不断增大

目前，钢梁、钢拱的最大跨径已超过 500m，钢斜拉桥为 890m，而钢悬索桥达 1990m。随着跨江、跨海的需要，钢斜拉桥的跨径将突破 1000m，钢悬索桥将超过 3000m。对于混凝土桥，梁桥的最大跨径为 270m，拱桥已达 420m，斜拉桥为 530m。

（2）桥型不断丰富

混凝土梁桥悬臂平衡施工法、顶推法和拱桥无支架法的出现，极大地提高了混凝土桥梁的竞争能力；斜拉桥的涌现和崛起，展示了丰富多彩的内容和强大的生命力；悬索桥采用钢箱加劲梁，技术上出现新的突破。所有这一切，使桥梁技术得到空前的发展。

（3）结构不断轻型化

悬索桥采用钢箱加劲梁，斜拉桥在密索体系的基础上采用开口截面甚至是板，使梁的高跨比大大减少，非常轻盈；拱桥采用少箱甚至拱肋或桁架体系；梁桥采用长悬臂、板件减薄等，这些都使桥梁上部结构越来越轻型化。

6.4　隧道工程概述

6.4.1　国内外隧道发展概况

隧道是指一种修建在地层中的地下工程建筑物。它被广泛地应用于公路、铁路、矿山、水力、市政和国防等方面。隧道的产生和发展是与人类的文明史发展相呼应的，大致可以分为如下四个时代：

1）原始时代。从人类的出现到公元前 3000 年的新石器时代，人类利用隧道来防御自然灾害的威胁。隧道是用兽骨、石器等工具开挖，修建在自身稳定而无须支撑的地层中。

2）远古时代。从公元前 3000 年到 5 世纪的文明黎明时代，修建隧道主要是为生活和军事防御。这个时期隧道的开发技术形成了现代隧道开发技术的基础。

3）中世纪时代。约从 5 世纪到 14 世纪的 1000 年左右。这个时期正是欧洲文明的低潮期，建设技术发展缓慢，隧道技术没有显著的进步。

4）近代和现代。从 16 世纪以后的产业革命开始。炸药的发明和应用，加速了隧道技术的发展，使其应用范围迅速扩大。

据资料记载，我国最早的交通隧道是位于陕西汉中县的"石门"隧道，建于公元 66 年，供马车和行人通行。世界上最早的隧道是公元前 2200 年，巴比伦国王为连接宫殿和神殿而修建的隧道。

公元 14 世纪，火药的发明用于隧道开挖，获得极大成功。1818 年，布鲁塞尔（Brunel）发明了盾构。意大利物理学家欧拉顿（Erardon）提出了以压缩空气平衡软弱地层涌水压力防止地层坍塌的方法后，英国的科克伦（Co-Chrane）利用这个原理，发明了用压缩空气开挖水底隧道的方法。第一次应用压缩空气和盾构修建水底隧道是 1896 年由英国人格雷特黑德（Greothead）实现的。在欧洲自贯穿阿尔卑斯山的新普伦隧道建设开始，最先开始应用凿岩机和硝化甘油（TNT）炸药来开挖岩石隧道。

我国古代在地下工程方面具有悠久的历史和辉煌的成就，是世界上采矿工业发展最早的国家。我国公元前 1122 年金属矿石开采相当发达；公元 1271～1368 年就有深达数百米的盐井，为封建统治者修建的墓穴，如长沙的楚墓、洛阳的汉墓、西安的唐墓、明十三陵之一的定陵等都是规模较大的地下工程。这些历史古迹显示出我国古代在隧道建筑方面的卓越水平。

近几年，由于高速公路建设的加快，公路隧道数量已开始成倍增长。据不完全统计，到 1999 年底，我国已建成的公路隧道达 1096 座。我国已建成和在建的长度超过 3km 以上的公路隧道列于表 6.2 中。

表 6.2　已建成和在建的长度超过 3km 的公路隧道

隧道名称	隧道长度/m	运营条件
大溪岭隧道	4100	双向双车道
二郎山隧道	4160	单向双车道
华莹山隧道	4770	单向双车道
鹧鸪山隧道	4400	单向双车道
木鱼槽隧道	3600	双向双车道
八达岭隧道	3455	双向双车道
真武山隧道	3100	单向双车道
中梁山隧道	3165	单向双车道
牛郎河隧道	3920	单向双车道

目前，世界上已建成的最长公路隧道首推瑞士的长 16.918km 的圣哥达隧道，而挪威正在修建的 Aurland-Laerdal 公路隧道，长度达 54.5km。表 6.3 为世界上已建成和在建的长度大于 10km 的公路隧道。

表 6.3　世界上已建成和在建的长度大于 10km 的公路隧道

隧道名称	国家及地区	长度/m
勃朗峰（Mt. Blance）	法国-意大利	11 600
弗雷儒斯（Frejus）	法国-意大利	12 901
圣哥达（St. gothard）	瑞士	16 918
阿尔贝格（Arlberg）	奥地利	13 927
格兰萨索（GranSasso）	意大利	10 173
关越 I （Kan-Etsu）	日本	10 920
关越 II（Kan-Etsu）	日本	11 010
居德旺恩（Gudvanga）	挪威	11 400
Folgefonn	挪威	24 500
AurlandLaerdal	挪威	12 900
坪林（Pinglin）	中国台湾	12 900
Hida	日本	10 750

6.4.2　隧道的分类及其作用

根据不同的隧道分类方法，隧道可分为：按地层分为岩石隧道（软岩、硬岩）、土质隧道；按所处位置分为山岭隧道、城市隧道、水底隧道；按施工方法分为矿山法、明挖法、盾构法、沉埋法、掘进机法等隧道；按埋置深度分为浅埋隧道和深埋隧道；

按断面形式分为圆形、马蹄形、矩形等隧道；按国际隧道协会（ITA）定义的断面数值划分标准分为特大断面（100m² 以上）隧道、大断面（50～100m²）隧道、中等断面（10～50m²）隧道、小断面（3～10m²）隧道、极小断面（3m² 以下）隧道；按车道数分为单车道隧道、双车道隧道、多车道隧道；按用途分为交通隧道、水工隧道、市政隧道、矿山隧道。

1. 交通隧道

交通隧道是应用最为广泛的一种隧道，用于提供交通运输和行人的通道，以满足交通线路畅通的要求，一般包括有以下几种：

1）公路隧道。专供骑车运输行使的通道，如我国正在修建的秦岭终南山隧道长 18.1km。

2）铁路隧道。专供火车运输行使的通道，如宝成线宝鸡至秦岭段线路密集的设有 48 座隧道。

3）水底隧道。修建于江、河、湖、海、洋下的隧道，供汽车和火车运输行使的通道，如我国上海跨越黄浦江的水底隧道（图 6.35）、广州穿越珠江的水底隧道。

4）地下铁道（图 6.36）。修建于城市地层中，为解决城市交通问题的火车运输的通道，如我国北京、上海、广州等城市已经建成的地下铁道。

图 6.35　上海跨越黄浦江的水底隧道　　　　图 6.36　地下隧道

5）航运隧道。专供轮船运输行驶而修建的通道。

6）人行隧道。专供行人通过的通道。

2. 水工隧道

水工隧道是水利工程和水力发电枢纽的一个重要组成部分。水工隧道包括以下几种：

1）引水隧道（图 6.37）。它是将水引入水电站的发电机组或水资源的调动而修建的孔道。引水隧道可分为有压隧道和无压隧道。

2）尾水隧道。用将水电站发电机组排出的废水送出去而修建的隧道。

3）导流隧道或泄洪隧道。为水利工程中疏导水流并补充溢洪道流量超限后的泄洪而修建的隧道。

图 6.37　引水隧道图

4）排沙隧道。用来冲刷水库中淤积的泥沙而修建的隧道。

3. 市政隧道

在城市的建设和规划中，充分利用地下空间，将各种不同市政设施安置在地下而修建的地下孔道，称为市政隧道。其类型主要有：为城市自来水管网铺设系统修建的给水隧道；为城市污水排送系统修建的污水隧道；为城市能源供给（煤气、暖气、热水等）系统修建的管路隧道；为线路系统修建的线路隧道；为战时的防空目的而修建的防空避难的人防隧道（图 6.38）。

4. 矿山隧道

矿山隧道主要是运输山体以外通向矿床和将开采到的矿石，主要有：作为地下矿区的主要出入口和主要的运输干道及用于临时支撑的运输巷道；为送入清洁水为采掘机使用，并将废水及积水通过泵排出洞外的给水隧道；用于净化巷道的空气，将巷道内废气、浊气等有害气体排出，补充新鲜空气的通风隧道（图 6.39）。

图 6.38　人防隧道

图 6.39　通风隧道

综上所述，隧道工程在许多领域得到应用，已经成为国家建设、人民生活和生产的重要组成内容。近年来，我国隧道工程的建设取得很大的成就，隧道技术有了相当大的发展，但是还存在许多问题和有待提高的地方。例如，对围岩的性质还只能从定性的角度去衡量，工程应用中偏离较大；计算模型的选用和计算理论还不完全符合实际；施工技术水平和管理方法还比较落后。所有这些问题都有待隧道工作者去研究、解决。

6.5 公 路 隧 道

6.5.1 道路隧道的勘测设计

1. 道路隧道的工程调查

道路隧道调查包括地形调查、地质调查、气象调查、环境调查、施工条件调查以及与工程有关的法令调查。调查时应首先明确调查的目的、各阶段的任务和调查顺序。

2. 路线和隧道位置的选择

确定路线时，通常遵照：线性适当（平面顺适、纵坡均衡、横面合理）顺应地形、路线延长、对附近地区的影响、安全性、用地、建设投资、养护费、行驶性能、施工难易、与当地环境和景观相协调等。

按照隧道所处的空间位置可以将公路隧道分为越岭隧道、傍山隧道、城市水底隧道。

1）越岭隧道（图 6.40）。山岭地区公路从一个水系进入另一个水系要翻越其间的分水岭。为缩短里程，克服高度或地形障碍，往往要设置越岭隧道。

2）傍山隧道。山区道路通常傍山沿河而行，为改善线形，提高车速、缩短里程、节省时间，常需要修建傍山隧道，或称为河谷线隧道。

3）城市水底隧道。多为城市港湾和河川有航运要求时，为沟通水域两岸而修建的。水底隧道一般有水下部分和引道部分组成，如图 6.41 所示。

图 6.40 越岭隧道

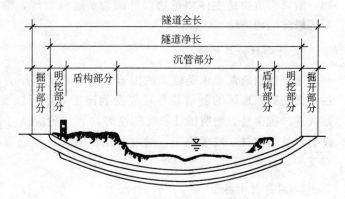

图 6.41 城市水底隧道组成

3. 道路隧道的几何设计

道路隧道的几何设计基本要求是安全、经济、适用，另外还应考虑通风、照明、安全设施与隧道的相互关系，而且应易于养护管理。

隧道的平面线形设计按《公路工程技术标准》（JTGB01—2003）规定进行。

4. 净空断面

隧道净空是指隧道衬砌的内轮廓线所包围的空间，包括公路建筑限界、通风及其他所需的断面积。建筑限界是指建筑物不得侵入的一种限界。道路隧道的建筑限界包括车道、路肩、路缘带、人行道等的宽度以及车道、人行道的净高。道路隧道的净空除包括建筑限界以外，还包括通风管道、照明设备、防灾设备、监控设备等附属设备所需要的足够空间，以及富裕量和施工允许误差等，如图 6.42 所示。

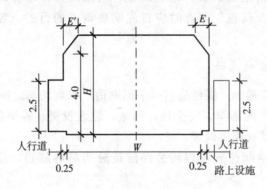

图 6.42 隧道净空断面

6.5.2 道路隧道结构构造

道路隧道结构构造，由主体构造物和附属构造物两大类组成。主体构造物是为了保持岩体的稳定和行车安全而修建的人工永久构造物，通常是指洞身衬砌和洞门构造物。附属构造物是主体构造物以外的为了运营管理、维修养护、供蓄发电、通风、照明等修建的构造物。

1. 衬砌材料与构造

隧道衬砌通常要承受较大的围岩压力、地下水压力，有时还要受到化学物质的侵蚀，低处高寒地区的隧道往往还要受到冻害等，所以要求衬砌材料应有足够的强度、耐久性、抗渗性、耐腐蚀性和抗冻性等。另外还应从经济观点出发，使衬砌材料价格便宜，就地取材，便于施工。通常采用混凝土、钢筋混凝土、喷射混凝土、锚杆与喷锚支护、石料、装配式材料等。

2. 洞身衬砌类型

洞身衬砌分为直墙式衬砌（图 6.43）、曲墙式衬砌（图 6.44）、喷混凝土衬砌、喷锚衬砌、复合式衬砌、圆形断面隧道、矩形断面隧道等（图 6.45）。

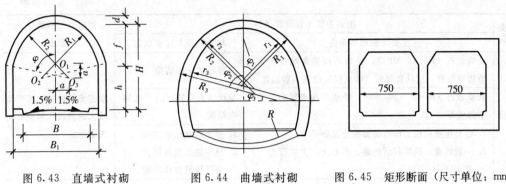

图 6.43　直墙式衬砌　　　图 6.44　曲墙式衬砌　　　图 6.45　矩形断面（尺寸单位：mm）

6.5.3　围岩分类与围岩压力

1. 围岩分类

影响坑道围岩稳定的因素是多方面的，在分类中主要考虑坑道围岩的结构特征和完整状态、岩石的物理力学性质、地下水的影响三个分类指标。

道路隧道围岩分类如表 6.4 所示。

表 6.4　道路隧道围岩分类

类别	围岩主要工程地质条件		围岩开挖后的稳定状态
	主要工程地质条件	结构特征和完整状态	
VI	硬质岩石（饱和抗压极限强度 $R_b > 60\text{MPa}$），受地质构造影响轻微，节理不发育，无软弱面（或夹层）；层状岩层为厚层，层间结合良好	呈巨块状整体结构	围岩稳定、无坍塌，可能产生岩爆
V	硬质岩石（$R_b > 30\text{MPa}$），受地质构造影响较重，节理较发育，有少量软弱面（或夹层）和贯通微张节理，但其产状或组合关系不致产生滑动；层状为中层或厚层，层间结合一般，很少有分离现象，或为硬质岩石偶夹软质岩石	呈大块状砌体结构	暴露时间长，可能会出现局部小坍塌，侧壁稳定；层间结合差的平缓岩层，顶板易塌落
V	软质岩石（$R_b \approx 30\text{MPa}$），受地质构造影响轻微，节理不发育；层状岩层为厚层，层间结合良好	呈巨块状整体结构	
IV	硬质岩石（$R_b > 30\text{MPa}$），受地质构造影响严重，节理发育，有层状软弱面（或夹层），但其产状及组合关系尚不致产生滑动；层间岩层为薄层或中层，层间结合差，多有分离现象，后为硬、软质岩石互层	呈块（石）碎（石）状镶嵌结构	拱部无支护时可产生小坍塌，侧壁基本稳定，爆破振动过大易塌
IV	软质岩石（$R_b = 5 \sim 30\text{MPa}$），受地质构造影响严重，节理较发育；层状岩层为薄层、中层或厚层，层间结合一般	呈大块状砌体结构	

类别	围岩主要工程地质条件		围岩开挖后的稳定状态
	主要工程地质条件	结构特征和完整状态	
Ⅲ	硬质岩石（$R_b > 30$MPa），受地质构造影响很严重，节理很发育，层状软弱面（或夹层）已基本被破坏	呈碎石状压碎结构	拱部无支护时，可产生较大的坍塌，侧壁有时失去稳定
	软质岩石（$R_b = 5 \sim 30$MPa），受地质构造影响严重，节理发育	呈块（石）碎（石）状镶嵌结构	
	1. 略具压密或成岩作用的黏性土及砂性土 2. 一般钙质、铁质胶结的碎、卵石土、大块石土 3. 黄土（Q1、Q2）	1. 呈大块状压密结构 2. 呈巨块状整体结构 3. 呈巨块状整体结构	
Ⅱ	石质围岩位于挤压强烈的断裂带内，裂隙杂乱，呈石夹土或土夹石状	呈角（砾）碎（石）状松散结构	围岩易坍塌，处理不当会出现大坍塌，侧壁经常小坍塌；浅埋时易出现地表下沉（陷）或坍至地表
	一般为第四纪的半干硬-硬塑的黏性土及稍湿至潮湿的一般碎、卵石土，圆砾、角砾土及黄土（Q1、Q2）	非黏性土呈松散结构，黏性土及黄土呈松软结构	
Ⅰ	石质围岩位于挤压极强烈的断裂带内，呈角砾、砂、泥松软体	呈松软结构	围岩极易坍塌变形，有水时土砂常与水一齐涌出；浅埋时易坍至地表
	软塑状黏性土及潮湿的粉细砂等	黏性土呈易蠕动的松软结构，砂性土呈潮湿松散结构	

2. 围岩压力

隧道开挖时，被扰动的围岩要移动和变形，而支护结构要阻止围岩移动或变形，围岩压力就是对支护结构施加压力。围岩压力由两个部分组成：一部分是由岩体的自重产生的；另一部分是岩体在构造运动中残留的构造应力。

3. 隧道结构计算

作用在衬砌结构上的荷载，按其性质可以区分为主动荷载和被动荷载。主动荷载是主动作用在结构并引起结构变形的荷载；被动荷载是因为结构变形压缩围岩而引起的围岩被动抵抗力，即弹性抗力，它对结构变形起限制作用。

1）主动荷载包括长期作用的主要主动荷载，有围岩压力、回填土荷载、衬砌自重、地下净水压力以及车辆载重等；非经常作用的附加荷载，有灌浆压力、冻胀压力、混凝土收缩应力、温度应力以及地震力等。

计算荷载应根据上述两类荷载同时存在的可能性进行组合，选用相应的安全系数验算结构强度。

2）被动荷载，弹性抗力属于被动荷载，其分布范围和图式一般可按工程类比法假定，通常可作简化。

6.5.4 公路隧道的施工方法

公路隧道的施工方法是根据地质条件、水文地质、埋深、断面形状及尺寸、施工技术条件、工期等许多因素有各种不同的施工方法。浅埋隧道往往采用现将地面挖开、修筑完支护结构后再回填土石的明挖法施工；深埋隧道则采用不开挖地面的暗挖法施工，即在地下开挖及修筑支护结构。凡采用一般开挖地下坑道方法修筑隧道的都称为矿山法，此外还有盾构法、掘进机、加固地层法等施工方法。

在选择施工方法时，要根据各种因素综合确定，并要考虑地质条件变化情况，变换施工方法，常用施工方法有漏斗棚架法、反台阶法、正台阶法、全断面法、上下导坑先拱后墙法、下导坑先拱后墙法、品字形导坑先拱后墙法、侧壁导坑法等，其施工顺序如图 6.46～图 6.53 所示。

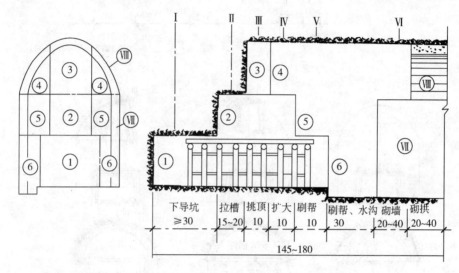

图 6.46　漏斗棚架法施工（尺寸单位：m）

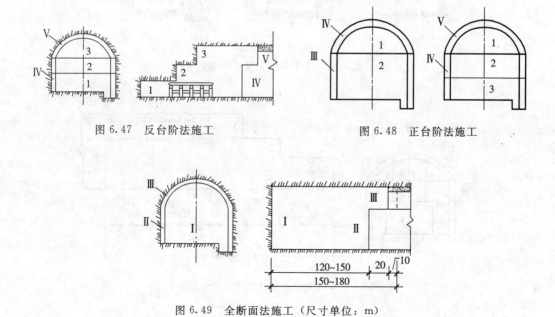

图 6.47　反台阶法施工　　　　　图 6.48　正台阶法施工

图 6.49　全断面法施工（尺寸单位：m）

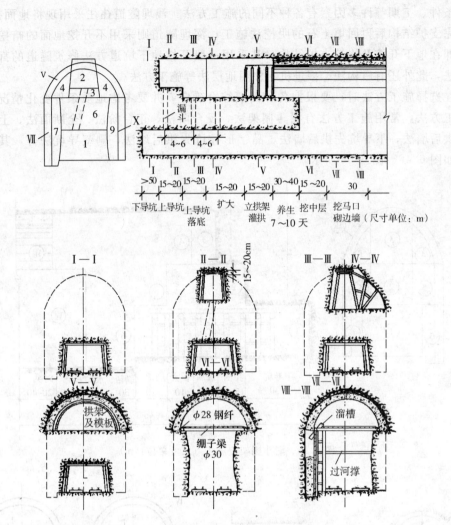

图 6.50　上下导坑先拱后墙法施工

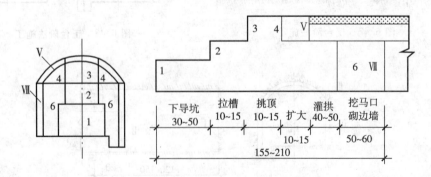

图 6.51　下导坑先拱后墙法施工（尺寸单位：m）

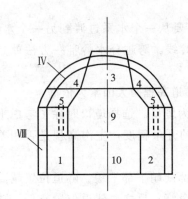

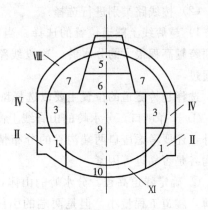

图 6.52　品字形导坑先拱后墙法施工顺序图　　图 6.53　侧壁导坑法施工顺序图

6.6　铁路隧道

6.6.1　隧道位置选择及构造设计

1.隧道位置选择

在一般情况下，铁路隧道具体位置的选择与当地的地质条件、水文地质条件、地形地貌条件、工程难易程度、投资的数额、工期的要求以及现有施工技术的水平和今后运营条件等因素有关。其中，最为重要的是地质条件和地形条件。

（1）按地形及地质条件进行选择

按地形条件进行选择。隧道位置的选择在很大程度上受地形制约。地形障碍有高程障碍和平面障碍两个方面。

1）高程障碍。铁路线前进方向的高山是铁路线上的高程障碍。要克服这种障碍，有两种方案供选择：① 绕行方案。当附近地形开阔，山坡地带宽敞时可以避开前方的山峰迂回绕行而过。② 深堑方案。当地形比较开阔，有山谷台地可资展线时，尽量把线路展长，坡度用足以争取把线路标高抬起到可能的高度。高程不足之处，在山顶部位开凿深路堑通过。

2）平面障碍。铁路进入山区，线路不得不依山傍河迂回前进。有时走行在凹岸，则必须注意是否受到河水冲刷。如果走行在凸岸山嘴、沿山坡绕行、凸度较大时，曲线半径势必很小，使行车条件恶化。若是山嘴伸出太急，线路无法环绕，出现了平面障碍。解决平面障碍有以下两种方案：① 沿河傍山绕行方案。如果地形条件允许，则可采用沿着山体自然弯曲傍山绕行。② 隧道直穿方案。开凿隧道，穿山而过的隧道直穿方案线路顺直平缓，路线行程缩短。

按地质条件进行选择。隧道周围地层的地质条件，对结构物应具备的构造形式和适宜的施工方法都有着决定性的影响。如何避开不良地质区域或克服不良地质，是选择隧道位置时必须审慎考虑的问题。

（2）按线路类别进行选择

1）越岭线上隧道位置的选择。当铁路路线需要从一个水系过渡到另一个水系时，必须跨越高程很大的分水岭。这段线路称之为越岭线。跨越分水岭唯一方法就是以隧道通过。

选择越岭隧道的位置主要以选择垭口和确定隧道高程两大因素为依据。

① 选择垭口。分水岭的山脊线上高程较低处为垭口。选择垭口时除了考虑平面位置外，还要考虑垭口两端沟谷的分布情况和台地的开敞程度，主沟高程是否相差不大和沟谷是否靠近等因素。

② 确定隧道高程。分水岭的山体，一般是上部陡峭下部平缓。隧道位置越高山体较薄，隧道工程量小，但是两端的引线却要迂回盘绕；反之，隧道位置越低，隧道工程规模要大。但线路顺直平缓，技术条件好，对今后运行有利。在选定隧道高程时，务必全面衡量，从技术和经济两个方面做出比较合理的决定。

2）河谷线上隧道位置的选择。线路选择时左右受到山坡和河谷的制约，上下受到标高和限制坡度的控制，比选方案时，尽管可能移动的幅度不大，但对工程的难易、大小都有关系。

2．隧道平纵断面设计

（1）隧道平面设计

隧道平面设计线路尽量为直线，若不可避免地出现曲线时，应尽可能采用较短的曲线，或是半径较大的曲线。在一座隧道内最好不设一个以上的曲线，尤其是不宜设置反向曲线或复合曲线。

（2）隧道纵断面设计

隧道纵断面设计就是要选定隧道内线路的坡道形式、坡度大小、坡段长度和坡段间的衔接等。

1）坡道型式。隧道一般可采用简单的单坡型或不复杂的人字形坡。单坡型多用于线路的紧坡地段或是展线的地区，其优点是可以争取高程。人字形坡道多用于长隧道，尤其是越岭隧道。优点是施工时，水自然流向洞外，排水措施相应地简化，而且重车下坡、空车上坡运输效率高。

2）坡度大小。线路的坡度以平坡为最好。但为了能适应天然地形的形状减少工程量，应设置与之相适应的线路坡度，但坡度不能太大。

3）坡段长度。隧道内不宜把坡段定得太长，否则会使机械疲劳或超负荷，或容易发生事故。

4）坡段连接。为了行车平顺，两个相邻地段坡度的代数差值不宜太大；否则会引起车辆之间仰俯不一，容易发生断钩。一般两地段间的代数差值不应大于重车方向的限坡值。

3．隧道构造设计

（1）隧道横断面设计

1）隧道净空限界。我国针对铁路上各种建筑物规定了"铁路建筑接近限界"，是指全国铁路线路上所有的建筑物都不允许侵入的净空范围，以保证列车往来行驶绝无刮碰并安全通过。

2）曲线隧道的净空加宽。当列车行驶在曲线隧道时，由于车体内倾和平移，所需横断面积有所增加。为了保证列车在曲线隧道中安全通过，隧道中曲线段的净空必须加大。

（2）隧道洞身支护结构的构造

隧道衬砌的构造与围岩的地质条件和施工方法是密切相关的。归纳起来有以下几种：

1）就地模筑混凝土整体式衬砌是在坑道内树立模板、拱架，然后浇灌混凝土而成。在我国铁路隧道工程中广泛采用。

2）装配式衬砌由若干在工厂或现场预先制备的构件，运入坑道内，用机械将它们拼装。

3）锚喷支护是将掺有速凝剂的混凝土拌和料与水汇合成为浆状，喷射到坑道的岩壁上凝缩加设锚杆和金属网构成的一种支护形式。

6.6.2 支护体系设计

1. 围岩的初始应力场（又称原始地应力场）

1）围岩初始应力场根据地应力的成因分为自重应力场和构造应力场。围岩的自重应力场是地心引力和离心惯性力共同作用的结果。围岩的构造应力场按其形成的时间，可分为构造残余应力和新构造应力。构造残余应力是由于过去地质构造运动和岩石形成过程中形成的残存在岩体中的应力；新构造应力是由现在正在活动和变化的构造运动所引起的应力。

2）围岩初始应力场的确定方法。一般通过现场实地应力获得围岩初始应力，但受很多因素影响，实测的围岩初始应力不绝对正确。根据实践经验可采用实地量测和地质力学分析相结合的方法。

2. 我国铁路隧道围岩分类

我国将铁路隧道围岩共分为六类，如表6.5所示。

表6.5 铁路隧道围岩分类

类别	围岩主要工程地质条件		围岩开挖后的稳定状态
	主要工程地质条件	结构特征和完整状态	
VI	硬质岩石（饱和抗压极限强度 $R_b > 60$MPa），受地质构造影响轻微，节理不发育，无软弱面（或夹层）；层状岩层为厚层，层间结合良好	呈巨块状整体结构	围岩稳定、无坍塌，可能产生岩爆
V	硬质岩石（$R_b > 30$MPa），受地质构造影响较重，节理较发育，有少量软弱面（或夹层）和贯通微张节理，但其产状及组合关系不致产生滑动；层状为中层或厚层，层间结合一般，很少有分离现象，或为硬质岩石偶夹软质岩石	呈大块状砌体结构	暴露时间长，可能会出现局部小坍塌，侧壁稳定；层结合差的平缓岩层，顶板易塌落
	软质岩石（$R_b \approx 30$MPa），受地质构造影响轻微，节理不发育；层状岩层为厚层，层间结合良好	呈巨块状整体结构	

类别	围岩主要工程地质条件		围岩开挖后的稳定状态
	主要工程地质条件	结构特征和完整状态	
Ⅳ	硬质岩石（$R_b>30$MPa），受地质构造影响严重，节理发育，有层状软弱面（或夹层），但其产状及组合关系尚不致产生滑动；层间岩层为薄层或中层，层间结合差，多有分离现象；后为硬、软质岩石互层	呈块（石）碎（石）状镶嵌结构	拱部无支护时可产生小坍塌，侧壁基本稳定，爆破振动过大，易塌
	软质岩石（$R_b=5\sim30$MPa），受地质构造影响严重，节理较发育；层状岩层为薄层、中层或厚层，层间结合一般	呈大块状砌体结构	
Ⅲ	硬质岩石（$R_b>30$MPa），受地质构造影响很严重，节理很发育，层状软弱面（或夹层）已基本被破坏	呈碎石状压碎结构	拱部无支护时，可产生较大的坍塌，侧壁有时失去稳定
	软质岩石（$R_b=5\sim30$MPa），受地质构造影响严重，节理发育	呈块（石）碎（石）状镶嵌结构	
	1. 略具压密或成岩作用的黏性土及砂性土 2. 一般钙质、铁质胶结的碎、卵石土、大块石土 3. 黄土（Q1、Q2）	1. 呈大块状压密结构 2. 呈巨块状整体结构 3. 呈巨块状整体结构	
Ⅱ	石质围岩位于挤压强烈的断裂带内，裂隙杂乱，呈石夹土或土夹石状	呈角（砾）碎（石）状松散结构	围岩易坍塌，处理不当会出现大坍塌，侧壁经常小坍塌；浅埋时易出现地表下沉（陷）或坍至地表
	一般为第四系的半干硬-硬塑的黏性土及稍湿至潮湿的一般碎、卵石土，圆砾、角砾土及黄土（Q1、Q2）	非黏性土呈松散结构，黏性土及黄土呈松软结构	
Ⅰ	石质围岩位于挤压极强烈的断裂带内，呈角砾、砂、泥松软体	呈松软结构	围岩极易坍塌变形，有水时土、砂常与水一齐涌出；浅埋时易坍至地表
	软塑状黏性土及潮湿的粉细砂等	黏性土呈易蠕动的松软结构，砂性土呈潮湿松散结构	

6.6.3　隧道施工方法

1. 新奥地利隧道施工法

1）全断面法。按照隧道设计轮廓线一次爆破成型的施工方法。

2）台阶法。台阶法中包括长台阶法、短台阶法和超短台阶法等三种，其划分是根据台阶长度来决定的，如图 6.54 所示。

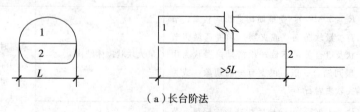

（a）长台阶法

图 6.54　台阶法隧道施工

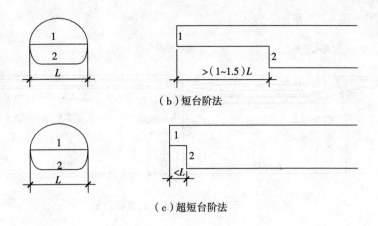

（b）短台阶法

（c）超短台阶法

图 6.54　台阶法隧道施工（续）

　　3）分部开挖法。分部开挖法可分为三种变化方案，台阶分部开挖法、单侧壁导坑法、双侧壁导坑法，如图 6.55 所示。

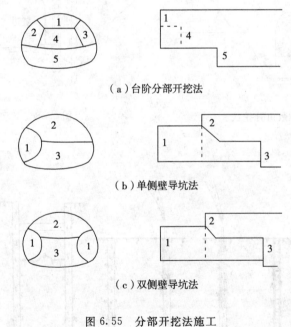

（a）台阶分部开挖法

（b）单侧壁导坑法

（c）双侧壁导坑法

图 6.55　分部开挖法施工

　　2. 传统的矿山法

　　传统的矿山法有全断面法、台阶法、侧壁导坑法、漏斗棚架法、上下导坑先拱后墙法等。

　　3. 其他施工方法

　　其他施工方法有沉埋管法、明挖法（敞口开挖法、工字钢桩法）、地下连续墙法等，如图 6.56～图 6.59 所示。

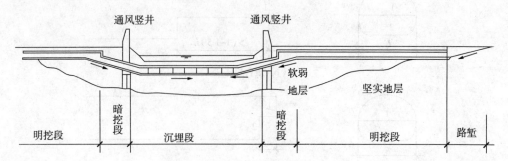

图 6.56　沉埋管段水底隧道的纵断面图

图 6.57　敞口开挖法　　　　图 6.58　工字钢桩法

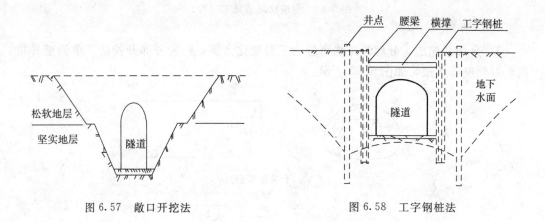

图 6.59　地下连续墙法

6.7 水底隧道

6.7.1 水文调查与计算

水下隧道水文工作的具体任务应根据主河道设计洪水频率提出水下隧道洞口及风井口等的标高,以防洪水淹没。

1. 水文工作的特点

1) 水下隧道纵段面一般成 V 形坡或 W 形坡,如图 6.60 和图 6.61 所示。在水下隧道洞口选位时,若洞口标高定得过低,洪水灌进隧道内造成很大危害,若定得过高,就需要增加隧道长度、增加工程量和延长工期。因此,水文调查计算必须力求准确、可靠,以求隧道各洞口标高定得安全合理。

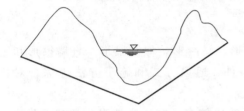 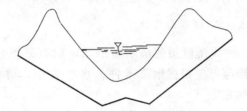

图 6.60　V 形坡水下隧道纵段面　　　　图 6.61　W 形坡水下隧道纵段面

2) 为了使隧道洞口达到隐蔽的要求,水下隧道主洞口以及通风井口往往选在支沟口内适当距离,避开山洪直接冲刷。

2. 水文计算

水下隧道水文计算,首先应在隧道所在地区选择基准水文控制断面,进行水文测绘和计算。然后根据控制断面与隧道各洞口及河底段位置的关系,推算隧道各洞口要求百年一遇或三百年一遇洪水频率防洪标高及河底段的理论外水压力(水头高度)。水文计算主要工作如下:

1) 测量河床断面及比降。测量方法一般可以用经纬仪视距测距离和高差,也可以利用微波测距离,超声波测深度,河床断面仪测量河床断面,还可以利用过河钢索和门桥以及测杆测水面上各点的水深。水面比降的测量方法一般可用皮尺和水准仪视距测量各点之间的距离,以水准仪测各点高程。

2) 洪峰流量的测定。选用下游水文站的实测资料,插补及调查年最大洪峰流量资料。

3) 绘制隧道轴线处江河水位-流量、水位-面积和水位-流速关系曲线图。

一般应根据实测资料来绘制这些关系曲线。有时受技术设备条件的限制而未能建立水文站时,只能利用隧道附近实测和调查的若干个洪峰水位资讯以及实测的河床断面,借用隧道上、下游水文站相应的洪峰流量资料,并计算出相应流速,点绘出关系曲线。

4）设计水位的确定。应从调查和计算等多方面来查证洪水位的准确性，不要采用单一方法确定。

5）流速的确定。当无实测流速资料时，设计流速可由计算而得。

6）河底段水头高度的计算。

7）支沟水文计算。若隧道洞口远在支沟中，隧道主洞口标高受支沟洪水位控制应进行水文计算。

8）浪高的调查与计算。若隧道口选在江河岸边，隧道洞口标高应考虑浪高的影响。

6.7.2 隧道建筑设计

1. 水下隧道组成

水下隧道各组成部分是有机整体，缺一不可，有防洪门、总控制室、值班室、警卫室、排水泵房、通风斜井、口部风机房、事故停车道等房间和设施。

2. 横断面设计

水下隧道的横断面形状一般有圆形、卵形、马蹄形、似马蹄形、直墙拱形和矩形等，应根据地质条件、水压大小、荷载条件、通风方式和施工方法等综合对比确定。

1）圆形断面。国内外水下隧道采用圆形的比较多，它适应性强，具有承载能力大、易于施工、对不良地质适应性强、充分利用空间等优点，如图 6.62 所示。

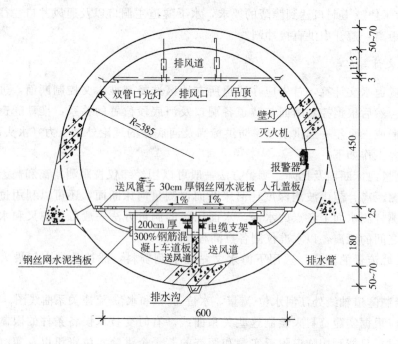

图 6.62　圆形断面水下隧道（尺寸单位：cm）

2）卵形或椭圆形断面。适用于在黏土层中修筑水下隧道，在水工隧洞多用，但空间利用略受限制。

3）马蹄形或似马蹄形断面。主要适用于需构筑仰拱的水下隧道工程（图6.63）。

4）矩形断面。矩形断面衬砌对抵抗外水压力和岩（土）压力均不利。其最大的缺点是不能充分利用围岩的弹性抗力，不经济。在城市地下铁道工程中较多采用。

5）直墙拱形衬砌断面：它是地下工程中应用最普遍、最多的一种结构形式（图6.64）。

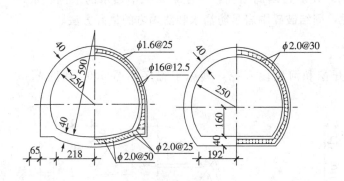

图6.63 马蹄形断面水下隧道（尺寸单位：cm）

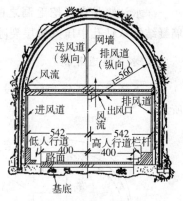

图6.64 直墙拱形衬砌断面
（尺寸单位：cm）

6.7.3 隧道工程结构设计与计算

隧道围岩分类和围岩压力的确定和公路隧道、铁路隧道部分相类似，不同之处是水下隧道还承受外水压力。它是衬砌设计中必须考虑的主要荷载。外水压力大小取决于隧道洞顶以上的水头高度，地下水的埋藏条件，补给和径流排泄条件，地层隔水效果以及节理裂隙发育程度，岩石渗漏水性能等。在围岩分类和围岩压力以及外水压力确定之后，即可采用前述方法进行内力和位移计算。

6.7.4 隧道防水

1．概述

1）防水的必要性。水下隧道衬砌70％～80％地段终年在地下水位以下。因而水下隧道防水问题，从开工到使用都要考虑。只要隧道衬砌存在孔洞和缝隙，地下水就会渗涌进隧道。因此，解决好水下隧道的防水十分必要。

2）防水原则。水下隧道应采取"以防为主"的防水原则，辅以防排结合的措施。

3）防水措施的选定。需要考虑水文地质条件、施工技术水平及投资等因素。任何防水措施的防水能力及适用范围都有一定的局限性，因此防水问题一定要从现实出发，根据需要与可能来制定防水措施。

2. 防水措施

防水措施主要有采用防水混凝土、回填注浆、固结注浆,采用高分子化学浆,采用外排水,对伸缩缝、施工缝、衬砌裂缝防水处理等。

6.7.5　水下公路隧道施工

1. 深水注浆

深水注浆是在开挖毛洞之前,在隧道四周钻孔,用注浆泵把不透水的水泥、水玻璃凝结物从钻孔中压入岩层裂隙,固结破碎围岩是防涌水和防塌方的最好方法。

2. 水下隧道开挖

水下隧道开挖分为河岸段开挖和河底段开挖,其施工程序如图 6.65 和图 6.66所示。

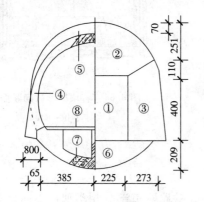

图 6.65　河岸段开挖施工程序

(尺寸单位:cm)

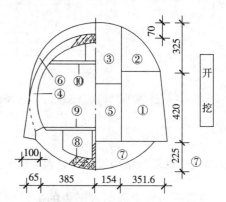

图 6.66　河底段开挖施工程序

(尺寸单位:cm)

思　考　题

6.1　简述桥梁在交通运输业中的作用。

6.2　请说出我国有代表性的桥梁。

6.3　桥梁基本组成部分有哪些?桥梁按基本体系分哪几类?各自特点是什么?

6.4　隧道的定义是什么?隧道是如何分类的?

6.5　请说出我国及世界上著名的公路隧道。

6.6　交通隧道、水工隧道、市政隧道、矿山隧道分别包括哪些隧道?各自的特点、用途是什么?

6.7　什么是公路隧道净空断面?它包括哪些尺寸?

6.8　公路隧道洞身衬砌有哪些类型?其特点及适用范围是什么?

6.9　公路隧道围岩分类时主要考虑哪些指标?

6.10　公路隧道常用什么施工方法?

6.11 铁路隧道具体位置选择的影响因素是什么？

6.12 铁路隧道当按地形条件选择时遇到高程障碍和平面障碍时有什么克服措施？

6.13 铁路隧道纵断面设计内容有哪些？

6.14 什么是机车车辆限界和铁路建筑接近限界？它们的作用是什么？

6.15 铁路隧道结构体系设计计算的方法有哪些？

6.16 铁路隧道的施工方法有哪些？

6.17 水下隧道水文计算的内容是什么？

6.18 水下隧道横断面形状有哪些？

6.19 水下隧道防水原则是什么？

第7章 水工结构工程

7.1 水工结构工程概述

我国水资源丰富，河流纵横，可开发利用的水能资源居世界首位，但水资源在时间和地域上的分布经常与对它的需要不一致，因此，为了更加合理、有效的利用和调配水资源，就需要兴建水工结构工程。水工结构工程按服务于多目标的通用性，水工结构分为挡水结构、泄水结构、取水结构、输水结构、整治结构；按服务于单一目标的专门性，水工结构通常包括防洪工程、农田水利工程、水力发电及地下电站工程、港口航道工程、海岸工程等。

由于水工结构工程是修建在河流、渠道、港口、海岸等的建筑，受水的作用影响。水工结构有别于其他建筑物或构筑物的特点如下：

1）水工结构与其相应河流的水利工程是一个系统的综合体。同一流域的水工结构和水利工程不能单独分割出来孤立存在，它们是相辅相成、互相影响和制约的。必须以整个流域的系统规划为根本出发点，规划、设计水工结构和水利工程才能保证两者更好地发挥各自的作用。

2）水工结构工作条件复杂，施工技术难度大。受水文、气象、地址、地形等复杂条件的影响，水工结构工作条件十分复杂且不尽相同。水的作用使得水工结构工作条件特殊，除了承受一般荷载外，还要承受因水引起的力，如水压力、浪压力、冰压力、渗透力、冻胀力等。同时，水工结构地质条件复杂多变，对地基应进行细致周密的处理和研究。此外，水工结构施工受气候、温度等影响大。对于大型水工结构从规划、设计到施工、管理组织等方面均有很高的要求。

3）大型水工结构不仅对社会、经济有很大影响，对自然环境、生态环境也会产生很大影响。大型水利工程和水工结构对社会、经济产生很大影响，如通过防洪、农田水利、水力发电、港口、航运等为人类避灾造福。不仅如此，由于它在不同程度上改变了自然面貌，必将对自然环境产生影响。这种影响可能是积极的，如都江堰工程（图7.1）造就了四川天府之国，各类水电站提供强大的电力等；若严重失误，则会造成巨大损失，如修建水库要淹没耕地、城镇、道路、企业等。水工结构一旦倒塌，将对人民的生命、财产、安全带来巨大损失。

水工结构工程的发展历史悠久。在公元前4400年左右，古埃及就修建农田水利灌溉工程。我国最早记载的则是公元前2280年左右"三过家门而不入"的大禹治水工程。春秋战国时期，李冰父子建造的都江堰工程和公元前219年开始修建的沟通长江和珠江两大水系的灵渠都是闻名中外的佳作。19世纪以来，世界各国水工结构工程逐步发展，在19世纪60年代，法国修建了高60m的高弗瑞·丹佛坝，为当时世界上最高的水坝。解放后，我国水工结构工程才稍有起色，相继修建和改建了大量的农田水利工程、水力发电工程、防洪工程、航道工程等。例如，黄河、长江等堤岸扩建、蓄洪、分洪工程（图7.2）；丹江口、葛洲坝水力发电、水利枢纽工程（图7.3）；韶山、江都泵站等水利灌溉工程（图7.4）；大连港、湛江港等港口工程扩建（图7.5）；长江、珠江等航道整治工程（图7.6）等，这些水工结构工程对社会生产、人民生活都起到了非常重要的作用。

图7.1　都江堰工程

图7.2　防洪、分洪工程

（a）丹江口水利枢纽　　　　　　　　　（b）葛洲坝水利枢纽

图7.3　水力发电工程

图 7.4　江都泵站

图 7.5　湛江

图 7.6　长江航道

7.2 防 洪 工 程

防洪工程是预防、控制洪水或冰凌成灾所修建的工程。主要包括挡水结构工程、河道整治工程、分洪工程和水库等,它们的作用可分为阻挡洪水侵袭、增加泄洪能力、拦储调节洪水。

7.2.1 挡水结构

挡水结构是为阻挡洪水泛滥、海水入侵而修建的水工建筑,是防洪工程中最常用、最重要的组成部分,如堤、坝、拦河闸等。

堤是沿河、渠、湖、海岸边等边缘修建的挡水结构,主要是防御洪水对保护对象的侵袭。堤按照材料分,有土堤(图7.7)、石堤(图7.8)、钢筋混凝土堤(图7.9)。

图7.7 土堤

图7.8 石堤

图7.9 钢筋混凝土堤

坝是建在河流中截断水流、抬高水位、形成水库的挡水结构,也具有泄洪、发电等功效。按材料分为土石坝、混凝土坝;按结构特点和力学性能分为重力坝、拱坝、支墩坝(图7.10)等。

土石坝是一种古老的坝型，目前仍是数量最多的坝型。据史料记载，在4000多年前，我国、埃及、印度等世界文明发源地就开始修建土石坝。世界上较高的土石坝是原苏联的罗贡（Rogun）土坝，高达335m。土石坝是土坝、堆石坝及土石混合坝的总称，它是用坝址附近的土料、石料和砂砾堆筑起来的，也称当地材料坝。土石坝具有就地取材、节约建筑材料、对自然条件有广泛适应性，抗震性能好，结构简单，寿命较长，施工、管理、维护、扩建等较简便的优点，又加上近年来设计理论、施工技术、施工机械化程度不断提高和改进，使得土石坝应用越来越广泛，已经成为目前采用最多的一种坝型。

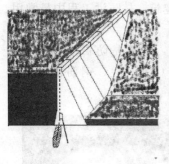  

（a）重力坝　　　　　　（b）拱坝　　　　　　（c）支墩坝

图 7.10　坝的类型

　　土石坝段面形式比较简单，多为梯形或复式梯形，主要组成有坝体、防渗体、排水设备和护坡四个部分。按施工方法分为碾压式土石坝、水力冲填坝、水坠坝、水中填土坝、土中灌水坝、定向爆破堆石坝等。碾压式土石坝是用适当的土料分层堆筑，逐层压实建成的坝。水力冲填坝是以水力为动力进行土料开采、运输等工序建成的坝。水坠坝是在高于坝体土场造成泥浆，靠自重经输泥渠流入坝址，再靠自重沉淀固结而筑成的坝。水中填土坝是将易于崩解的土料一层层倒入由许多小土堤分隔围成的静水中填筑而成的坝。土中灌水坝则是在坝址铺一层土，填入浸水后容易崩解的土料后再灌水使土壤在水中崩解排出孔隙中空气后自然而形成的坝。定向爆破堆石坝是按预定要求埋设炸药，使爆出的大部分岩石抛向预期地点而形成的坝。土石坝按坝体材料分为土坝、土石混合坝、堆石坝。土坝是指坝体绝大部分由土料筑成的坝；堆石坝是指坝体绝大部分或全部由石料堆筑起来的坝体，土石混合坝的坎体材料则由土料和石料组成。如图7.11所示。

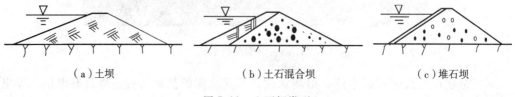

（a）土坝　　　　　　（b）土石混合坝　　　　　　（c）堆石坝

图 7.11　土石坝类型

混凝土坝是在砌石坝的基础上发展起来的。水泥出现后，混凝土才逐渐代替砌石成为坝体的主要建筑材料。在高坝建设中，混凝土坝发展较早，我国的高坝中以混凝土坝为主。

重力坝主要是依靠自身重量在地基上产生的摩擦力和坝与地基之间的凝聚力来抵抗坝前的水推力以保持抗滑稳定，其断面一般呈三角形，直立或向上游面倾斜，利用部分水重增加坝的稳定性，它是混凝土坝中最早出现的坝型。

混凝土重力坝优点是适用于从坝顶溢流，施工期间也易于通过较低的坝块或底孔泄流，坝体结构简单，易浇筑，便于机械化施工，适合在各种气候条件下修建，设计、建造经验较丰富，工作可靠，使用年限较长，养护费用较低等。但重力坝由于依靠坝体自重维持稳定，因此坝体体积大，材料强度不能充分发挥，浇筑时水泥水化热消散困难，由于温降收缩易产生裂缝，破坏坝体整体性和强度。

混凝土重力坝按断面形式可分为实体重力坝、宽缝重力坝、空腹重力坝和预应力重力坝。宽缝重力坝是将横缝的中部加宽，宽缝设置不仅可节省混凝土，而且改善了浇筑的散热条件，但施工较复杂，模板用量多。空腹重力坝是在坝内设置大型纵向空腔，可减小坝底扬压力，节约混凝土用量，但施工较困难，钢筋用量多。预应力重力坝是利用受拉钢筋或钢杆对坝体施加预应力以增加坝身稳定，它能有效改善坝身应力分布，减少混凝土用量，但也具有施工复杂，钢筋用量多的不足，如图 7.12 所示。

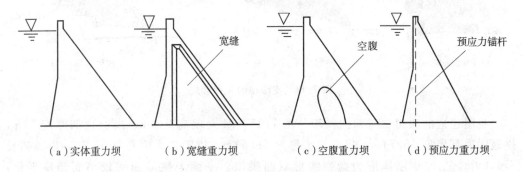

（a）实体重力坝　　（b）宽缝重力坝　　（c）空腹重力坝　　（d）预应力重力坝

图 7.12　混凝土重力坝

拱坝是通过拱作用将坝体承受荷载传递到两岸基岩上并利用两端推力维持坝体稳定的水工结构。拱坝是一种空间壳体结构，在平面上呈向上突出的弧形，在竖直面上呈悬臂梁形，如图 7.13 所示。当河谷宽高比较大时，悬臂梁体系承担大部分荷载；当河谷宽高比较小时，水平拱则承担大部分荷载。拱坝充分利用了材料强度，因此其体积一般只有重力坝的 30%～80%。由于拱坝是整体性空间结构，坝体轻韧，弹性好，只要基岩稳定，其抗震能力较好。

支墩坝是由一系列挡水面板和支撑面板的支墩组成，按结构形式分为平板坝、大头坝和连拱坝（图 7.14）。最早的支墩坝是平板坝，其面板是简支于支墩上的钢筋混凝土板，大头坝是将支墩上游部分向两侧扩大形成悬臂大头相互贴紧，起挡水作用，连拱坝面板是一系列斜倚在支墩上的拱筒。平板坝一般用于修建中低坝，而大头坝和连拱坝则用于修建高中坝。其传力途径是荷载作用在挡水面板上,传至支墩,再传到地基上。支墩坝的上游面倾斜,便于利用水压力增加坝体稳定性。它的散热条件比重力坝好,体积只有重力坝体积的30%~70%。但由于支墩坝比较单薄,抗震、抗冻性能较弱。

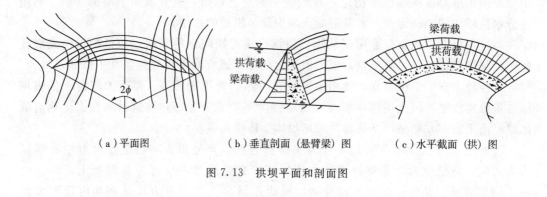

(a)平面图　　　　　(b)垂直剖面(悬臂梁)图　　　　(c)水平截面(拱)图

图 7.13　拱坝平面和剖面图

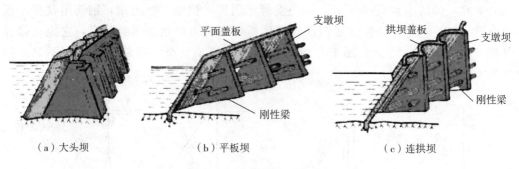

(a)大头坝　　　　　(b)平板坝　　　　　(c)连拱坝

图 7.14　支墩坝的几种形式

　　我国建造的四川二滩双曲拱坝(图7.15)最大坝高240m、拱冠顶部厚度11m,拱冠梁底部厚度55.74m,拱端最大厚度58.51m,拱圈最大中心角91.5°,拱顶弧长774.69m。二滩拱坝体形为抛物线形双曲拱坝。平面上拱端曲率较小而趋扁平化,加大拱推力与岸坡的夹角、有利坝肩稳定,同时通过调整拱圈的曲率和拱厚使应力更趋均匀合理,为中国已建成的最高坝。三峡拦江重力大坝(图7.15)轴线全长2309.47m,坝顶高程185m,最大坝高181m。设有23个泄洪深孔,底高程90m,深孔尺寸为7m×9m,其主要作用是泄洪。青海龙羊峡拱坝(图7.16)坝高178m,装机128万kW,水库库容247亿m³。龙羊峡拱坝当时是中国内地最高的大坝,坝基岩石为花岗岩。河南小浪底土石坝(图7.17)坝高154m,总填筑量5185万m³,是我国迄今为止最大的土石坝。该工程可控制流域面积69.4万km²,占黄河流域总面积的92.3%,控制黄河输沙量的100%。为国家发展和经济建设起到了极大的促进作用。

图 7.15　三峡拦江重力大坝

图 7.16　青海龙羊峡拱坝

图 7.17　河南小浪底土石坝

7.2.2 河道整治

河道整治是为稳定河势、改善水流流态、河流边界条件等在河床两岸修建的工程。河道整治的目的是防洪、航运、引水、城镇防护及综合开发和治理等。

河道整治工程按材料和使用年限分为临时性整治工程和永久性整治工程。例如，古代的竹筏、沉排等为临时性工程，而土、石、混凝土等材料修建的重型实体建筑物为永久性工程，主要用于调整水流方向、固滩护堤。

按与水流的关系分为丁坝、顺坝、潜坝、锁坝、环流、透水、不透水等形式。主要是改变水沙运动方向，控制河床冲淤变化，改善不利河湾，起到稳定滩岸、固定河势流路的作用。

7.2.3 分洪工程、水库

图 7.18　龙羊峡水库

分洪工程是为保障保护区安全，将超额洪水分流的工程。

水库是用堰、坝、小闸等围成的人工水域。水库防洪主要是利用水库储水能力调蓄洪水。我国著名的水库有丹江口水库（图 7.3）、龙羊峡水库（图 7.18）。龙羊峡水库的库容很大，达 $247 \times 10^8 \mathrm{m}^3$，为入库站唐乃亥水文站多年平均径流量的 1.2 倍；入库沙量很小，多年平均输沙量 $1302 \times 10^4 \mathrm{t}$，多年平均含沙量只有 $0.61 \mathrm{g/m}^3$ 等。

为了泄放超过水库调蓄能力的洪水，满足放空水库和防洪调节等要求，确保工程安全，一般都设有泄水建筑物。常用的泄水建筑物有坝身泄水道（包括溢流坝、中孔泄水孔、浑式泄水孔、坝下涵管等）和河岸泄水量（包括河岸溢洪道和泄水隧洞等）。下面主要介绍河岸溢洪道。

河岸溢洪道的特点是地面开敞式，它具有较大的超泄能力，泄水能力随水库水位的升高而迅速增加，可减少泄水翻坝的可能性，同时它还具有检查方便、运用安全可靠、减少开挖土石方量等优点，因此应用广泛。河岸溢洪道主要有正槽式、侧槽式、竖井式、虹吸式四种。正槽式溢洪道的泄槽与溢流堰轴线正交，过堰水流与泄槽轴线方向一致。侧槽式溢洪道的泄槽与溢流堰轴线接近平行。竖井式溢洪道则由溢流喇叭口段、竖井、弯道段、水平泄洪洞段组成。虹吸式溢洪道是利用虹吸作用泄水的封闭式溢洪道，可单独修建在河岸上也可和混凝土坝结合在一起使用，如图 7.19 所示。

河岸溢洪道位置应根据自然条件、工程特点、枢纽布置要求及运行条件等综合选择。一般情况下，溢洪道应选择有利地形，布置在岸边或垭口，尽量避免深挖以免造成高边坡失稳或处理困难。同时还应布置在稳定地基上。从枢纽总体布置来看，溢洪道进口应位于水流顺畅处。

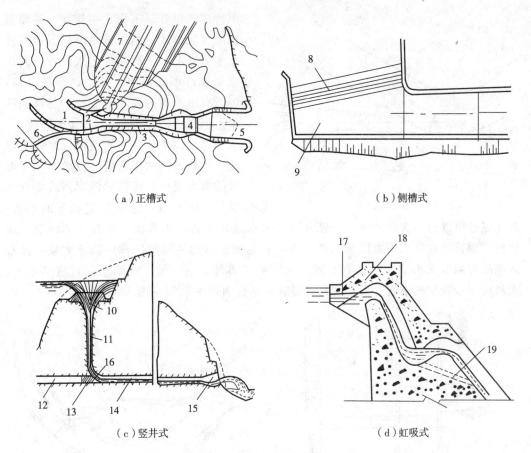

（a）正槽式　　　　　　　　　（b）侧槽式

（c）竖井式　　　　　　　　　（d）虹吸式

图7.19　河岸溢洪道类型

1.进水段；2.控制段；3.泄槽；4.消能防冲段；5.出水渠；6.非常溢洪道；7.土坝；
8.溢流堰；9.侧槽；10.溢流喇叭口；11.竖井；12.导流隧洞；13.混凝土塞；
14.水平泄洪隧洞；15.出口段；16.弯道段；17.通气孔；18.顶盖；19.泄水孔

7.3　农田水利工程

农田水利是为农业生产服务的水利工程，其主要任务是灌溉、排涝、改良土壤。

渠首的主要作用是引进河道或水库中的水以满足灌溉、发电、工业和生活用水需要，它是农田水利工程中的重要建筑物之一。它可分为无坝渠首和有坝渠首两种。

无坝渠首是不在河流中修建拦河坝引水灌溉，适用于河流水位、流量不经调节就能满足灌区用水要求的渠首。它一般由进水闸、拦沙坝、沉沙池等建筑物组成。多用于江河中下游水量丰富、水位变化不大或不易修建拦河闸的情况，如图7.20所示。

有坝渠首是采用拦河坝抬高水位，保证水流量满足灌溉要求的渠首。它具有进水闸前水位稳定、工作可靠、利于将取水口设在灌区近处的优点。它一般由拦河坝、进水闸及沉沙槽式、人工弯道式、底部冲沙廊道式、底栏栅式等沉沙冲沙建筑物组成。

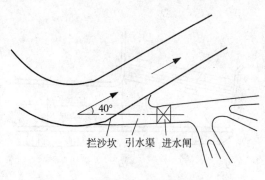

图 7.20　无坝渠首

沉沙槽式渠首是采用正面排沙、侧面引水的布置形式，利用进水闸前沉沙槽使水中粗粒泥沙下沉减少入渠泥沙。其优点是渠首形式简单，施工、管理方便，但具有沉沙槽内易出现旋流，易将底沙带入渠道，冲沙时需停止取水等缺点。人工弯道式渠首是在河道内或岸边上修建人工弯道，利用弯道环流减少入渠泥沙的取水渠首。底部冲沙廊道式渠首是将冲沙廊道设在进水闸底板下的渠首。

其优点是可以边引水边冲沙，一般适用于来水量较丰富、用水保证率较高的情况。底栏栅式渠首是在壅水坝内设置廊道取水，利用廊道顶部栏栅筛析作用防止大粒径沙石入渠的有坝取水形式。它具有布置简单、施工方便、造价低，适用于河道流量不大、大粒径泥沙较少的小型工程。这几种形式渠首分别如图 7.21～图 7.24 所示。

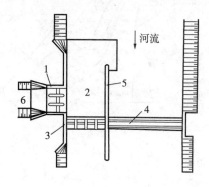

图 7.21　沉沙槽式渠首

1. 进水闸；2. 沉沙槽；3. 冲沙闸；
4. 壅水坝；5. 导流墙；6. 渠道

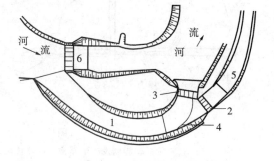

图 7.22　人工弯道式渠首

1. 人工弯道；2. 进水闸；3. 冲沙闸；
4. Γ形拦沙坎；5. 渠道；6. 拦河闸

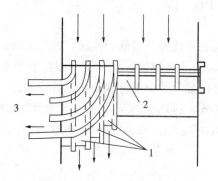

图 7.23　底部冲沙廊道式渠首

1. 冲沙廊道；2. 壅水坝；3. 渠道

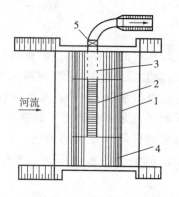

图 7.24　底栏栅式渠首

1. 底栏栅坝；2. 金属栏栅；3. 取水廊道；
4. 溢流坝；5. 进水闸

水闸是用来控制闸前水位和调节过闸流量的低水头水工建筑物，通过闸门启闭具有挡水和泄水或取水的双重作用，广泛应用于防洪、灌溉、供水、发电等。

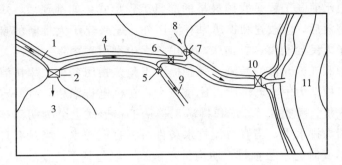

图 7.25　按承担主要任务划分水闸

1. 河流；2. 分洪闸；3. 滞洪区；4. 堤防；5. 进水闸；6. 拦河闸；

7. 排水闸；8. 溃水区；9. 引水渠；10. 拦潮闸；11. 海

水闸的类型有很多种，按承担主要任务划分为进水闸、拦河闸、拦潮闸、分洪闸等，如图 7.25 所示。进水闸是在河流、湖泊、水库等岸边建闸引水，通常设在渠道首部，又称渠首闸。拦河闸一般用于截断河渠，抬高河渠水位，横断河流或渠道修建。排水闸常建于江河沿岸，既可以开闸排滞，又可以防止倒灌。拦潮闸常建于入海河口附近，主要作用是拦潮、御咸、排水、蓄淡。分洪闸常建于河道一侧，用于分泄河道多条洪水。水闸按闸室结构形式分为开敞式、胸墙式、封闭式或涵洞式水闸（图 7.26）。开敞式和胸墙式水闸上面不填土封闭，其中不设胸墙的开敞式水闸多用于拦河闸、排水闸；设胸墙的开敞式水闸多用于进水闸、排水闸和拦潮闸。封闭式或涵洞式水闸是闸身上面填土封闭的水闸。

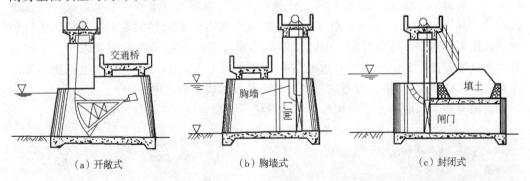

（a）开敞式　　　　　　　（b）胸墙式　　　　　　　（c）封闭式

图 7.26　按闸室结构形式划分水闸

农田水利工程主要包括灌溉工程、排涝工程。

我国很多灌溉区是利用两种或多种水源进行灌溉的，如井渠结合、引蓄堤结合等，从灌溉水源来分，利用水库、塘堰蓄水灌溉的约占 31%，由河川引水自流灌溉的约占 28%，利用机电泵站提水灌溉的约占 19%，利用地下水灌溉的约占 18%，利用其他形式的约占 4%。灌溉工程可分为蓄水工程、自流引水灌溉工程、提水工程。我国蓄水工程主要有各种类型的水库和多种形式的小型蓄水工程。用于灌溉的水库就其功能分为拦蓄河川径流的、引蓄渠道余水的、提水后再蓄在库中的、拦蓄河川潜流的、拦蓄洪水泥沙的等。小型蓄水工程如南方丘陵地区的塘堰工程,北方干旱地区的旱井、涝池、水窖等。自流引水灌溉工程是我国最早的灌溉工程形式,如都江堰、郑国渠等大型自流引水灌区。解放后,除改建和扩建原有灌区外,还兴建了大批新的自流灌区,如在黄河两岸新建了人民胜利渠、打渔张、位山等大中型引黄灌区,陕西关中地区的宝鸡峡引渭灌溉工程和江苏北部的灌溉总渠。提水工程是指用各种农用排灌机械取水灌溉的工程。排灌机械动力中电动机所占比重较大,在机电排灌中,有固定泵站、配套机电井、流动抽水机、喷滴灌等。农田排涝工程从工程形式上分为明沟排水、暗管排水和竖井排水。明沟排水中,当有自流排水条件时为自流排水;当没有自流排水条件或自流排水条件不畅时为水泵抽排。明沟排水系统一般包括干、支、斗、农、毛各级排水沟通及相应排水控制建筑物,具有施工简单、见效快等优点,但其占地多,易淤积,维修工作量大。暗管排水系统一般包括吸水管、集水管、检修井、排水控制设备等,其优点是占地少,不影响农田耕作和交通,排水效果稳定,但需较多管材,基建投资高。竖井排水是利用水井抽取地下水,降低和控制地下水位,其优点是调控地下水位能力强,但井点分散,管理不便,需较多机泵和动力。在一些地区常因地制宜采取几种措施结合使用。

7.4　水力发电及地下电站工程

　　水力发电是循环利用水力资源产生电能的过程。水力发电具有不用燃料、不污染环境、能源可以循环利用、运行成本低的优点。

　　我国水力开发方针是大、中、小并举,以大型为骨干。电站规模的大、中、小是相对的。我国 20 世纪七八十年代对已建和在建水电站装机容量和年发电量统计时将装机>25 万 kW 的水电站作为大型水电站。世界上水电开发较多的国家,早期修建的水电站规模都相当小,随着经济、电力工业的不断发展,电网规模的不断增大,水电站容量和机组容量也相应增大,对水电站装机容量没有大、中、小正式规定。我国第一座水电站是建于 1912 年云南石龙坝水电站,是规模较小的水电站。

　　我国著名的水电站为葛洲坝水电站、长江三峡水电站(图 7.27 和图 7.28)。

图 7.27　葛洲坝水电站

图 7.28　长江三峡水电站

长江三峡工程经过多年的基础性研究和可行性论证，于 1992 年被列入 80 年规划。它是目前我国最大的水利工程，也是世界上最大的水力发电工程。长江三峡水电站建于湖北宜昌长江西陵三斗坪，距葛洲坝水利枢纽 38km。主要有大坝、水电站、通航建筑物三个部分组成。三峡水电站为坝后式厂房，为单机容量 70 万 kW 的 26 台机的水轮发电机组，总容量达 1820 万 kW，年发电量 840 亿 kW·h，居世界首位。

地下水电站是在地面以下土层或岩体中修建的依靠水力资源发电的工程。它可以充分利用地形、地势，在地下布置发电机组，获得更大水力压头，经济有效(图 7.29)。

图 7.29　地下水电站

7.5　港口航道工程

港口是位于江、河、湖、海沿岸，具有一定设施和条件，供船舶靠泊、旅客上下、货物装卸、生活物料供应等作业的地方。它包括水域、陆域两大部分。水域包括进港航道、港池和锚地，供船舶航行、运转、停泊之用；陆域包括码头、岸上仓库、堆场等其他辅助设施，供旅客集散、货物装卸、转载之用。

港口按所在地理位置分为海港、河口港、湖港、水库港等。按性质和用途分为商港、渔港、军港、工业港、避风港等。

港口工程是兴建港口所需的工程，主要包括港口建设的总体规划、进港交通、地基基础、码头结构、防波堤工程等。在这里主要介绍码头结构、防波堤工程。

码头是供旅客上下、货物装卸、船舶靠泊之用的地方。按断面形式分为直立式、斜坡式、半直立式、半斜坡式（图 7.30）。直立式码头便于船舶停靠，是应用最广泛的码头，不仅用于海港，也用于水位差不太大的河港；斜坡式码头用于水位变化较大的港口；半直立式码头用于高水时间较长而低水时间较短的港口；半斜坡式则用于枯水时间较长而高水时间较短的港口。

码头按结构形式分为重力式、板桩式、高桩式。

重力式码头是依靠码头自身重量和其内填料重量保持稳定。在我国采用普遍的是方块、沉箱、扶壁三种结构形式。重力式方块结构形式是一种最古老的码头结构形式，具有施工方便、耐久性好、节省钢筋的优点；沉箱结构形式中沉箱形状主要有方形、矩形、不对称形等，广泛应用于码头、筏桥墩台等工程；扶壁结构形式多用于华南沿海地区，与沉箱相比属轻型结构，施工方便，但整体性不如沉箱结构形式。

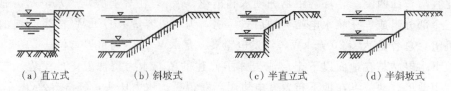

(a) 直立式　　　　(b) 斜坡式　　　　(c) 半直立式　　　　(d) 半斜坡式

图 7.30　码头断面形式

板桩式码头是依靠打入土中的板桩保持稳定，由于板桩较薄，且承受土压力，因此它适用于墙高不超过 10m 的码头。

高桩式码头主要由上部结构和桩基两个部分组成。上部结构一般为现浇承台和框架结构，或者是装配整体式梁板结构，它们构成码头地面。板、梁跨度随桩长和桩截面的加大而逐渐增加。桩基主要采用预应力混凝土空心方桩。高桩式码头一般适用于软土地基。

防波堤工程位于港口水域外围，主要是抵御风浪、保证港内水面平稳。按断面形式主要分为直立式、斜坡式、混合式等。直立式一般适用于地基承载力较好的情况，主要有普通方块、双排板桩、巨型方块、沉箱几种类型，其中以沉箱防波堤为主。斜坡式一般适用于地基承载力较差的情况，在我国使用最为广泛，对地基沉降不太敏感。混合式是由直立式和斜坡式综合而成的，适用于水深很大的情况，一般是在高基床上放置重型沉箱，形成上部直立、下部斜坡的混合形式。

图 7.31　上海港

我国港口众多，较早的港口主要有广州港、泉州港、登州港等。目前的港口有全国最大的货运和客运港上海港（图 7.31），是我国主要对外轮开放港口，为世界十大港口之一。最大的现代化煤炭输出港秦皇岛港（图 7.32），是我国重要外贸口岸，对外轮开放的港口之一。最大的原油输出港大连港（图 7.33），是我国东北地区辽宁沿海第一大港，对外轮开放港口之一。最大的内河港南京港（图 7.34），它是沿长江仅次于上海港的第二大港，具有海港功能的江海中转枢纽，也是我国外贸口岸和对外轮开放港口之一。另外还有最大的人工港天津港（图 7.35）和青岛港（图 7.36）等。

荷兰鹿特丹港始建于 1328 年（图 7.37）是世界第一大港，具有"欧洲门户"的巨大作用，港区面积达 $100km^2$，港口水域 $27.71km^2$，它不仅是世界最大的原油转口港，也是全欧洲最大的集装箱码头，兼有海港和河港两大特点。鹿特丹港有 400 多条航线通向世界各地，每年最少有 3.8 万艘远洋轮开进鹿特丹港，使其成为"世界贸易中心"之一。

图 7.32　秦皇岛港

图 7.33　大连港

图 7.34　南京港

图 7.35　天津港

图 7.36　青岛港

图 7.37　荷兰鹿特丹港

　　新加坡港（图7.38）是世界著名的大港之一，是亚太地区重要的转口港，为世界上最繁忙的商港、航运服务总汇，货物集散和仓储中心，为国际航运枢纽。

图 7.38　新加坡港

　　日本神户港（图7.39）是日本最大的港口，位于大阪湾西部地区，海岸线长

30km，它的集装箱货物吞吐量在世界上名列前茅。

图 7.39　日本神户港

思 考 题

7.1　水工结构区别于其他建筑物或构筑物的特点是什么？

7.2　防洪工程的主要作用是什么？它包括哪些工程？

7.3　坝按结构特点和力学性能分为哪几类？各自的特点是什么？

7.4　码头按断面形式分为哪几种？按结构形式分为哪几种？

7.5　请说出我国著名的水电站、我国有代表性的港口及世界上有代表性的港口。

第8章 土木工程相关专业简介

8.1 城市规划与建筑设计

8.1.1 城市规划

城市规划一般是指为实现一定时期内城市经济和社会发展目标，确定城市性质、规模和发展方向，合理利用城市土地，协调城市空间布局和各项建设的综合部署和具体安排。城市规划的内涵目前在国内外学术界没有明确、统一的定义，城市规划理论也处在发展、研究之中，但概括地讲，"城市规划是一门科学，一种艺术，一项政治努力，它致力于创造和引导与城市的社会、经济需要相一致的城市物质空间的发展和秩序"。城市规划是一个连续的没有终结的决策过程，不仅作为近期解决城市问题的依据，而且还是指导城市未来开发与发展的基础。

城市规划既是技术型的规划，又是战略型的规划，在制定时应遵循以下几条原则：

1）城市规划应是适应经济、社会发展变化的动态型规划，应具有灵活性。

2）城市规划的战略研究和与之相适应政策的制定应成为城市规划的核心内容。

3）城市规划应反映公共、私人及各个团体的利益。

城市规划工作与政治、经济、社会、技术、艺术等多方面有关，主要内容包括：

1）从静、动态角度出发，调查、搜集、研究城市规划工作所必需的基础资料。

2）根据社会经济发展计划及区域规划提出的要求，结合城市本身的发展潜力，确定城市性质和发展规模，拟定城市发展的各项技术经济政策。

3）在确定城市结构基础上考虑城市的长远发展方向，确定城市各项建设项目市政设施和工程设施的原则和技术方案。

4）采用相应法律、经济、技术手段实施规划。

20世纪初，英国人霍华德（E. Howard）提出的"田园城市"理论是现代城市规划理论的重要源泉之一，如图8.1所示。它对城市规划思想和观念产生巨大影响。进入20世纪后，随着社会、经济、政治的发展和变革，相继出现有机疏散理论、广亩城市理论、卫生城镇、现代城市设想理论等，其中《雅典宪章》（Charter of Athens）和《马丘比丘宪章》对全世界城市规划理论产生了很大影响，被誉为现代城市规划理论发展的重要里程碑。

本节主要以北京、上海两个城市为例介绍城市规划实践。

北京市于2004年组织中国城市规划设计研究院、北京城市规划设计研究院和清华大学等单位开展了北京城市空间发展战略研究，提出"两轴－两带－多中心"的城市空间新格局。"两轴"即北京传统中轴线和长安街沿线构成的十字轴;"两带"是北起怀柔、密云,沿顺义、通州东南指向廊坊和天津的"东部发展带",北京西部山区以及延庆、昌平等连线的"西部生态带";"多中心"是指在市区范围内建设不同的功能区和在"两带"上建设若干新城。北京将通过完善"两轴",强化"东部发展带",整合"西部生态带",最终构筑以城市中心与副中心相结合、市区与多个新城相联系的新的城市形态,图 8.2 所示。

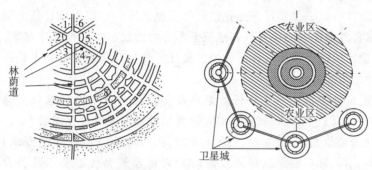

图 8.1 霍华德的"田园城市"方案图

1. 图书馆;2. 医院;3. 博物馆;4. 市政厅;5. 音乐厅;6. 剧院;7. 水晶宫;8. 学校运动场

上海市 1999~2020 年总体规划目标是到 2020 年把上海初步建成国际经济、金融、贸易、航运中心之一,基本确立上海国际经济中心城市的地位。市域空间布局结构以中心城为主体,形成"多轴、多层、多核"的市域空间布局结构。多轴是指沪宁发展轴、沪杭发展轴、滨江沿海发展轴;多层是指中心城、新城、中心镇、一般镇所构成的市域城镇体系及中心村五个层次;多核由中心城和 11 个新城组成,如图 8.3 所示。

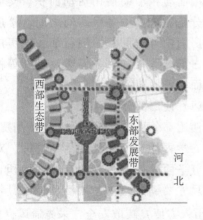

图 8.2 北京市总体规划图

图 8.3 上海中心城土地使用规划图

8.1.2 建筑设计

1. 概述

建筑设计是按照建筑任务,用图纸和文字将在施工使用过程中存在或可能发生问题的解决方法表达出来，作为施工和各工种相互配合协作的共同依据，并使建筑物充分满足各种要求。建筑设计是建筑功能、工程技术和建筑艺术的综合。

建筑设计分为初步设计和施工图设计两个阶段。对于复杂的、大型的工程，采用初步设计、技术设计、施工图设计三个阶段。

1）设计前的准备工作。熟悉设计任务书，明确建设项目的设计要求；收集必要的设计原始数据和设计资料有气象资料等；设计前的调查研究。

2）初步设计阶段。主要任务是在已定的基地范围内，按照设计任务书所拟的房屋使用要求，综合考虑技术经济条件和建筑艺术方面的要求，提出设计方案。

3）技术设计阶段。技术设计阶段的主要任务是在初步设计基础上进一步确定房屋各工种和工种之间的技术问题。

4）施工图设计阶段。其主要任务是在初步设计或技术设计基础上综合建筑、结构、设备各工种，相互交底，核实核对，把各项具体要求反映在图纸中。

建筑设计的要求总体上主要包括5个方面：① 满足建筑功能要求；② 采用合理的技术措施；③ 具有良好的经济效果；④ 考虑建筑美观要求；⑤ 符合总体规划要求。

2. 建筑平面设计

建筑平面是表示建筑物在水平方向房屋各部分的组合关系，对于剖面关系简单的民用建筑，其平面布置基本上能反映空间组合的主要内容。

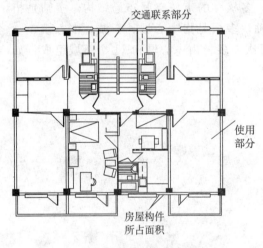

图 8.4　平面面积的各组成部分

从组成平面各部分面积分析，建筑主要分为使用部分、交通联系部分、房屋构件所占部分。具体来讲，使用部分是指主要使用活动和辅助使用活动面积；交通联系部分是建筑物中各个房间之间、楼层之间、房间内外之间联系通行面积；房屋构件所占部分为墙、柱、墙墩及隔断等构件所占面积，如图8.4所示。

（1）使用部分平面设计

使用部分从功能要求分为生活用房间，工作、学习用房间，公共活动房间。对使用部分平面设计要求主要有房间面积、形状、尺寸要满足室内使用活动和家具，设备合理布置的要求；门窗大小和位置应考虑房间出入方便，疏散安全，采光通风良好。

（2）交通联系部分平面设计

建筑物内部交通联系部分可分为水平交通联系部分、垂直交通联系部分和交通联系枢纽部分。

交通联系部分平面设计首先需要确定走廊、楼梯等通行疏散要求宽度及门厅、过厅等人们停留和通行所必需面积，然后结合平面布局考虑交通联系部分在建筑平面中位置及空间组合等设计问题。对交通联系部分设计的主要要求是交通路线简捷、明确，联系通行方便；人流通畅，紧急疏散时迅速安全；满足采光通风要求；力求节省面积，考虑空间处理等问题。

（3）建筑平面的组合设计

建筑平面组合设计的主要任务是合理安排各组成部分位置，确定它们的相互关系；组织好建筑物内部及内外之间方便和安全的交通联系；考虑结构布置、材料、施工方法合理性；符合总体规划要求。

建筑平面组合方式有走廊式组合（走廊一侧或两侧布置房间，图8.5）、套间式组合（房间之间直接穿通，图8.6）、大厅式组合（以一个大厅为主，辅以其他辅助房间，图8.7）。在建筑平面组合时，常以一种结合方式为主，局部结合其他组合方式进行。

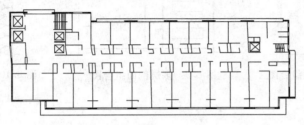

图8.5　走廊式组合

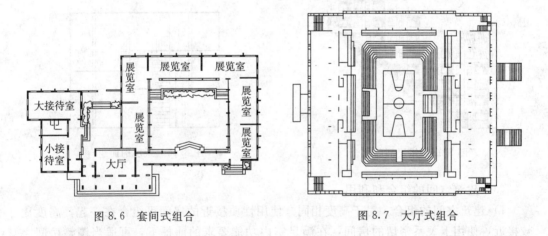

图8.6　套间式组合　　　　　　　　图8.7　大厅式组合

3. 建筑剖面设计

建筑剖面设计主要分析建筑物各部分应有高度，建筑层数，建筑空间组合，建筑剖面中结构、构造关系等，是用来表示建筑物在垂直方向房屋各部分组合关系的。

（1）房屋各部分的确定

1）房间高度和剖面形状的确定。主要应考虑室内使用性质和活动特点要求；采光、通风要求；结构类型要求；设备设置要求；室内空间比例要求。

2）房屋各部分高度的确定。主要包括层高及底层地坪标高等要求确定。其中层高需根据作用性质、技术经济、建筑艺术、综合功能要求确定。底层地坪标高一般适当提高，主要考虑防止室外雨水流入室内和房屋沉降等因素。对一些有特殊要求的建筑物底层地坪标高确定要考虑的因素不同。

（2）房屋层数确定及建筑剖面组合方式

1）房屋层数确定。房屋层数与房屋使用性质、城市规划要求、建筑物耐火等级、结构类型、建筑材料、施工条件及房屋造价等因素有关。

2）建筑剖面组合方式。建筑剖面组合方式主要有单层、多层、高层、错层、跃层等（图8.8～图8.12）。组合方式选择主要由建筑物中各类房间高度、剖面形状、房间使用要求、结构布置特点等因素所决定。

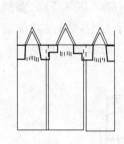 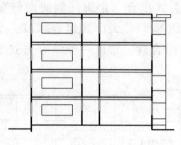 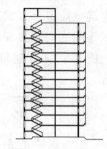

图 8.8　单层剖面组合图　　　图 8.9　多层剖面组合图　　　图 8.10　高层剖面组合

 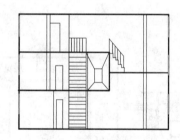

图 8.11　错层剖面组合　　　　　　　图 8.12　跃层剖面组合

（3）建筑空间的组合和利用

1）建筑空间的组合。对于高度相同，使用性质接近的房间可组合在一起。高度比较接近，使用上关系密切的房间，在满足室内功能要求的前提下，可适当调整房间之间的高差，尽可能将房间高度统一。

对于高度相差较大的房间，在单层剖面中可根据实际使用要求设置不同高度的屋顶；在多层和高层剖面中可根据不同高度房间数量多少和使用性质在房屋垂直方向分层组合。

2）建筑空间的利用。充分利用建筑空间，可以扩大使用面积，充分发挥房屋的投资效果。如充分利用房间内空间，在卧室上方空间设吊柜，也可以充分利用走廊、门厅、楼梯间的空间等。

4. 建筑体形和立面设计

建筑除了要满足使用要求外，还应考虑人们的审美要求。建筑物的体形、立面和空间组合对人们的精神感受有影响。

建筑体形和立面设计的要求是要反映建筑功能要求和建筑类型特征，满足结构材料性能、结构构造和施工技术特点，符合建筑标准和相应的经济指标，适应基地环境和建筑规划的群体布置，符合建筑造型和立面构图规律。

建筑体形反映建筑物总体量大小、组合方式、比例尺度等，对房屋的外形有重要影响。

建筑组合造型要求有：完整均衡，比例恰当；主次分明，交接明确；体形简洁，环境协调。

建筑立面是表示房屋四周外部形象。建筑立面设计有使用要求、结构构造及技术要求等，但其中造型和构图等问题非常重要，建筑立面设计中的美观要求是尺度正确、比例协调；节奏感、虚实对比；材料质感和色彩配置；重点及细部处理。

除此以外，建筑物内外空间组织、群体规划、环境绿化等也都是设计的重要内容，只有将体形、立面、空间组织、群体规划等有机联系，通盘考虑才能创造出完美的建筑。

8.2 交通工程

交通工程是以人为本，以交通流为中心，以道路为基础，将人、车、路、环境及能源等与交通有关的内容统一在交通系统中加以研究，综合处理交通中四者之间关系的工程。

交通工程作为一门正在发展中的学科，目前世界各国学者从不同角度、观点、方法对其进行研究，难以下出确切定义，因此其没有世界公认的统一定义。20 世纪 80 年代初，美国交通工程师协会将其定义为：研究道路规划、几何设计、交通管理和道路网、终点站、毗邻区域及道路交通与各种交通方式的关系的学科。澳大利亚著名交通工程学家布伦敦对交通工程的定义是：交通工程是关于交通和出行的计测科学，是研究交通流和交通发生的基本规律的科学。

随着社会发展和科学技术的进步，人们对交通的需求日益增加，交通工程学科领域不断增大，内容也日趋丰富。一般来讲，交通工程学科的内容主要包括以下几个方面：

1）交通特性分析技术。主要是交通参与者（驾驶员、行人、乘客），交通工具（机动车、非机动车），道路（公路、城市道路、交叉口及交通枢纽），交通流的交通特性研究分析方法。

2）交通调查方法。主要包括交通量、交通速度、交通密度、居民、车辆出行、交叉口通行能力、交通事故、交通污染（大气、噪声）等调查方法。

3）交通流理论。主要研究交通流特性与参数（流量、速度、密度）之间的相互关系，各种理论模型，车辆跟驰理论，概率论，排队论，流体力学理论等的应用。

4）道路通行能力分析技术。主要包括城市道路，一般公路、高速公路基本通行能力及实用通行能力的分析方法，交叉口通行能力分析方法，公共交通线路通行能力及线网运输能力分析方法，服务水平的分级及划分标准等。

5）交通规划理论。主要包括城市交通需求、区域综合运输要求、公路交通需求预测、网络交通流动、静态分配模型、城市道路网络、公共交通网络、公路网络的规划方法和道路交通规划评价技术。

6）交通管理与控制技术。主要包括交通法规制定、交通系统管理（TSM）策略、交通需求管理（TDM）策略、交通运行组织管理、交叉口控制、干线交通控制、区域交通控制、交通管理策略的计算机模拟及定量化评价技术。

7）交通安全技术。主要有交通事故发生的统计规律、影响因素分析、交通安全评价、事故预防措施、事故预测和交通安全设施研究技术。

8）交通系统的可持续性发展规划。主要包括交通管理结构的规划，交通环境污染（大气污染、声污染、振动等）预测，评价及预防，交通能耗的预测与评价，交通系统中其他资源消耗的预测与评价，交通系统可持续发展的保障体系。

9）交通工程的新理论、新方法、新技术。交通工程是随着科学技术的发展而不断向前发展的，目前智能交通系统（ITS）是交通工程中的新理论，它涵盖着现代通信技术、计算机技术、信息技术、管理技术、控制技术等多学科理论。

8.2.1 交通特性分析技术

1. 交通参与者（驾驶员、乘客、行人）的交通特性

（1）驾驶员的交通特性

在道路交通系统中，驾驶员的主要职责是沿选定的驾驶路线，将旅客和货物迅速、顺利、准时地送到目的地，同时又要保证货物完好及旅客安全、舒适。

在驾驶车辆过程中，驾驶员信息处理过程主要分为感知、判断、操作三个阶段，即首先通过视觉、听觉、触觉等器官从外界环境中获取信息，经过大脑进行信息感知处理，进行对照分析后，做出判断和反应，支配肢体操纵车辆。

（2）乘客的交通特性

乘客交通需求是能安全、方便、迅速、舒适地到达目的地。因此，道路线形设计、交通工具配备、交通管理及交通设施布设都应该考虑这些要求。此外，乘车时间、乘客心理空间、乘坐姿势、车辆环境、沿途景色等也会对乘客产生影响。

（3）行人的交通特性

行人的交通特性表现在行人速度、对个人空间要求、步行时注意力等方面。

2. 交通工具（机动车、非机动车）的交通特性

（1）机动车的交通特性

机动车的尺寸、质量与道路几何设计、结构设计、交通规划制定，道路通行能力等关系密切。机动车性能主要有动力性能、制动性能、通过性、机动性及稳定性。

（2）非机动车的交通特性

非机动车是指自行车、三轮车、人力车、畜力车、残疾人专用车。自行车具有短时性、行进稳定性、动态平衡性、动力递减、爬坡性能、制动性能等交通特性。

3. 道路的交通特性

供步行和车辆行驶的设施统称为道路。通常将位于城市及其郊区以外的道路称为

公路；位于城市范围内的道路称为城市道路。道路性能主要体现在道路建设数量的充足性，道路结构和质量的优劣性，路网布局、道路线形的合理性等。

（1）公路的交通特性

典型的公路网布局主要有三角形、并列形、放射形、树权形等，如图 8.13 和表 8.1 所示。

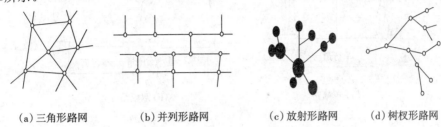

(a) 三角形路网　　(b) 并列形路网　　(c) 放射形路网　　(d) 树权形路网

图 8.13　公路网的布局

表 8.1　典型公路网的布局及特点

路网布局	三角形路网	并列形路网	放射形路网	树权形路网
特点及适用范围	通达性好，运输效率高，建设量大。一般用于规模较大的重要城镇间直达交通	不完善路网布局，平行干线上分别有城镇，但两条干线上城镇道路连接不便捷	一般用于中心城市与周围城镇交通联系，但周围城镇之间联系不便	一般是公路网中的最后一级，从干线上分出去的支线公路

（2）城市道路交通特性

典型的城市道路网布局主要有棋盘形、带形、放射形、放射环形等，如图 8.14 和表 8.2 所示。

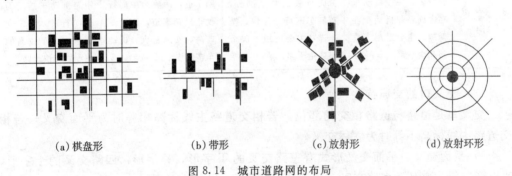

(a) 棋盘形　　　　(b) 带形　　　　(c) 放射形　　　　(d) 放射环形

图 8.14　城市道路网的布局

表 8.2　典型城市道路网的布局及特点

路网布局	棋盘形路网	带形路网	放射形路网	放射环形路网
特点及适用范围	布局严整、简洁、方向性好，利于建筑布置，但通达性差，过境交通不易分流	公共交通布置在纵向主要交通干道，横向交通以步行或非机动车为主，利用公共交通布线、组织，但易造成纵向主干道交通压力大	利用公共交通布线和组织。缩短到市中心距离，但中心区交通压力过大，而边缘区交通联系不便	通达性好，利用城市扩展，过境交通分流，但放射线不宜过多，否则造成中心交通过分集中

城市道路具有功能多样、组成复杂、行人交通量大、车多、交叉口多、交通量分布不均匀等特点，其横断面布置主要有单幅路、双幅路、三幅路、四幅路等四种形式（图 8.15 和表 8.3 所示）。

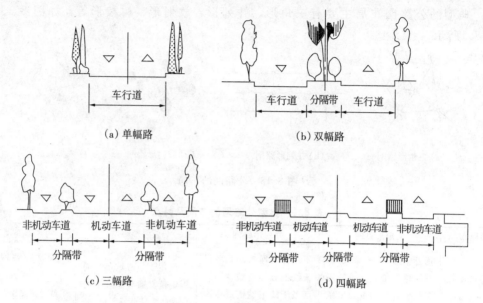

(a) 单幅路　　　　　　　　　　　(b) 双幅路

(c) 三幅路　　　　　　　　　　　(d) 四幅路

图 8.15　城市道路横断面的布置

表 8.3　城市道路横断面布置的形式及特点

横断面布置	单幅路	双幅路	三幅路	四幅路
特点及适用范围	机动车与非机动车混合行驶，一般机动车在中间，非机动车在两侧，主要适用于支路和次干路	用分隔带将车行道分为分向行驶的两个部分，每侧车道可分出快、慢车道，主要适用于次干路或主干路	中间一幅为双向行驶机动车道，两侧为单向行驶非机动车道，用于车速高、交通量大、机动车多的主干路	两侧非机动车道与中间机动车道均为单向行驶，用于交通量大、车速高的主干路和快速路

（3）交叉口的交通特性

交叉口是道路与道路相交的部位。若相交道路主线标高相等时为平面交叉；若相交道路主线标高不等时为立体交叉。

1）平面交叉。平面交叉形式有三路交叉的 T 字形、Y 字形，四路交叉的十字形、X 字形、错位交叉及多路交叉，如图 8.16 所示。

在平面交叉口处易形成交错点，影响交通，可采用实行交通管制，在交叉口处设交通岛、分隔带或改为立体交叉的方式减少交错点数量。

2）立体交叉。立体交叉在空间上下错开，交叉口处无冲突点，车辆行驶畅通，但占地面积大、成本高。

4. 交通流的交通特性

在交通工程学中，一般将在道路上通行的车流称为交通流。

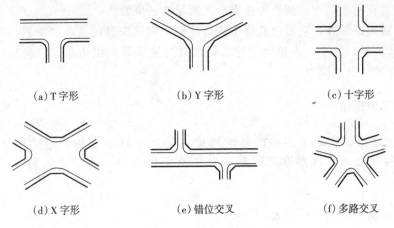

| (a) T字形 | (b) Y字形 | (c) 十字形 |
| (d) X字形 | (e) 错位交叉 | (f) 多路交叉 |

图 8.16　平面交叉的形式

交通流特性是指交通流运行状态的定性、定量特征。用来描述反映交通流特性的物理量为交通流参数，它分为宏观参数和微观参数。前者用于描述交通流作为一个整体表现出来的特性，如交通量、速度、交通流密度；后者用于描述交通流中彼此相关的车辆之间的运行特性，如车头间距、车头时距。

1）交通量。交通量（流量）是指在单位时间内，通过道路或某一车道指定地点或指定断面的车辆数，常取某一时间段内平均值作为该时间段的代表交通量表示，当时间段不足 1 人时，其平均交通量通常称流率。

2）速度。指在单位时间内车辆通过的距离，它是道路规划设计中的一个重要指标，主要有地点速度、行驶速度、运行速度、设计车速、时间平均车速、区间平均速度。

3）交通流密度。交通流密度是指道路上车辆的密集程度，数值上用某一瞬时内单位长度道路上的车辆数表示。

4）车头间距。车头间距是同向行驶车辆中，相邻车辆车头之间的距离。

5）车头时距。车头时距是同向行驶车辆中，相邻车辆通过道路某点的时间差。

8.2.2　交通调查方法

交通调查是在道路系统选定点或路段，测定车辆或行人运行情况的实际数据并进行分析，为交通规划、交通设施建设、交通安全等方面提供服务。交通调查对象主要是交通流现象，调查内容有交通量、行车速度、交通流密度、交通延误等。

1）交通量调查。通过观测，获得在道路选定点处车辆或行人运动情况的真实数据，了解交通量的分布变化规律。交通量数据采集的方法主要有人工观测法、浮动车观测法、仪器自动计测法、录像观测法。

2）行车速度调查。行车速度调查是道路交通工程最重要的调查项目之一，它一般有地点车速调查和行程车速调查。地点车速调查的主要目的是掌握道路某地点车速分布规律、速度变化趋势。地点车速测量的方法有人工量测法和自动量测法。行程车速调查的方法主要有牌照法、跟车法、流动车法、专用仪器测量法。

3）交通流密度调查。调查方法有出入流量法、摄影法。

4）交通延误调查。它可以获得车辆行程时间和损失时间的数据资料，确定产生延误的地点、类型、大小，为道路改建、运输规划决策等提供依据。它包括路段行车延误调查、交叉口延误调查。

8.2.3　交通流理论

交通流理论是交通工程学的基础理论，是运用数学和物理理论阐述交通现象及机制，探讨交通流各参数之间相互关系及变化规律，为交通规划、管理等提供依据。

8.2.4　道路通行能力分析技术

《美国通行能力手册》（HCM）中把道路通行能力定义为：在一定时段和道路、交通、管制条件下，人和车辆通过车道或道路上的一点或均匀断面的最大小时交通量。我国把道路通行能力定义为：道路设施疏导交通流的能力，即在一定时段和正常的道路、交通、管制及运行质量要求下，通过道路设施交通流质点的能力，也称为交通容量或容量。

道路通行能力按作用性质分为以下三种：

1）基本通行能力。在理想的道路、交通、控制和环境条件下，公路组成部分一条车道或一车行道的均匀段上或一横断面上，不论服务水平如何，1h 所能通过标准车辆的最大数量。

2）可能通行能力。在实际或预测的道路、交通、控制和环境条件下，公路组成部分一条车道或一车行道有代表性的均匀段上或一横断面上，不论服务水平如何，1h 所能通过车辆的最大数量。

3）设计通行能力。在预测的道路、交通、控制和环境条件下，公路组成部分一条车道或一车行道有代表性的均匀段上或一横断面上，在所选用的设计服务水平下，1h 所能通过车辆的最大数量。

计算通行能力的时间单位为交通量和交通流率，我国以小时为单位计算道路通行能力和设计交通量。道路通行能力和服务水平可用于道路设计、规划及交通管理各个阶段，为路网规模的改善、交通管理设施的提出提供服务。

8.2.5　交通规划理论

交通规划是经过交通现状调查，预测未来在人口增长、社会经济发展、土地利用条件下对交通的要求，制定出相应的交通网络形式，对拟订方案进行评价，并编制实施建议，进度安排、经费预算的工作过程。

交通规划主要内容为交通规划的调查、交通需求预测、交通规划制定、交通规划方案评价等。

1. 交通规划的调查

1）土地利用调查，包括土地使用性质、建筑物类型和人口数、家庭收入、就业、就学岗位数、机动车拥有量、交通分区面积等定量指标。

2) 社会经济调查。基础资料主要有人口资料（总数、分布、构成、增长等），国民经济指标（国民收入、人均收入、工农业总产值、产业结构等），运输量（客货运输量、运输方式比重等），交通工作（各方式、各车种的交通工具拥有量等）。

3) 起讫点调查，又称 OD 调查，是对某一出行起点或吸引点交通单元（行人、车辆、货物）的流量流向及通过路线的调查。

2. 交通需求预测

交通需求预测通常分交通发生预测、交通分布预测、交通方式划分预测和交通量分配预测四个阶段。交通发生预测是以某交通小区的社会经济、小区位置、土地利用等估计单位时间内发生在该小区总的出行次数，预测模型采用统计学中的一元回归或多元回归模型。交通分布预测是根据 OD 现状分布量及各小区交通量的增长，推算各小区间将来的交通分布，其分布预测模型主要分为增长系数法、重力模型法。交通方式划分预测是依据观测到的交通方式划分居民出行特征、各种交通方式的运营特性等将总交通量分配给各种交通方式。交通量分配预测是根据交通方式划分出来的交通量所得的远景 OD 推算干道上的交通量。

3. 交通规划制定

交通规划制定过程一般分为输入基本数据资料、方案准备、交通量分配、交通质量评价、效益及综合评价分析等。

4. 交通规划方案评价

交通规划方案评价应遵循科学性、可比性、综合性、可行性原则。科学性是指评价指标体系应客观、合理地反映交通系统性能；可比性是指评价体系应平等，评价指标尽量定量化；综合性是指评价指标应全面、综合反映交通规划方案；可行性是指评价指标必须确切、简明实用。

交通规划方案评价可以从经济效益、社会效益、政治、历史、技术因素等多方面综合评价。

8.2.6 交通管理技术

交通管理可分为行政管理与技术管理。交通行政管理是从行业、行政体系方面实施的管理办法，主要包括交通法规制订、驾驶员、车辆管理、道路管理、交通事故处理等。交通技术管理是从技术角度实施的一种管理，它分为交通需求管理、交通系统管理。交通需求管理主要是通过对交通源政策性管理，影响交通结构，消减交通需求总量，优化交通结构。交通系统管理是通过对交通流管制、引导，使交通流重分布，均匀交通负荷，提高交通网络运输效率。

1. 交通需求管理策略

1) 优先发展策略。优先发展空间占用需求少，环境污染低，能源消耗少的交通模式，我国需优先发展的交通方式是公共交通。

2）限制发展策略。限制发展交通运输效率低、污染大、能源消耗高的交通工具。

3）禁止出行策略。一般为临时性管理策略，当交通网络总体负荷水平接近饱和或局部区域超饱和时，采用禁止出行策略禁止交通工具在某些区域内行驶。我国常用的禁止出行策略有某区域车辆单、双号通行，某路段、某时段禁行等。

4）经济杠杆策略。通过经济杠杆调整出行分布或减少出行需求量的策略，它是介于无管理与禁止出行策略之间的管理策略。

2. 交通系统管理策略

1）节点交通管理策略。它是交通系统管理中最基本的形式，是指以交通节点为管理范围，通过管理规定及设备控制，优化节点时空资源，提高交通节点通过能力的措施。

2）干线交通管理策略。它是以某条交通干线为管理范围，优化干线时空资源，提高干线运行效率的措施。

3）区域交通管理策略。它是全区域所有车辆运输效率最大为管理目标，是交通系统管理的最高形式，它以交通信息系统为基础，以通信技术、控制技术、计算机技术为技术支撑的现代化交通管理模式。

8.2.7 交通安全技术

交通事故是指车辆、人员在特定道路通行过程中，由于违反交通法规或依法应该承担责任的行为而造成人、畜伤亡或财产损坏的交通事件。

在交通事故中有 6 个要素缺一不可，即车辆，道路，在运动中，发生事态（碰撞、碾压、翻车、坠车、失火等一种或几种现象），事故原因人为，有后果。

1. 交通事故的分析方法

交通事故分析包括对单个事故和对大量交通事故的成因及综合分析。主要方法有统计分析法、分类分析法、排列图法、因果分析图法、事故分析图法、坐标图法、圆图法等。

2. 交通事故的预测方法

交通事故预测是对交通事故的过去、现在状态系统探讨，考虑相关因素变化对交通事故未来形势进行估计和推测。交通事故预测技术可分为定性预测和定量预测。

3. 交通事故的影响因素分析

交通事故主要影响因素有人、车辆、路道、交通环境等。

1）人的因素分析。据统计，有 80％以上的交通事故含有人的因素。驾驶员的年龄、驾龄、体质、驾驶水平等都会对交通事故有影响。

2）车辆的因素分析。尽管统计资料表明，因车辆引起的交通事故所占比例不大，但车辆技术性能指标好坏是影响道路交通安全的一个重要因素。

3）道路因素分析。道路的种类、规格与交通事故发生有联系。具体来说，道路曲线半径、曲线频率、转角、坡度、线形组合是否协调等道路线形要素是主要因素。除此以外，车道宽度、道路路肩、中央分隔带设置等道路类型对道路安全也有不同程度的影响。

4）交通环境因素分析。在交通环境影响因素中，交通量影响起主要作用。此外，混合交通和交通混杂程度也是影响交通安全的主要因素。

4. 交通事故的预防措施

交通事故发生与人、车辆、道路、交通环境等诸多因素有关。据统计资料表明，全世界交通事故，85%～90%的原因是由人引起的，5%左右为车辆因素，10%左右为道路环境因素。因此，预防交通事故的发生应从健全交通法规建设、加强交通安全教育、加强安全设施建设等多方面出发。

5. 交通安全评价

道路交通安全常用安全度表示。交通安全度是指交通安全程度，它是用各种统计指标，通过一定运算评价交通安全状况。目前，国内外交通安全度评价方法有很多，如事故率法、事故强度法、冲突点法等。

8.2.8 智能交通运输系统

智能交通运输系统（intelligent transport systems，ITS），是将先进的信息技术、数据通信技术、计算机技术、自动控制技术等多学科技术综合运用于交通运输，从而建立高效、准确、定时的交通运输系统。

智能交通运输系统主要包括先进的交通管理系统（advanced traffic management system，ATMS）、先进的出行者信息系统（advanced traveler information system，ATIS）、先进的公共交通系统（advanced public transportation system，APTS）、运营车辆调度管理系统（commercial vehicle operation，CVO）、先进的乡村运输系统（advanced rural transportation system，ARTS）、先进的车辆控制系统（advanced vehicle control system，AVCS）及自动公共系统（automated highway system，AHS）七大系统。

智能交通运输系统是从系统角度，将人、车辆、道路、交通环境综合解决交通问题，它必将成为未来现代化地面交通运输体系的模式和发展方向。

8.3 给水排水工程

8.3.1 建筑内部给水系统

建筑内部给水系统是将城镇给水管网或自备水源给水管网的水引入室内，经配水管送至生活、生产和消防用水设备，满足各用水点对水量、水压、水质要求的供应系统。

1. 给水系统的分类、组成

给水系统按用途主要分为供人们饮用、盥洗、洗涤、烹饪、沐浴等的生活用水系统，供生产设备冷却、原料产品洗涤、产品制造过程中所需生产用水的生产给水系统，供消防设备灭火用水的消防给水系统。这三类给水系统可以单独设置，也可以根据实际情况和具体要求进行组合。建筑内部给水系统如图 8.17 所示。

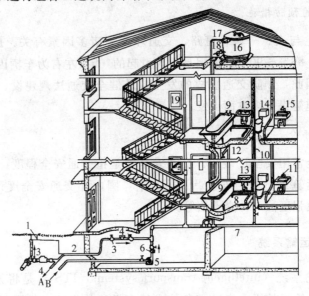

图 8.17　建筑内部给水系统

1. 阀门井；2. 引入管；3. 闸阀；4. 水表；5. 水泵；6. 逆止阀；7. 干管；8. 支管；
9. 浴盆；10. 立管；11. 水龙头；12. 淋浴器；13. 洗脸盆；14. 大便器；15. 洗涤盆；
16. 水箱；17. 进水管；18. 出水管；19. 消火栓；A. 人储水池；B. 来自储水池

2. 给水系统的给水方式

1）建筑内部给水系统的供水方案即为给水方式，非高层建筑的给水方式有七种基本类型（表 8.4）。

表 8.4　非高层建筑内部的给水方式基本类型

	基本类型	特　点	适用条件	备　注
1	直接给水方式	由室外给水管网直接供水，简单、经济	室外给水管网水量、水压在一天内均能满足要求时	图 8.18
2	设水箱的给水方式	由室外给水管网直接供水，并有向水箱进水和直接向水箱进水两种方式，再由水箱向建筑内给水系统供水	室外给水管网供水压力周期性不足时	图 8.19
3	设水泵的给水方式	当用水量大且较均匀时，可用恒速水泵供水；当用水量大且不均匀时，可采用一台或多台水泵变速运行供水。为避免设水泵带来的负面影响，可增设储水池，使水泵与室外管网间接连接	在室外给水管网供水压力经常不足时	图 8.20

基本类型	特　点	适用条件	备　注
4	设水泵和水箱的给水方式	水泵能及时向水箱供水，水箱有调节作用，出水量稳定	在室外给水管网压力低于或经常不能满足建筑内给水管网所需水压，且室内用水不均匀时	图 8.21
5	气压给水方式	在给水系统中设置气压给水设备，利用设备的气压水罐内气体可压缩性升压供水	在室外给水管网压力低于或经常不能满足建筑内给水管网所需水压，室内用水不均匀，且不宜设高位水箱时	图 8.22
6	分区给水方式	以室外给水管网水压线为界，此界限以下楼层为低区由外网直接供水，此界限以上楼层为高区由升压储水设备供水	室外给水管网压力只能满足下层供水需要时	图 8.23
7	分质给水方式	根据不同用途所需不同水质，分别设置独立的给水系统		图 8.24

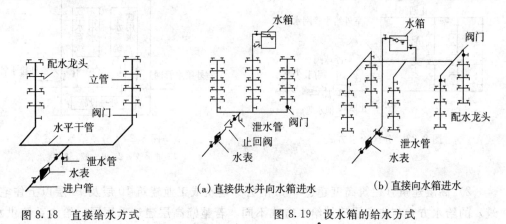

图 8.18　直接给水方式　　　　　　　　图 8.19　设水箱的给水方式

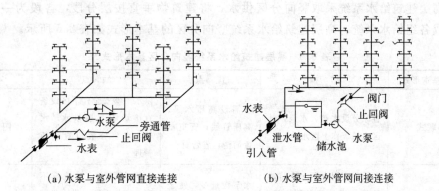

（a）水泵与室外管网直接连接　　　　（b）水泵与室外管网间接连接

图 8.20　设水泵的给水方式

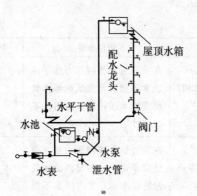

图 8.21 设水泵和水箱的给水方式

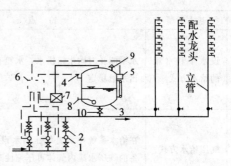

图 8.22 气压给水方式

1. 水泵；2. 止回阀；3. 气压水罐；4. 压力继电器；
5. 安全阀；6. 水位继电器；7. 空气压缩机；
8. 排水管；9. 放气管；10. 进出水管

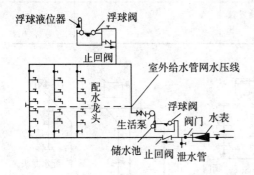

图 8.23 分区给水方式

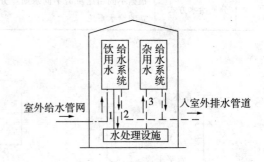

图 8.24 分质给水方式

1. 进水管；2. 出水管；3. 进水管

2）高层建筑（建筑高度超过 24m 的公共建筑或工业建筑 10 层及 10 层以上住宅建筑）的给水方式与非高层建筑给水方式不同。若整幢高层建筑采用同一给水系统供水，下层管道中静水压力必将很大，不仅产生水流噪声，还将影响高层供水的安全性。因此，高层建筑给水系统采取竖向分区供水，将建筑物垂直按层分段，各段为一区，分别组成各组给水系统。高层建筑给水系统竖向分区的基本形式如表 8.5 所示。

表 8.5 高层建筑给水系统竖向分区基本形式

	基本形式	结　构	优　点	缺　点	备　注
1	串联式	各区分设水箱、水泵，低区水箱兼作上区水池	不需设高压水泵、高压水管；管道布置简洁，省管材	供水不够安全；下区设备直接影响上层供水；水箱、水泵分散设置不便管理	图 8.25
2	减压式	由设在底层水泵 1 次将建筑用水提升至屋顶水箱，通过各区减压装置依次向下供水	水泵数量少，便于管理，管线布置简洁	水箱容积大，对抗震不利，增加电耗；供水不够安全，水泵或水箱局部故障影响供水	图 8.26

	基本形式	结 构	优 点	缺 点	备 注
3	并列式	各区升压设备水泵、水箱、变频调速泵、气压给水设备等集中设在底层或地下设备层,分别向各区供水	各区自成系统,供水安全可靠;各区升压设备集中设置,便于管理	上区供水泵扬程较大,总压水线长;设备费用较高,维修较复杂	图 8.27
4	室外高、低压给水管网直接供水	利用外网压力,由室外高、低压给水管网分别向建筑内高、低压给水系统供水			图 8.28

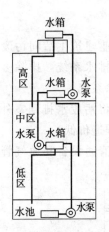

图 8.25 串联式供水方式

(a) 减压水箱供水　　　(b) 减压阀供水

图 8.26 减压式供水方式

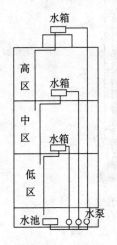

(a)水泵、水箱并列供水　　(b)变频调速泵并列供水　　(c)气压给水设备并列供水

图 8.27 并列式供水方式

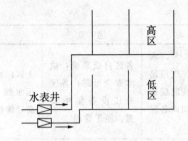

图 8.28 室外高、低压给水管网直接供水方式

8.3.2 建筑内部排水系统

建筑内部排水系统是将建筑内部生产、生活中使用过的水及时排到室外的系统。

1. 排水系统的分类、组成

排水系统按接纳污废水类型分为排除居住、公共、工业建筑生活间污废水的生活排水系统，排除工艺生产过程中产生的污废水的工业废水排水系统，排除多跨工业厂房、大屋面建筑、高层建筑屋面上雨、雪水的屋面雨水排除系统。

对建筑内部排水系统的基本要求是系统能迅速畅通地将污废水排到室外，系统气压稳定，有毒、有害气体不进入室内，管线布置合理，工程造价低。

建筑内部排水系统由卫生器具、受水器、排水管道、清通设备和通气管道等几个基本部分组成，如图 8.29 所示。

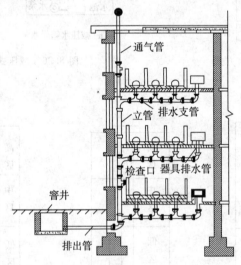

图 8.29 建筑物内部排水系统的基本组成

2. 排水系统的组合类型

（1）非高层建筑内部污废水排水系统

非高层建筑内部污废水排水系统按排水立管和通气立管设置分类如下：

1）单立管排水系统。只有 1 根排水立管，设有专门通气立管的排水系统。按卫生器具的多少，又分为无通气管的单立管排水系统（立管顶部不与大气连通），有通气的普通单立管排水系统（立管向上延伸，穿出屋顶与大气连通），特制配件单立管排水系统（在立管与横支管连接处，立管底部与横干管或排出管连接处设特制配件改善管内水流与通气状态），如图 8.30 所示。

2）双立管排水系统。也称双管制，由 1 根排水立管和 1 根通气立管组成，如图 8.31 所示。

3）三立管排水系统。三管制，由 1 根生活污水管，1 根生活废水立管，1 根通气立管组成，如图 8.32 所示。

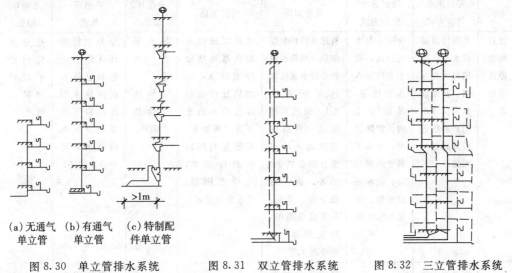

(a)无通气　(b)有通气　(c)特制配
单立管　　单立管　　件单立管

图 8.30　单立管排水系统　　　图 8.31　双立管排水系统　　　图 8.32　三立管排水系统

(2) 高层建筑内部排水系统

高层建筑排水量大，横支管多，管道中压力波动大，因此高层建筑内部排水系统应解决的问题是稳定管内气压，解决通气问题和确保水流通畅。减少极限流速和水舌系数是解决高层建筑排水系统问题的技术关键。在工程实践中可以采用单设横管，采用水舌系数小的管件连接，在排水立管上增设乙字弯，增设专用通气管道等措施。

8.3.3　建筑内部热水供应系统

1. 建筑内部热水供应系统的分类、组成

按热水供水范围的大小，建筑内部热水供应系统分为集中热水供应系统和局部热水供应系统。选用何种热水供应系统主要根据建筑物所在地区热力系统完善程度和建筑物使用性质、使用热水点数量、水量和水温等因素确定。

集中热水供应系统是在建筑内设专用锅炉房或热交换间，水加热后供建筑使用，它供水范围大，热水集中制备，适用于使用要求高，耗热量大，用水点多且分布密集的建筑。局部热水供应系统是在靠近用水点设置小型加热设备供配水点使用，热水管路短，热损失小，它供水范围小，热水分散制备，适用于使用要求不高，用水点少而分散的建筑。

室内热水系统主要由热媒系统（包括热源、水加热器、热媒管），热水供水系统（包括热水配水管网、回水管网）及附件（包括蒸汽、热水控制附件，管道连接附件）组成。

2. 热水供水方式

热水供水方式的分类如表 8.6 所示。供水方式选择应根据建筑物用途、热源供给情况、热水用水量、卫生器具布置情况进行技术经济比较后确定。

表 8.6　热水供水方式的分类

分类方式	管网压力工况特点		加热方式		循环管网设置方式		
	开式热水供应方式	闭式热水供应方式	直接加热	间接加热	全循环加热	半循环加热	无循环加热
设置构造原理及特点	在管网顶部设水箱，管网与大气连通。必须设置高位冷水箱和膨胀管或开式加热水箱	管网不与大气相通，冷水直接加入水加热器，需设安全阀。管路简单，水质不易受外界污染，但水压稳定性、安全可靠性差	有热水锅炉直接加热（用热水锅炉将冷水直接加热至所需温度），蒸汽直接加热（将蒸汽直接通入冷水混合制备热水）两种。前者热效率高，节能；后者设备简单，热效率高，无须冷凝水管	将热媒通过水加热器将热量传给冷水，在加热过程中热媒与被加热水不直接接触它，可重复利用回收的冷凝水，运行费用低，供水安全稳定	热水干管、立管、支管均能保持热水循环	分为立管循环（热水干管和立管均保持热水循环）和干管循环（仅保持热水干管内热水循环）	在热水管网中不设任何循环管道
适用范围	当给水管道水压变化较大，且用户要求水压稳定时	适用不设屋顶水箱的热水供应系统	蒸汽直接加热仅适用于具有合格蒸汽热媒，对噪声无严格要求的建筑	适用于要求供水稳定、安全、噪声要求低的建筑	有特殊要求的高标准建筑	前者适用于设有全日供应热水和设有定时供应热水的建筑；	对热水供应系统较小，使用要求不高
适用范围						后者适用于定时供应热水的建筑	的定时供应系统
备注	图 8.33	图 8.34	图 8.35	图 8.36	图 8.37	图 8.38	图 8.39

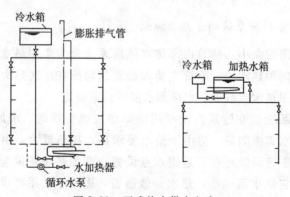

图 8.33　开式热水供水方式

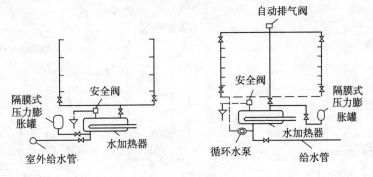

图 8.34 闭式热水供水方式

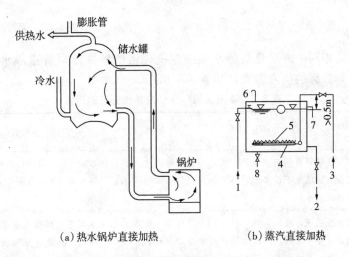

(a)热水锅炉直接加热　　　　　(b)蒸汽直接加热

图 8.35　直接加热供水方式

1. 给水；2. 热水；3. 蒸汽；4. 多孔管；5. 喷射器；6. 通气管；7. 溢水管；8. 泄水管

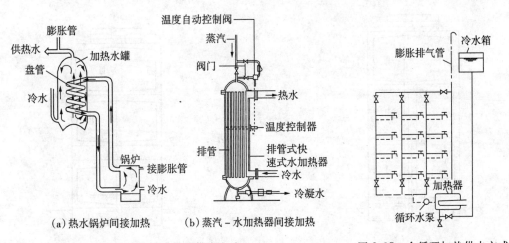

(a)热水锅炉间接加热　　(b)蒸汽–水加热器间接加热

图 8.36　间接加热供水方式

图 8.37　全循环加热供水方式

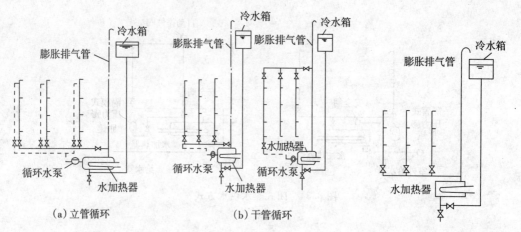

(a) 立管循环   (b) 干管循环

图 8.38　半循环加热供水方式   图 8.39　无循环加热供水方式

与给水系统相同，高层建筑热水供应系统仍需要解决低层管道静水压力过大的问题，可采用竖向分区的供水方式，如表 8.7 所示。

表 8.7　高层建筑热水供应系统分区的形式

分区形式	集中式	分散式
设备设置位置	各区热水配水循环管网自成系统，加热设备、循环水泵集中设在底层或地下设备层，各区加热设备冷水分别来自各区冷水水源	各区热水配水循环管网自成系统，各区加热设备、循环水泵分散设置在各区设备层
特点	各区供水自成系统，互不影响，供水安全、可靠，设备集中设置，便于管理。高区水加热器承受高压耗钢量多，费用高。不宜用于多于 3 个分区的高层建筑	供水安全可靠，加热设备受压均衡，耗钢量少，费用低。但设备分散设置，热媒管线较长，不便于管理
备注	图 8.40	图 8.41

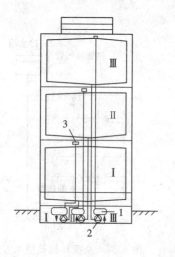

图 8.40　集中式分区的热水供应方式

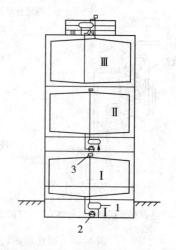

图 8.41　分散式分区的热水供应方式

8.3.4 建筑屋面雨水排水系统

建筑屋面雨水排水系统按照雨水管道位置分为外排水系统和内排水系统。在实际设计时，应根据建筑物类型、建筑结构形式、屋面面积大小、气候条件、生活生产要求等，经过技术经济比较选择合适的排水系统。一般情况下，尽量采用外排水系统或将内、外排水系统结合利用。

1. 外排水系统

外排水系统是指屋面不设雨水斗，建筑物内部没有雨水管道的雨水排放系统。按屋面有无天沟分为普通外排水和天沟外排水，如图 8.42 和图 8.43 所示。

1）普通外排水。由檐沟和水落管组成。雨水沿屋面集流到檐沟，再经水落管排至地面或雨水口。它适用于普通住宅，一般公共建筑和小型单跨厂房。

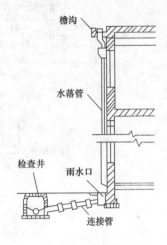

图 8.42 普通外排水

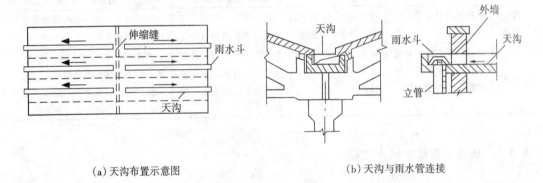

(a) 天沟布置示意图   (b) 天沟与雨水管连接

图 8.43 天沟外排水

2）天沟外排水。由天沟、雨水斗、排水立管组成。雨水沿坡向天沟的屋面汇集到天沟，沿天沟流至建筑物两端，入雨水斗，经立管排至地面或雨水井。一般适用于长度不超过100m的多跨工业厂房。

2. 内排水系统

内排水系统是指屋面设雨水斗，建筑物内部有雨水管道的雨水排水系统，如图 8.44 所示。它由雨水斗、连接管、悬吊管、立管、排出管、埋地管、检查井等组成。雨水沿屋面流入雨水斗，经连接管、悬吊管、入排水立管，再经排出管流入雨水检查井或经埋地干管排至室外雨水管道。内排水系统的分类如表 8.8 所示。

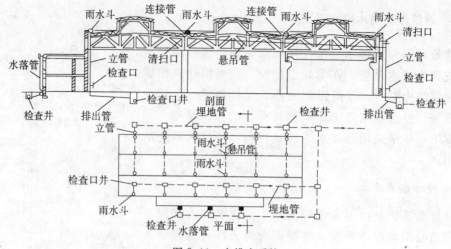

图 8.44 内排水系统

表 8.8 内排水系统的分类

分类方式	每根立管接纳雨水斗个数		排除雨水安全程度	
	单斗排水系统	多斗排水系统	敞开式排水系统	密闭式排水系统
构造形式	一般不设悬吊管	设悬吊管将雨水斗、排水立管连接	为重力排水，雨水经排出管进入普通检查井	为压力排水，埋地管在检查井内用密闭三通连接
特点	设计计算方法相对可靠，为安全起见，宜采用单斗排水系统	研究较少，设计计算有一定盲目性	若设计施工不善，会出现检查井冒水。可接纳生产废水，省去生产废水埋地管	当排水不畅时不会发生冒水现象，但不能接纳生产废水，需另设生产废水排水系统。为安全起见，一般采用密闭式排水系统

8.3.5 居住小区给水排水工程

居住小区给水排水工程包括给水工程、排水工程、中水工程。

1. 居住小区给水工程

居住小区供水方式选择应根据城镇供水现状、小区规模及用水要求、供水方式技术指标、经济指标、社会环境指标等综合考虑确定，做到技术先进合理、供水安全可靠、投资高、便于管理等。

一般情况下，多层建筑的居住小区，当城镇管网水压、水量满足居住小区使用要求时，充分利用调蓄增压供水方式。对于高层建筑小区一般采用调蓄增压供水方式。多、高层建筑混住小区，则采用分压供水方式。对于严重缺水的地区，可采用生活饮用水和中水的分质供水方式。无合格水源地区可采用深度处理水（供饮用）和一般处理水（供洗涤、冲厕用）的分质供水方式。

2. 居住小区排水工程

居住小区排水工程分为分流制排水系统和合流制排水系统。分流制排水系统是将生活污水、工业废水、雨水用两个或两个以上排水管道系统汇集与输送的排水系统。合流制排水系统是将生活污水、工业废水、雨水用一个管道系统汇集与输送的排水系统。

3. 中水工程

中水工程是指使用后的各种生活排水、冷却水及雨水等经适当处理后回用，作为冲厕、绿化、浇洒道路等杂用水的供水系统。中水系统按服务范围分为建筑中水系统、小区中水系统和城镇中水系统。

8.4 暖通空调工程

8.4.1 供暖工程

供暖是用人工方法向室内供给热量以创造适宜生活条件或工作条件的技术。供暖系统是由热源、热媒输送、散热设备三个主要部分组成。按其相互位置关系，可将供暖系统分为局部供暖系统和集中式供暖系统。热源、热媒输送、散热设备在构造上在一起的供暖系统为局部供暖系统。热源、散热设备分别设置，用热媒输送管道相连，由热源向各个部分供给热量的供暖系统为集中式供暖系统。按采用热媒方式不同可将供暖系统分为热水供暖系统、蒸汽供暖系统、热风供暖系统。

1. 热水供暖系统

以热水为热媒的供暖系统为热水供暖系统。它有以下几种分类：

1) 按系统循环动力不同，分为重力循环供暖系统和机械循环供暖系统。前者是利用水的密度差进行循环的系统，通常适用于作用半径不超过50m的单幢建筑中，具有系统简单、不消耗电能、作用压力小、作用范围受限等特点，如图8.45所示。后者是利用机械力进行循环的系统，是通过在系统中设置的循环水泵的机械力使水在系统中强制循环，它作用压力大，供暖范围扩大，但系统运行和维修费用增加。不仅可用于单幢建筑物，也可用于多幢建筑物。其主要形式如表8.9所示。

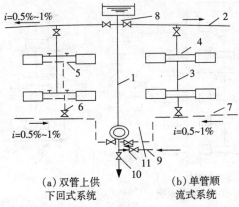

图 8.45　重力循环供暖系统

1. 总立管；2. 供水干管；3. 供水立管；4. 散热器供水支管；5. 散热器回水支管；6. 回水立管；
7. 回水干管；8. 膨胀水箱连接管；9. 充水管（接上水管）；10. 泄水管（接下水道）；11. 止回阀

表 8.9　机械循环热水供暖系统的主要形式

序　号	名　　称	特　点	备　注
1	上供下回式	散热器流量可单独调节，排气方便，供水干管有无效热损失，但易产生垂直失调，适用于房间温度要求严且需要局部调节散热量的建筑物	图 8.46
2	下供下回式	散热器流量可单独调节，无效热损失小，冬季施工方便，适用于有地下室的建筑或在平屋顶建筑顶棚下难以布置供水干管的场合	图 8.47
3	中供式	减轻垂直失调，减小供水干管无效热损失，适用于楼层扩建或上部建筑面积少于下部建筑面积的场合	图 8.48
4	下供上回式	无须设置排气装置，无效热损失小，排气方便，但降低散热器传热系数，浪费散热器，适用于室温有调节要求的四层以下建筑	图 8.49
5	同程式	通过各个管的循环环路总长度相等，压力损失易于平衡但管道金属消耗量大，适用于较大建筑物	图 8.50
6	水平式	分为单管水平串联式和单管水平跨越式。总造价一般比垂直式系统低，管路简单，施工方便，可有效利用辅助空间，但易出现水平失调	图 8.51

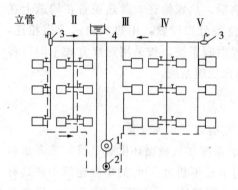

图 8.46　上供下回式热水供暖系统

1. 热水锅炉；2. 循环水泵；

3. 集气装置；4. 膨胀水箱

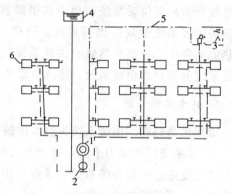

图 8.47　下供下回式热水供暖系统

1. 热水锅炉；2. 循环水泵；3. 集气罐；4. 膨胀水箱；

5. 空气管；6. 冷风阀

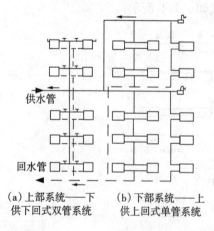

（a）上部系统——下　　（b）下部系统——上

供下回式双管系统　　　供上回式单管系统

图 8.48　中供式热水供暖系统

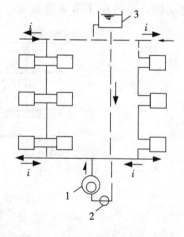

图 8.49　下供上回式热水供暖系统

1. 热水锅炉；2. 循环水泵；3. 膨胀水箱

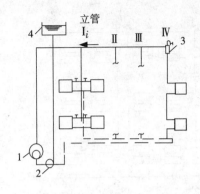

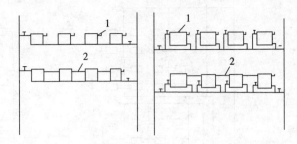

图 8.50　同程式热水供暖系统
1. 热水锅炉；2. 循环水泵；
3. 集气罐；4. 膨胀水箱

(a) 单管水平串联式　　　(b) 单管水平跨越式

图 8.51　水平式热水供暖系统
1. 冷风阀；2. 空气管

2）按供回水方式不同，分为单管系统和双管系统。热水经供水管顺序流向多组散热器并在其中冷却的系统为单管系统。热水经供水管平行分配给各组散热器，冷却后回水自各个散热器直接沿回水管流回热源的系统为双管系统。

3）按管道敷设方式不同，分为垂直式系统和水平式系统。

4）按热媒温度不同，分为低温水供暖系统和高温水供暖系统。一般将水温不超过100℃的热水称为低温水；水温超过100℃的热水称为高温水。

随着建筑高度的增加，高层建筑热水供暖系统中的水静压力较大，需考虑楼内系统与外网的连接方式、系统设备、管道承压能力及垂直失调现象等。目前，高层建筑热水供暖系统常用类型，如表 8.10 所示。

表 8.10　高层建筑热水供暖系统常用类型

序号	名称	构造	特点	备注
1	分层式	垂直方向分成两个或两个以上的独立系统，下层系统与室外网路直接连接，上层系统与外网采用隔绝式连接	简化设备入口，降低系统造价，但空气易进入系统引起腐蚀	图 8.52
2	双线式	(1) 垂直双线式单管热水供暖系统	各层散热器平均温度近似相同，避免垂直失调，但由于立管阻力较小，易引起水平失调，可设孔板或采用同程式系统消除	图 8.53
		(2) 水平双线式热水供暖系统	水平方向散热器平均温度近似相同，有利于避免冷热不均。可以在每层设置调节阀门分层调节。可设置节流孔板或采用垂直同程式系统消除垂直失调	图 8.54
3	混合式	将散热器沿垂直方向分成若干组，在每组内采用双管形式，组与组之间采用单管连接	既避免了双管系统在楼层数过多时出现的严重垂直失调现象，又避免了单管系统散热器支管管径过粗，系统不能局部调节的缺点	图 8.55

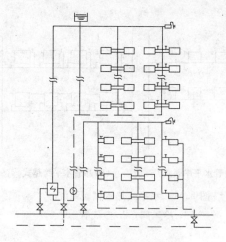

图 8.52 分层式热水供暖系统

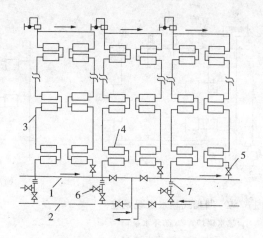

图 8.53 垂直双线式单管热水供暖系统

1. 供水干管；2. 回水干管；3. 双线立管；4. 散热器；
5. 截止阀；6. 排水阀；7. 节流孔板；8. 调节阀

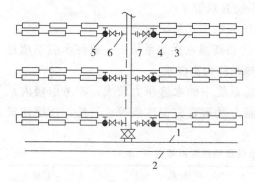

图 8.54 水平双线式热水供暖系统

1. 供水干管；2. 回水干管；3. 双线水平管；4. 散热器；
5. 截止阀；6. 节流孔板；7. 调节阀

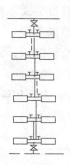

图 8.55 单、双管混合式系统

2. 蒸汽供暖系统

以蒸汽为热媒的供暖系统为蒸汽供暖系统，它有以下几种分类：

按供汽压力大小分为高压蒸汽供暖，低压蒸汽供暖，真空蒸汽供暖。当供汽表压力高于 70kPa 为高压蒸汽供暖；当供汽表压力不超过 70kPa 时为低压蒸汽供暖；当系统中压力低于大气压时，为真空蒸汽供暖。真空蒸汽供暖系统复杂，较少采用。按蒸汽干管布置的不同，分为上供式、中供式、下供式。按立管布置特点，分为单管式和双管式。按回水动力不同，分为重力回水和机械回水。

3. 热风供暖系统

利用热空气向房间供热的系统为热风供暖系统。它可以采用集中送风，也可以采用暖风机加热室内再循环空气向房间供热。

8.4.2 通风工程

通风工程是将室内被污染的空气直接或经净化后排至室外，而将新鲜空气补充进来保持室内环境符合要求的工程。它包括排风（排除室内污浊空气）和送风（向室内补充新鲜空气）两个部分。为实现排风或送风采用的一系列设备、装置的总称为通风系统。通风系统按工作动力分为自然通风和机械通风两类。

1）自然通风。依靠自然作用压力如风压或热压使空气流动产生的通风，其分类方式如表 8.11 所示。

表 8.11　自然通风的通风方式

序号	名称	通风途径	特点	备注
1	有组织的自然通风	空气通过门窗进出房间、改变窗口开启面积大小可调节风量	不消耗电能，可获得较大换气量，应用广泛	图 8.56
2	管道式自然通风	依靠热压通过管道输送空气	常用于集中供暖地区，但其通风作用范围不能过大	图 8.57
3	渗透通风	在风压、热压及人为形成的室内正压或负压作用下，室内外空气通过围护结构缝隙进入或流出房间的过程	既不能调节换气量，也不能有计划地组织室内气流方向，只能用作辅助性通风措施	

 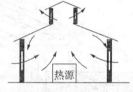 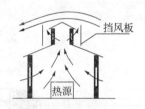

（a）风压作用的自然通风　　（b）热压作用的自然通风　　（c）风压和热压作用的自然通风

图 8.56　有组织的自然通风

自然通风特点是不需要动力设备，使用管理较简单、较经济。但除管道式自然通风外，其余两种作用压力小，受自然条件约束，换气量不易控制，通风效果不理想。

2）机械通风。依靠风机产生的压力强制空气流动进行送风或排风并根据需要进行各种处理。它能合理组织室内气流方向，可调节通风量，稳定通风效果，但消耗电能，安装管理较复杂。机械通风包括局部机械通风（排风、送风）和全面机械通风（排风、送风），如图 8.58 和图 8.59 所示。

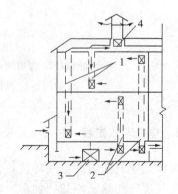

图 8.57　管道式自然通风

1. 排风管道；2. 送风管道；3. 进风加热设备；
4. 排风加热设备（为增大热压用）

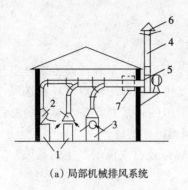 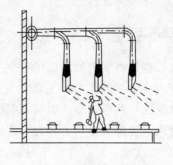

(a) 局部机械排风系统　　　　　　　　(b) 局部机械送风系统

图 8.58　局部机械通风

1. 工艺设备；2. 局部排风罩；3. 排风柜；4. 风道；5. 风机；6. 排风帽；7. 排风处理装置

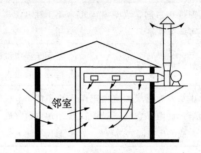

(a) 全面机械排风系统

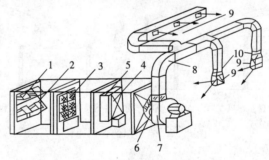

(b) 全面机械送风系统

图 8.59　全面机械通风

1. 百叶窗；2. 保温阀；3. 过滤器；4. 空气加热器；5. 旁通阀；

6. 启动阀；7. 风机；8. 风道；9. 送风口；10. 调节阀

8.4.3　空气调节工程

为满足建筑空间的空气环境，保证人们工作、生活、生产、科学实验等活动需要而对空气进行加热、冷却、加湿、减湿、过滤、通风换气等处理的工程为空气调节工程（简称空调）。

空调系统一般由被调节对象、空气处理设备、空气输送设备和空气分配设备组成。其分类如表 8.12 所示。

表 8.12　空调系统分类

分类方式	按空气处理设备设置情况			按负担室内空调负荷所有介质				按集中系统处理空气来源			按风管中空气流速	
名称	集中式	分散式	半集中式	全空气	全水	空气-水	冷剂	直流式	封闭式	混合式	低速系统	高速系统
构造形式及特点	空气处理设备热源及通风机全部集中在专用机房,处理后的空气用风道分别送往各个空调房间,它是应用广泛的最基本形式	空气处理设备,冷热源设备,风机紧凑组合成整体空调机组或直接装于空调房间或装于邻室,使用少量风道将其与空调房间相连	既有集中在空调机房的空气处理设备,也有分散在各房间内的空气处理设备,兼有集中式、分散式特点	全部由处理过的空气负担室内空调负荷,需空气量多,风道断面尺寸大	全部由水负担室内空调负荷,一般不单独使用	由处理过的空气和水共同负担室内空调负荷	由制冷剂直接负担室内空调负荷	所处理空气全部来自室外、送风吸收余热、余温后全部排至室外,室内空气百分之百交换	所处理空气全部来自室内再循环空气,节能,但卫生条件差	所处理空气部分来自室内,部分来自室外,既能满足卫生要求,又经济合理,应用最为广泛	民用建筑主风管风速低于10m/s,工业建筑主风管风速低于15m/s	民用建筑主风管风速高于12m/s,工业建筑主风管风速高于15m/s
备注	图8.60	图8.61		图8.62				图8.63				

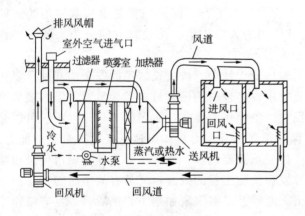

图 8.60　集中式空调系统

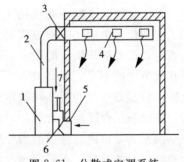

图 8.61　分散式空调系统

1. 空调机组;2. 送风管道;3. 电加热器;
4. 送风口;5. 回风口;6. 回风管道;
7. 新风入口

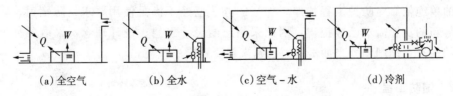

(a) 全空气　　(b) 全水　　(c) 空气-水　　(d) 冷剂

图 8.62　按负担室内空调负荷所有介质分类

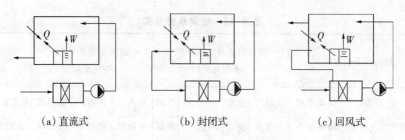

(a) 直流式　　　　　　(b) 封闭式　　　　　　(c) 回风式

图 8.63　按集中系统处理空气来源分类

8.5　防护工程

8.5.1　概述

防护工程是土木工程学科中的一个分支，通常是指防御武器杀伤破坏、防御爆炸或撞击事故灾害而设置的工程构筑物及其防护设施。它多与军事敌对行为或与人类活动引起的爆炸、撞击等具有瞬态动力效应的灾难事件有关，如各类国防工程、民防工程、生产易爆产品的隔爆构筑物等。

古代的防护工程主要有古城墙、城堡等构筑物；现代防护工程主要是防御核武器和常规武器破坏效应的各类工事，一般是构筑在岩体中或土体中的地下工程。按使用对象不同，防护工程分为国防工程和民防工程。国防工程是供军队使用的筑城工事；民防工程是供居民及民防人员使用的人防工事。按建筑时间分为永备工事和临时工事。

无论是国防工程还是民防工程，对国家、社会、城市及居民的安全均起到重要作用。在现代战争中，防护工程对于战争中攻势较弱的一方显得尤为重要。无数战争史实表明，没有防护工程的国家和人民在战争中伤亡惨重，而国防工程完善不仅可以弥补在战争中的不足，而且在战后有保存很强的有生力量和迅速恢复生产自救的能力。民防工程建设也是和平年代城市建设的一项重要内容，而将民防工程与城市建设相结合，使民防工程既能平时使用，充分发挥民防工程的效益，又具有战争时防护功能是许多国家、城市民防建设的指导思想。世界上很多国家如瑞士、挪威、芬兰等修建了大量的公共掩蔽部，在紧急情况发生时可以保证绝大多数居民藏身。我国一些城市已建成平时使用和战时功能相结合的民防工程，平时可作为地下室、车库、商场、旅馆等使用。

随着科技和现代战争的发展，对防护工程要求也越来越严格，尤其对于重要工程，传统的单纯依靠对防护工程加厚、加强的办法已经不满足使用要求，防辐射、防电磁脉冲等新的功能需求已被提出，因此采用新的设计思想、设计理念，采取各种手段使防护结构有主动削弱外来冲击能力已越来越受到广泛重视。

8.5.2　国防工程

国防工程主要包括战略指挥工程、永备工事、野战工事。

战略指挥工程的防护要求很高，需要考虑各种武器的破坏作用。它必须深埋于岩体之中，充分利用工程上方的岩体作为自然防护层。

一般人员掩蔽用的永备工事，多构筑在山体内，可以充分利用岩土厚度作为防护。

野战工事常采用标准化的装配式结构，如用钢材、铝合金、玻璃钢、钢筋混凝土、木材等构成各种结构类型，浅埋或半埋于地下。

8.5.3 民防工程

民防工程类型众多，按建造方式分为单建式人防工事和附建式人防工事。

单建式人防工事是独立建在地面以下，没有相连的上部结构，多为覆土不深的浅埋结构，如平常作为地下商场、地下车库的地下掩蔽部、地下通道。

附建式人防工事是需要单独按武器作用设计的工事。上部结构与其之间不能有牢固的连接，否则在倒塌时上部结构会对地下室造成破坏，使地下室丧失防护功能。

已建或拟建的地下市政工程设施也可作为民防工程。

防核沉降掩蔽物也是民房工程中一个重要的类型。对于核武器空气冲击波和核辐射等短时效应不能构成威胁的地区，核爆炸造成的放射性沉降物将在长时期内对大面积的土地造成危害。据资料表明，即使在遭受最严重破坏的核袭击下，美国仅有 2% 的国土受到冲击波、热辐射影响，但放射性沉降物危害将遍布美国绝大部分土地。防核沉降掩蔽部建设相对容易一些，一般的掩体、普通地下室等稍做改建均可成为防核沉降掩蔽部。

8.5.4 防护工程的结构类型

防护工程的结构类型主要分为掘开式工事和坑地道工事。

（1）掘开式工事

掘开式工事结构类型多为梁板柱体系、无梁板-柱体系、幕壳-柱体系。

梁板柱体系中板四周有梁支撑，在横向受到约束作用，梁板承载力较强，体系有很好的抗塌性能，但应对柱子承载力加强设计。

无梁板-柱体系中因没有梁支撑，边柱节点脆弱，抗侧移能力差，但它与周边连续墙体连接，有土体提供侧向抗力，可部分消除体系不足。板柱节点的抗冲切性能差是体系的薄弱环节，在设计时应加强抗冲切性。

幕壳-柱体系施工材料用量省，但构造较复杂，不宜用于不均匀荷载和不均匀沉降的情况。

（2）坑地道工事

坑地道工事是指暗挖施工的通道和洞库，在山体内的为坑道，平地之下的为地道。坑地道工事的结构类型与施工方法有密切关系。

岩石中坑地道工事多采用喷锚支护的方法，根据需要可在工事内部喷锚支护后构建混凝土离壁式衬砌，而在工事出入口处宜采用钢筋混凝土贴壁衬砌并灌浆处理。

土中坑道多用钢筋混凝土直墙拱顶衬砌。

8.5.5 防护工程结构的设计特点

由于防护工程功能要求的特殊性，防护工程设计与普通建筑工程有很大区别。其结构设计特点主要如下：

1）防护工程是根据假想武器效应进行设计的，由于各种因素的不确定性，设计时没有必要采取过于精确、繁琐的分析。

2）防护工程是按战时条件设计的，由于结构功能及荷载的特殊性，在设计时采用的安全程度可以低一些。在不破坏防毒密闭和防水性能的前提下，防护工程结构构件还允许有剩余变形和裂缝。

3）防护工程按弹塑性阶段工作进行设计，这样不仅能节省材料，而且能防止脆性破坏，有利于提高结构的整体性能。由于荷载是假定的，在设计时注意各部分构件的相互适应，避免出现薄弱构件。

4）在爆炸动荷载作用下，材料因快速变形强度提高，同时考虑混凝土后期强度随龄期增长的因素，材料设计强度比一般静载作用下的强度高。与一般静载下设计的另外一个不同是结构按弹塑性阶段工作设计，结构正常工作状态是屈服后的大变形状态。

5）抗暴结构设计不仅要考虑能抵抗预定武器作用，而且应重视构造措施，尽量提高结构的抗塌能力。

6）防护工程设计中常用的一些假定在某些情况下不适用，应区别对待。四周均受力，忽略压缩波的行波作用，这在设计地下结构的高墙时是非常不安全的。

8.5.6 防护工程对武器破坏防护要求

防护工程对杀伤武器（核武器、常规武器、化学武器、生物武器等）的破坏作用应具备预定的防护能力。根据工程的功能及重要程度，防护工程有不同的抗力标准和防护要求。

1. 核爆空气冲击波的防护

核爆空气冲击波可以对防护工程出、入口和通风口及附近的建筑物造成破坏，造成出、入口堵塞或杀伤内部人员，也可以通过压缩地表通过土中产生的压缩波破坏防护工程。当地上结构与地下人防连接坚固时，也通过上部结构对地下室施加的倾覆力使地下防护工程倾覆。对核爆空气冲击波破坏的防护要求是防护工程出、入口和通风口应避开地面建筑物的倒塌范围，出、入口和通风口的防护门、防护盖板等防爆密闭装置应有足够抗力，防护应按土中压缩波和冲击波的动力作用设计，人防地下室应避免与上部结构牢固相连。

2. 早期核辐射和电磁脉冲的防护

早期核辐射主要是通过覆土、防护工程被覆或从出、入口穿透防护门进入室内造成破坏。对早期核辐射破坏的防护要求是加强工程材料厚度和覆土厚度，通道的各道门的总厚度应有一定要求。此外，增加通道拐弯数也可以有效削弱辐射作用。

对电磁脉冲破坏防护是将敏感的电子设备单独或集中屏蔽，或者选用过滤器装置，减弱电磁脉冲能量。

3. 常规航弹的防护

对防护工程，若按航弹直接命中目标要求不出现破坏，则需要工程结构有很厚的厚度，由于航弹直接命中目标的概率不大，因此增加工程结构厚度会浪费材料。对普通防护工程，只按核弹地面冲击波超压确定结构尺寸，但是采取工事分散布置，将孔口设备靠里面配置等措施加强防护作用。对于等级较高，要求按航弹直接命中的工程，宜在覆土上方设遮弹层，起到保护外壁作用。

4. 放射性污染、化学武器和生物武器的防护

放射性污染、化学武器和生物武器的破坏效应尽管不同，但均可以从出、入口进入工程内部，对此类武器，破坏效应的防护主要是采取密闭措施，使工程内部与外界隔绝，同时对所有孔口配备密闭装置。当防护工程大面积连通时，应分段密闭。

5. 地面火灾的防护

长时间地面火灾使人员无法从防护工程中出入，火区形成气流的抽拔作用使密闭不严的工程缺氧，无法补充新鲜空气，连片的持续火灾还可能对地下防护工程造成严重威胁。

对地面火灾防护要求是防护工程本身不仅应有足够的防火性能，还应设置地下连通出、入口和一定厚度的覆土。

8.6　海　洋　工　程

海洋工程是应用海洋基础科学和有关技术开发海洋活动的总称，也包括开发利用海洋的各种建筑物或其他工程设施和技术。

海洋工程从结构形式上分为重力式构筑物、空透式构筑物和浮式构筑物。从开始利用的海域分为海岸工程、近海工程和深海工程。从开发利用海洋资源内容分为海洋能源利用、海洋生物资源开发、海水资源提取、海洋环境保护及海底施工等技术。

由于海洋环境的复杂性，海洋工程除了受海浪、潮汐、海流、冰凌等强烈作用外，还受腐蚀、生物附着、地震、温度等海洋因素的影响，在对海洋工程设计时，要考虑荷载的不确定性、各种外界因素的随机性等多种复杂因素。

海岸工程是在海岸兴建的控制和利用海水的各项工程的统称，它主要包括海岸防护工程、围海工程、海港工程、河口治理工程、海洋环保工程等。如图 8.64 为一条被称为世界第一长堤的荷兰拦海大堤；图 8.65 为荷兰鹿特丹港，位于北纬 $51°55'$，东经 $4°30'$。地处荷兰莱茵河与马斯河的入海口。鹿特丹港是西欧国际贸易的主要进出口港，年吞吐量达 3 亿 t 左右。

图 8.64　荷兰拦海大堤　　　　　　　　　　　图 8.65　荷兰鹿特丹港

　　近海工程是在离岸较远，海水较浅的区域兴建的工程，主要包括近海能源开发、利用，近海航运，矿产开发等。海上平台、高桩码头等建筑物为典型的近海工程。如图 8.66 是新建成的海军顺岸式高桩承重舰艇码头；图 8.67 为我国最大的海上石油平台——"海洋石油 931"号钻井平台。

图 8.66　海军顺岸式高桩承重舰艇码头　　　　图 8.67　"海洋石油 931"号钻井平台

　　深海工程是在水瀑较大的大陆架海域兴建的用于开发利用海底矿藏的工程，主要包括浮式电站、浮式机场、半潜式平台、浮式储油库、炼油厂等。例如，日本政府已决定在东京羽田机场进行扩建，计划兴建人类历史上首条浮于水面并容许大型民航客机升降的跑道，估计工程会在 2006 年动工，2009 年正式投入运作，总耗资额 60 亿美元，跑道全长达 2500m。我国内地最大的 23 万 t 浮式生产储油船（FPSO）（图 8.68），于 2003 年 8 月 13 日在大连新船重工建成交工。这不仅是我国建造的第一条出口 FPSO，也是我国造船业在与世界海洋工程制造商联共同参与大型国际海洋工程装备的一次成功尝试。图 8.69～图 8.71 为海上石油平台、半坐底式平台和自升式平台。

图 8.68 FPSO

图 8.69 海上石油平台

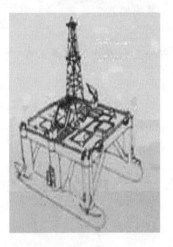

图 8.70 半坐底式平台

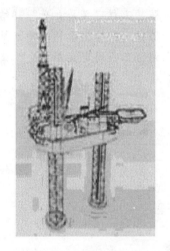

图 8.71 自升式平台

思 考 题

8.1 什么是城市规划？制定城市规划时应遵循的原则是什么？

8.2 简述"田园城市"规划理论。

8.3 建筑设计大致分为哪几个阶段？各阶段的具体任务分别是什么？

8.4 建筑设计的总体要求是哪些？

8.5 什么是建筑平面设计？从组成平面各部分面积分析，建筑平面主要包括哪些部分？

8.6 建筑平面组合方式有几种？

8.7 什么是建筑剖面设计？在建筑剖面设计中，房间高度、剖面形状、层高层数的确定依据是什么？

8.8 建筑体形和立面设计有哪些要求？

8.9 什么是交通工程？交通工程的内容主要有哪些？

8.10 典型的公路网布局有几种？各自特点是什么？

8.11　典型的城市道路网布局有几种？各自特点是什么？

8.12　什么是交通量？常用交通量表达方式是什么？

8.13　什么是道路通行能力？按作用性质分为几种？

8.14　智能交通运输系统包括哪七大系统？

8.15　什么是建筑内部给水系统？非高层建筑、高层建筑给水方式主要有哪些基本类型？

8.16　什么是建筑内部排水系统？

8.17　什么是建筑内部热水供应系统？一般热水供水方式有哪些？

8.18　什么是热水供暖系统？高层建筑热水供暖系统有哪几种类型？

8.19　什么是通风工程？自然通风和机械通风有什么区别？

8.20　什么是空气调节工程？按分类方式的不同有几种？

8.21　防护工程定义是什么？其结构类型主要有哪些？

8.22　防护工程结构设计的特点是什么？

8.23　海洋工程的定义是什么？请说出国内外有代表性的海洋工程。

第9章 土木工程施工

土木工程的建设，需要按照程序经过几个必要的阶段，其中设计和施工是工程建设过程中的两个阶段。设计是把所要建设的土木工程的构想用图纸和有关设计文件等表达出来；施工是按照设计图纸和有关设计文件，运用相关的工程技术和组织管理方法，完成建筑产品建造的过程。因此，仅仅有完善的设计图纸并不能保证得到人们所需要的工程建设成果，还需要工程技术人员通过科学地运用施工技术和合理地施工组织，才能得到满意的工程建设成果。

土木工程施工包括施工技术与施工组织两大部分。施工技术是以各主要工种工程（如基础工程、砌筑工程、钢筋工程、模板工程、混凝土工程、结构安装工程、防水工程、装饰工程等）的施工技术为研究对象，研究主要工种工程的施工工艺原理和施工方法，以保证能够选择适合具体施工对象的合理施工方案和制定保证质量、安全的技术组织措施。

施工组织是以一个工程项目为研究对象，研究如何合理地运用已有的资源（人力、物力、时间、空间等），通过科学的组织安排部署，使工程建设任务能够安全、按期、高质量、经济地完成。

9.1 施 工 技 术

9.1.1 基础工程施工

基础工程主要包括土石方工程和深基础工程。

土石方工程简称土方工程，包括土（或石）的挖掘、运输和填筑三项主要施工过程，以及排水、降水和基坑支护等辅助施工过程。

1. 基坑（槽）开挖

基础土方开挖，首先要依据设计图纸确定开挖的位置和尺寸，并且要考虑放坡或边坡支护方法。

（1）土方边坡与边坡支护

为防止塌方及防止对周围设施产生不利影响，常采用放坡和边坡支护措施。放坡是把基坑（槽）挖成上口大、下口小的形状，留出一定的坡度，靠土体自身的稳定性保证边坡不塌方，如图9.1所示。如果开挖深度不大、施工场地宽阔，一般采用放坡开挖比较经济，但在场地狭小地段施工时，由于周围建筑物、道路等设施的

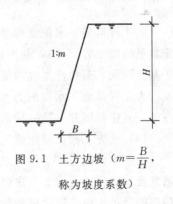

图 9.1 土方边坡（$m = \dfrac{B}{H}$，
称为坡度系数）

限制不能放坡开挖，则需要采取边坡支护等措施以保证工程施工和周围设施的安全。基坑的土壁可以用混凝土灌注桩、H形钢桩等挡土，为保证其稳定性还常常需要加以支撑。常用的坑壁支撑方式如图9.2所示。

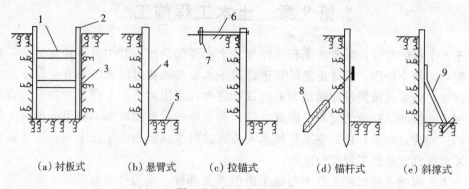

(a) 衬板式　　(b) 悬臂式　　(c) 拉锚式　　(d) 锚杆式　　(e) 斜撑式

图 9.2　坑壁支撑方式

1. 横撑；2. 立木；3. 衬板；4. 桩；5. 坑底；6. 拉条；7. 锚固桩；8. 锚杆；9. 斜撑

（2）基坑排水与降水

开挖基坑时，有时需要排除流入基坑内的地下水或地面水，以防止边坡塌方和创造干作业的良好施工条件。施工排水分为明排水和人工降低地下水位两类方法。

明排水法也叫做明沟集水井排水法，是在基坑开挖过程中在坑底设置集水井和排水沟，利用水泵将水排走。明排水法如图9.3所示。

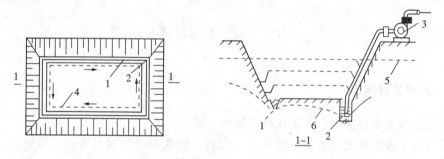

图 9.3　明排水法

1. 排水明沟；2. 集水井；3. 离心式水泵；
4. 建筑基础边线；5. 原地下水位；6. 降低后的地下水位

人工降低地下水位也称井点降水，就是在开挖基坑之前，预先在基坑周围埋设一定数量的滤水管（井），利用抽水设备从中抽水，使基坑开挖过程中的地下水位始终低于基坑地面，避免产生坑内涌水、塌方等现象，改善了施工条件。

人工降低地下水位的方法有轻型井点、喷射井点、电渗井点、管井井点、深井井点等。其中轻型井点是一种常用的降水方法。轻型井点降水法如图9.4所示。

（3）土方工程机械化施工

土木工程的土方工程一般工程量比较大，除了小规模基坑（槽）可以人工挖方外，通常要采用机械化施工方法进行土方工程施工。土方工程的施工机械种类很多，应用最广的是推土机、铲运机和单斗挖土机。

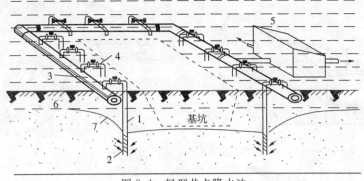

图 9.4　轻型井点降水法

1. 井点管；2. 滤管；3. 集水总管；4. 弯连管；
5. 水泵房；6. 原地下水位；7. 降低后的地下水位

推土机（图 9.5），多用于场地平整、开挖深度不大的基坑、集中土方、堆筑堤坝、回填土方等。

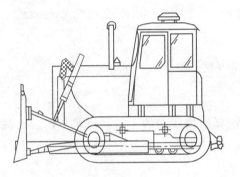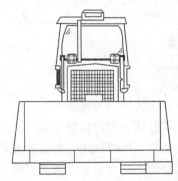

图 9.5　推土机

铲运机是一种能够综合完成铲土、运土、卸土、填筑、压实等工作的土方机械，如图 9.6 所示。

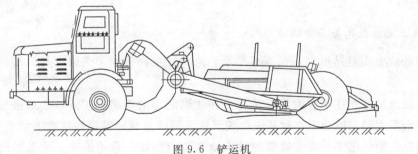

图 9.6　铲运机

挖掘机利用一个土斗挖土，也称为单斗挖土机。单斗挖土机分为正铲、反铲、拉铲和抓铲四种，其中正铲挖掘机挖掘力最大，适用于开挖停机面以上的土方。反铲主要用于开挖停机面以下的土方。拉铲适用于开挖较大基坑（槽）和沟渠，挖取水下泥土，也可用于填筑路基、堤坝等。抓铲适用于开挖较松软的土，可开挖施工面狭窄而深的基坑、深槽等。单斗挖土机如图 9.7 所示。

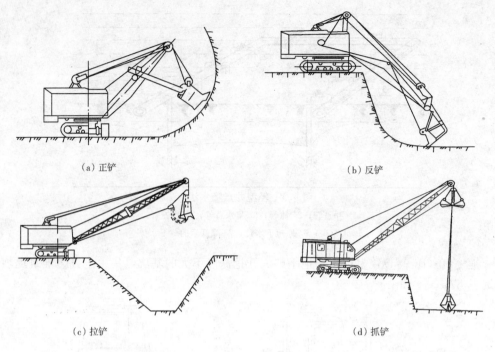

(a) 正铲   (b) 反铲

(c) 拉铲   (d) 抓铲

图 9.7　单斗挖土机

（4）土方回填与压实

为了保证土方回填的质量，必须正确选择回填所用的土料和填筑方法。土料应符合设计要求，以保证填方的强度和稳定性，如对土质、土方中有机质含量、水溶性硫酸盐含量、土的含水量等都有规定。

填土压实方法有碾压法、夯实法和振动压实法。其中碾压法适用于大面积填土工程；夯实法只适用于小面积填土；振动压实法主要用于非黏性土的压实。填土应分层进行，每层厚度应根据所采用的压实机具及土的种类而定。压实的土体应符合设计的密实度要求。

2. 软土地基施工与石方爆破施工

我国各地土质差异很大，在滨海平原、河口三角洲等地多为强度低、压缩性高的软土。

这种软土地基往往不能满足承载能力和变形能力的要求施工时，如果采取措施不当，往往会发生路基或建筑物地基失稳或严重下沉，造成建筑物破坏或不能正常使用。因此，在软土地区施工，常常需要对软土地基进行加固。常用的软土地基加固方法有换土垫层法、强夯法、振冲法、砂桩挤密法、深层搅拌法、堆载预压法、化学加固法等。

在山区进行土木工程施工，会遇到岩石开挖的问题，多采用爆破法施工。此外，施工现场地下障碍物的清除、旧建筑物和构筑物的拆除也常采用爆破法施工。爆破法施工包括三个主要工序：打孔放药、引爆、排渣。爆破法施工费用低、效率高，但是有震动和粉尘等公害。对于旧建筑物、构筑物的拆除，还可以采用静力破碎等配合施工工艺，使拆除在低震动、低粉尘、无公害的情况下进行。

3. 深基础工程施工

一般工程结构采用天然地基比较经济，若天然地基土层软弱，可以对软土地基进行加固处理。当软土层较厚，上部结构荷载大或对地基沉降要求较高时，则可采用桩基础、墩式基础、深井基础、地下连续墙等深基础。

（1）桩基础施工

桩基础是一种常见的深基础形式，由桩和桩顶的承台两个部分组成。

按桩的施工方法，桩分为预制桩和灌注桩两类。预制桩施工是将在工厂或施工现场预先制作好的桩用沉桩机械将桩打（压、旋、振）入土中。图9.8为打桩机械设备——履带式桩架。打桩施工速度快，但有噪声和振动。静力压桩机如图9.9所示。静力压桩无噪声和振动，但只适合软弱土层施工。

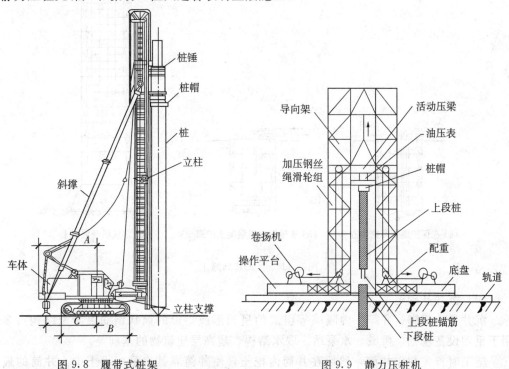

图 9.8 履带式桩架   图 9.9 静力压桩机

灌注桩是在施工现场的桩位处用机械或人工成孔，然后在孔内放入钢筋笼、浇筑混凝土（或者直接浇筑混凝土）而成的一种施工方法，主要工艺过程如图9.10所示。灌注桩的成孔工艺有干作业成孔、泥浆护壁成孔、套管成孔、人工挖孔、爆扩成孔等。与打入桩相比，灌注桩能适应地层的变化，施工时振动小、噪声低，但工艺操作要求较高，施工后混凝土需要养护且不能立即承受荷载。

（2）墩式基础施工

墩式基础是在人工或机械成孔的大直径孔中浇筑混凝土（或者放钢筋笼、浇筑混凝土）而成的大直径基础。目前，我国多用人工挖孔，故又称为大直径人工挖孔桩，桩直径在1～5m，一般为一柱一墩。墩式基础端部直接支撑在岩石或坚硬土层上，桩的强度和刚度都很大，有较大的承载能力。墩式基础施工如图9.11所示。

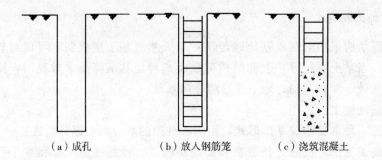

（a）成孔　　　　　（b）放入钢筋笼　　　　（c）浇筑混凝土

图9.10　灌注桩的施工

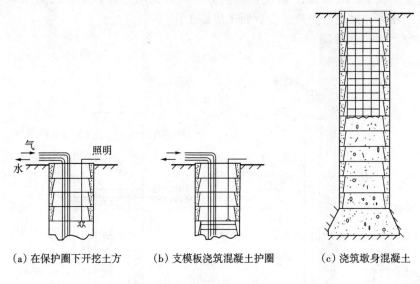

（a）在保护圈下开挖土方　　（b）支模板浇筑混凝土护圈　　（c）浇筑墩身混凝土

图9.11　墩式基础施工

（3）沉井基础施工

沉井是由刃脚、井筒、内隔墙等组成的呈圆形或矩形的筒状钢筋混凝土结构，多用于重型设备基础、桥墩、水泵站、取水结构、超高层建筑物的基础等。

施工时首先制作井筒，然后在井筒内挖土，使井筒靠其自重沉入土中。井筒的最下端为刃脚，形状如刀刃，在沉井下沉过程中使沉井切入土中。沉井的外壁为井筒，在下沉过程中起挡土作用，同时靠其自重可以克服筒壁与土之间的摩阻力和刃脚底部的土阻力，使沉井能在自重作用下逐步下沉。

（4）地下连续墙施工

地下连续墙是深基础施工的一种有效手段。地下连续墙在开挖过程中可作为深基坑开挖的支护结构，又可作为基础的一部分承受荷载。

地下连续墙的优点是刚度大，开挖时周围土体侧向变形小，既能挡土、又能挡水，施工时无振动，噪声低，可用于任何土质，深度可达百米。其缺点是成本较高，施工技术较复杂，需配备专用设备，施工中需要处理护壁的泥浆。

地下连续墙的施工过程，是利用专用的挖槽机械在泥浆护壁下开挖一定长度的槽段，挖至设计深度后清除沉渣、插入接头管，再用起重机将在地面上加工好的钢筋笼吊入充满泥浆的沟槽内，最后采用导管法浇筑混凝土，待混凝土初凝后拔出接头管，如此逐段进行，在地下筑成一道连续的钢筋混凝土墙壁，作为承重、止水、防渗和挡土的结构，如图 9.12 所示。

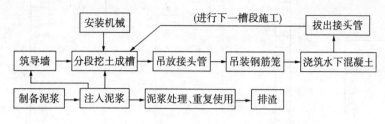

图 9.12 地下连续墙的一般施工工艺过程

地下连续墙施工示意图如图 9.13 所示。

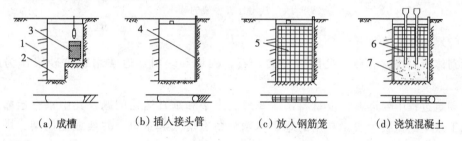

（a）成槽　　　　（b）插入接头管　　　（c）放入钢筋笼　　　（d）浇筑混凝土

图 9.13 地下连续墙施工过程示意图

1. 已完成的单元槽段；2. 泥浆；3. 成槽机；4. 接头管；5. 钢筋笼；6. 导管；7. 浇筑的混凝土

9.1.2 结构工程施工

结构工程主要包括砌筑工程、钢筋混凝土工程、预应力混凝土工程、结构安装工程等。

1. 砌筑工程

砌筑工程是指用砖、石块、砌块等各种块体，以砂浆等灰浆砌筑而成的砌体结构施工。

砖石结构是一种古老、传统的结构，至今仍在广泛使用。这种结构有就地取材、造价低、耐火性好以及施工简便等优点，但施工劳动强度大、生产率低，结构抗震能力差。此外，烧制黏土砖还会毁掉大量农田（现在很多地方已经禁止使用黏土砖）。

砌筑工程施工是一个综合施工过程，包括砂浆制备、脚手架搭设、材料运输和墙体砌筑等施工过程。

（1）脚手架施工

脚手架是在施工现场为安全防护、工人操作、堆放材料的临时设施。按其所用材料，脚手架可分为木脚手架、竹脚手架、钢脚手架；按其与外墙的位置可分为外脚手架和里脚手架。按脚手架的支设方式可分为落地式脚手架、悬挑式脚手架、附墙悬挂脚手架、悬吊脚手架（吊脚手架）、附着升降脚手架（爬架）及水平移动脚手架等。图 9.14 为常用外脚手架的基本形式。

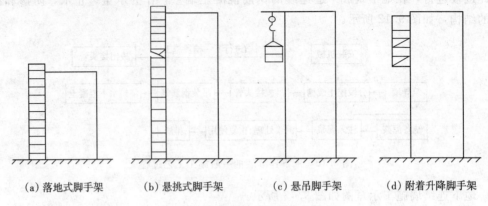

（a）落地式脚手架　（b）悬挑式脚手架　（c）悬吊脚手架　（d）附着升降脚手架

图 9.14　常用外脚手架的基本形式

（2）砌体施工

砌体所用块材有砖、硅酸盐类砖、石、砌块等块材，通常用砌筑砂浆作为胶凝材料。

砌筑过程中要运输大量材料，需要解决水平和垂直运输问题，其中垂直运输是影响施工效率的重要因素。常用的垂直运输设备有塔式起重机、井架或龙门架。塔式起重机生产率高，井架和龙门架施工成本较低。砖、砌块施工的基本要求是：横平竖直、砂浆饱满、灰缝均匀、上下错缝、内外搭砌、接槎牢固。

2. 混凝土结构工程

混凝土结构工程包括钢筋工程、模板工程和混凝土工程等分项工程。其施工工艺流程如图 9.15 所示。

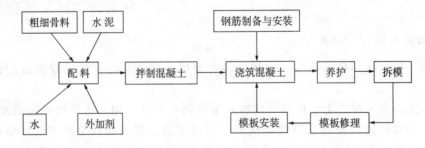

图 9.15　混凝土结构工程施工工艺流程

（1）钢筋工程

钢筋工程属于隐蔽工程，浇筑混凝土之前必须进行检查验收。钢筋出厂时为便于运输，较细的钢筋常卷成圆盘；较粗的钢筋则轧制成 6～12m 长的直钢筋。因此，钢筋在现场安装前需要将钢筋加工成设计要求的形状。钢筋加工包括冷拉、冷拔、调直、切断、弯曲、绑扎、焊接、机械连接等。

1）钢筋冷加工。冷加工是指在常温条件下对钢筋进行的加工。

常用钢筋冷加工的有钢筋冷拉和冷拔。钢筋冷拉是将钢筋在常温下进行强力拉伸，使钢筋产生塑性变形，内部晶格变形重组后，强度提高、塑性降低；钢筋冷拔是将 $\phi 6mm \sim \phi 9mm$ 的光圆钢筋通过钨合金的拔丝模进行强力冷拔，使钢筋直径缩小、钢筋内部晶格产生塑性变形，冷拔后钢筋的抗拉强度大大提高，但塑性降低。钢筋冷拔示意图如图 9.16 所示。通过钢筋冷拉或冷拔提高了钢筋强度，可以达到节约钢材的目的。

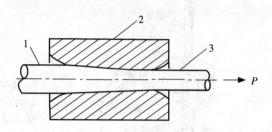

图 9.16 钢筋冷拔示意图

1. 冷拔前钢筋；2. 硬质合金拔丝模；3. 冷拔后钢筋

2）钢筋连接。钢筋连接方法有三种：绑扎连接、焊接连接和机械连接。

钢筋绑扎连接是将钢筋按规定的搭接长度搭接后，用镀锌铁丝进行绑扎。绑扎连接施工简便，但连接是靠钢筋与混凝土粘结传递力，不如焊接连接和机械连接可靠。

钢筋焊接是常用的钢筋连接方法，其焊接方法很多，有对焊、电渣压力焊、气压焊、电阻点焊以及搭接焊等。钢筋对焊和钢筋搭接焊分别如图 9.17 和图 9.18 所示。

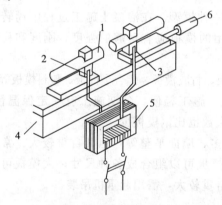

图 9.17 钢筋对焊图

1. 钢筋；2. 对焊机电极；3. 夹钳；
4. 操作平台；5. 对焊机；6. 操作杆

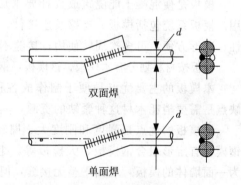

双面焊

单面焊

图 9.18 钢筋搭接焊

对焊用于钢筋的接长；电渣压力焊和气压焊可用于竖向钢筋的连接；电阻点焊用于制作钢筋网片；搭接焊可用于竖向或水平钢筋的连接。

钢筋机械连接有套筒挤压连接、锥螺纹接头连接、直螺纹接头连接等。钢筋机械连接施工简便、速度快、连接可靠，但成本较高。图 9.19 为钢筋套筒挤压连接。图 9.20 为钢筋接头锥螺纹连接。

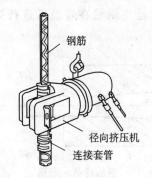

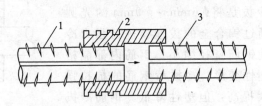

图 9.19　钢筋套筒挤压连接

1. 已连接的钢筋；2. 套筒；3. 未连接的钢筋

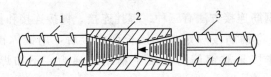

图 9.20　钢筋接头锥螺纹连接

1. 已连接的钢筋；2. 套筒；3. 未连接的钢筋

（2）模板工程

模板是使混凝土能浇筑成设计要求形状的一种模型。在混凝土施工过程中周转使用。模板系统包括模板、支撑及连接件。施工用的模板应有足够的强度、刚度和稳定性；装拆方便，可多次周转使用；接缝不漏浆。

模板按材料划分有木模板、钢模板、钢木模板、竹胶模板、铝合金模板、塑料模板等。

木模板的主要优点是便于制作成各种形状、施工轻便、冬期施工有一定保温性；缺点是需要消耗木材这种紧缺的资源，其周转次数也比钢模板少。

钢模板的优点是强度和刚度大、周转次数多、墙面平整等，但其自重较大。常用钢模板有定形组合钢模板、大模板等。组合钢模板可以组合成各种尺寸；大模板可作为一面墙体的模板，墙面平整无接缝，但由于自重较大，需用起重机吊装。

定形组合钢模板如图 9.21 所示。

胶合板模板组装轻便、墙面平整，现在应用也很广泛。

模板按施工方法可分为拆装式、固定式和移动式三种。拆装式是采用最多的一种模板施工方法，即浇筑混凝土前安装好模板，浇筑混凝土后达到拆模要求时将模板拆除；移动式模板是先将模板组装，然后随着绑钢筋、浇筑混凝土的施工过程进行，将模板随之移动，待结构施工完成后再拆除模板体系的施工方法；固定式是浇筑混凝土不再拆除模板的施工方法，如利用预应力薄板，浇筑混凝土时将其作为模板使用，混凝土凝结硬化后不再拆除而成为结构的一部分。

此外，模板还可以按工程部位分为基础模板、柱模板、梁模板、楼板模板和楼梯模板等。

基础模板如图 9.22 所示，图 9.23 为矩形柱模板意图。图 9.24 为滑升模板组成示意图。

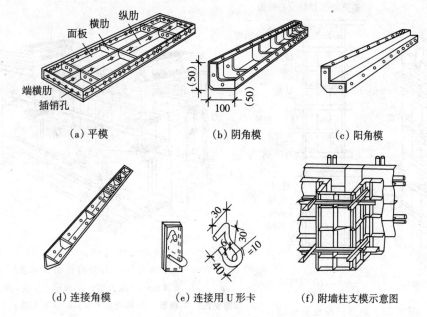

(a) 平模　　　　　　(b) 阴角模　　　　　　(c) 阳角模

(d) 连接角模　　　(e) 连接用 U 形卡　　　(f) 附墙柱支模示意图

图 9.21　定形组合钢模板（尺寸单位：mm）

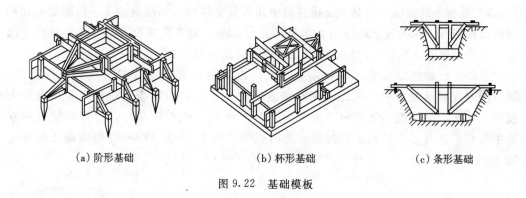

(a) 阶形基础　　　　　(b) 杯形基础　　　　　(c) 条形基础

图 9.22　基础模板

（3）混凝土工程

混凝土工程包括混凝土制备、运输、浇筑捣实、养护等施工过程。每一施工过程的施工质量都会影响最终混凝土的质量。

1）混凝土的制备。混凝土的制备是指混凝土的配料和搅拌。

混凝土的配料，首先要根据设计对混凝土的强度等级、耐久性、抗渗性、抗冻性等要求，以及施工对混凝土和易性的要求，确定混凝土的施工配合比。为保证混凝土的质量，混凝土的配料应严格控制水泥、粗细骨料、水和外加剂的质量，严格控制各种材料的配合比用量。

混凝土的制备除工程量很小时可用人工搅拌外，均应采用混凝土搅拌机搅拌。混凝土搅拌机按原理分为自落式搅拌机和强制式搅拌机两种类型，其中强制式搅拌机的生产率较高。制备方式分为施工现场制备和搅拌站集中制备两种方式。搅拌站集中制备方式，可制备商品混凝土，有利于提高混凝土的制备质量、减少对环境的污染。

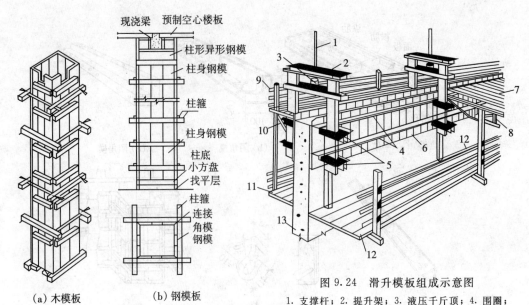

現浇梁　预制空心楼板

柱形异形钢模

柱身钢模

柱箍

柱身钢模

柱底
小方盘
找平层

柱箍
连接
角模
钢模

（a）木模板　　　　　　　（b）钢模板

图 9.23　矩形柱模板示意图

图 9.24　滑升模板组成示意图
1. 支撑杆；2. 提升架；3. 液压千斤顶；4. 围圈；
5. 围圈支托；6. 模板；7. 内操作平台；8. 平台桁架；9. 栏杆；
10. 外挑三角架；11. 外吊脚手；12. 内吊脚手；13. 混凝土墙体

2）混凝土的运输。混凝土从搅拌机中卸出后应尽快运到浇筑地点，使混凝土在初凝前浇筑完毕。对混凝土运输的要求是：混凝土不产生离析现象、混凝土浇筑时应满足规定的塌落度、混凝土初凝前应有足够的时间浇筑和捣实。

混凝土运输包括水平运输和垂直运输。施工现场常用塔式起重机和混凝土泵，可以同时完成混凝土短距离的水平和垂直运输。长距离的水平运输机具常用混凝土搅拌运输车、自卸汽车等；短距离的水平运输机具有机动翻斗车、皮带运输机和双轮手推车。垂直运输机具还有井架、龙门架等。图 9.25 为 JY-3000 型混凝土搅拌运输车。

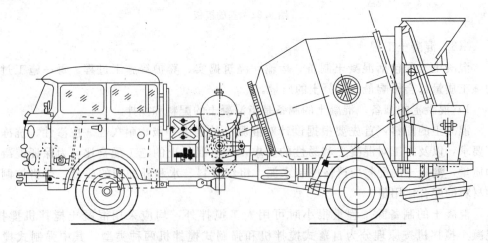

图 9.25　JY-3000 型混凝土搅拌运输车

3）混凝土浇筑。混凝土浇筑包括混凝土的浇灌和振捣两个施工过程。

混凝土浇灌应分层进行。浇灌时应防止混凝土产生离析现象。防止混凝土离析的措施，如图 9.26 所示。

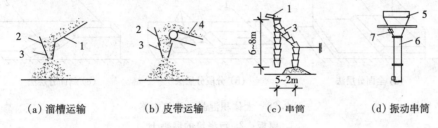

(a) 溜槽运输　　(b) 皮带运输　　(c) 串筒　　(d) 振动串筒

图 9.26　防止混凝土离析的措施

1. 溜槽；2. 挡板；3. 串筒；4. 皮带运输机；5. 漏斗；6. 节管；7. 振动器

浇灌后的混凝土内部有很多孔隙和空气，需要进行捣实。混凝土的强度、耐久性、抗渗性、抗冻性等均与混凝土的振捣密实质量有关。一般采用振动机械进行混凝土的捣实。

混凝土的振捣机械按其工作方式有内部振动器、表面振动器、外部振动器和振动台，如图 9.27 所示。

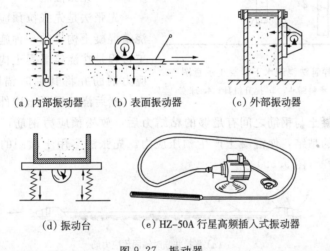

(a) 内部振动器　　(b) 表面振动器　　(c) 外部振动器

(d) 振动台　　(e) HZ-50A 行星高频插入式振动器

图 9.27　振动器

现浇混凝土结构施工常遇到高层建筑的厚大基础底板、设备基础、水电站大坝等大体积混凝土，其整体性要求高，往往要求连续浇筑、不留施工缝。大体积混凝土施工时水泥水化热量大，混凝土内外温差及混凝土收缩以使其产生裂缝，施工时必须采取有效措施防止混凝土出现裂缝。大体积混凝土浇筑方案有全面分层法、分段分层法和斜面分层法；如图 9.28 所示。

沉井的封底、泥浆护壁的灌注桩、地下连续墙等，常需要进行水下浇筑混凝土施工。水下浇筑混凝土施工的方法现在多采用导管法施工。导管法浇筑水下混凝土示意图如图 9.29 所示。

混凝土浇筑成型后，需要及时进行养护。混凝土的养护就是在一定时间内，使混凝土保持一定的湿度和温度，以保证混凝土强度正常增长和防止混凝土出现干缩裂纹。

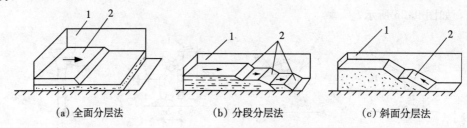

(a) 全面分层法　　　　(b) 分段分层法　　　　(c) 斜面分层法

图 9.28　大体积混凝土浇筑方案

1. 模板；2. 新浇筑的混凝土

3. 预应力混凝土工程

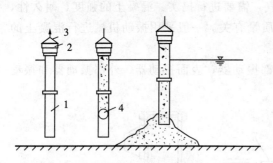

图 9.29　导管法浇筑水下混凝土示意图

1. 导管；2. 承料漏斗；3. 提升机具；4. 球塞

预应力混凝土结构的截面小、刚度大、抗裂性和耐久性好，能充分发挥钢材和混凝土各自的性能，在土木工程中得到了广泛的应用。

（1）先张法施工

先张法是先张拉预应力钢筋，然后再浇筑混凝土构件的一种施工方法。主要施工过程是在浇筑混凝土构件之前，张拉预应力钢筋并将其临时锚固在台座或钢模上，然后浇筑混凝土构件，待混凝土达到一定强度、混凝土与钢筋之间有足够的粘结力后，放松预应力钢筋，借助混凝土与预应力钢筋之间的粘结，使混凝土产生预压应力。先张法多用于预制的中小型预应力混凝土构件的生产（图 9.30）。

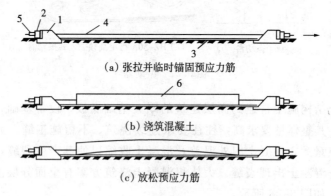

(a) 张拉并临时锚固预应力筋

(b) 浇筑混凝土

(c) 放松预应力筋

图 9.30　预应力混凝土先张法施工示意图

1. 台座；2. 横梁；3. 台面；4. 预应力筋；5. 夹具；6. 混凝土构件

（2）后张法施工

后张法施工是先制作混凝土构件后张拉预应力钢筋的一种施工方法。主要施工过程是先制作混凝土构件并预留孔道，待混凝土达到一定强度后，将预应力钢筋穿入孔道，利用张拉机具张拉预应力钢筋，然后用锚具将预应力钢筋锚固在构件端部，最后进行孔道灌浆。

后张法广泛用于大型预制预应力混凝土构件和现浇预应力混凝土结构工程，如图 9.31 所示。

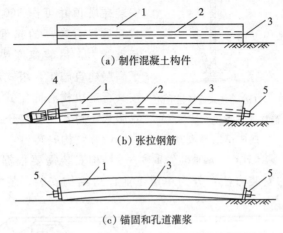

(a) 制作混凝土构件

(b) 张拉钢筋

(c) 锚固和孔道灌浆

图 9.31　预应力混凝土后张法施工示意图

1. 混凝土构件；2. 预留孔道；3. 预应力筋；4. 千斤顶；5. 锚具

（3）无粘结预应力施工

无粘结预应力施工方法是在后张法施工基础上发展起来的。无粘结预应力施工方法是采用表面有涂料、外面包有塑料套管的预应力筋，铺设在模板内，然后浇筑混凝土，待混凝土达到设计要求的强度后，再进行预应力筋的张拉、锚固。这种施工方法不需要预留孔道和灌浆、施工简便、可用于曲线配筋的结构。在双向连续平板、密肋板中应用比较经济合理。

4. 结构安装工程

在现场利用起重机械，将事先制作好的单独构件安装到设计位置上的全部施工过程，称为结构安装工程。

结构安装工程的构件类型多，需要合理进行平面布置和确定安装顺序；构件运输和吊装过程中受力和使用状态不同，有时需要进行吊装验算；施工高空作业多，需要加强安全技术措施。

（1）起重设备

起重设备包括起重机械和索具设备两类。起重机械将构件安装到设计位置。常用的起重机械有桅杆式起重机、自行式起重机（有履带式、汽车式和轮胎式三种）、塔式起重机等。索具设备是用来绑扎、连接构件以便于吊装的设备，有钢丝绳、吊具（卡环、横吊梁等）、滑轮组、卷扬机及锚碇等。

桅杆式起重机制作简单、装拆方便、可在狭窄场地使用，起重量大（可达1000kN以上）、缺点是移动不便、服务半径小、施工速度慢、需要设置较多的缆风绳（图 9.32）。

自行式起重机有履带式、汽车式和轮胎式三种。履带式起重机对场地要求不高、

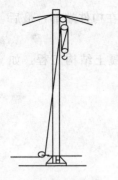

(a) 钢管独脚拔杆　　　　(b) 牵缆式桅杆起重机

图 9.32　桅杆式起重机

1. 桅杆；2. 转盘；3. 底座；4. 缆风绳；
5. 起伏吊杆滑车组；6. 吊杆；7. 起重滑车组

可负载行驶，常用于单层工业厂房结构吊装。汽车式起重机转移迅速、机动灵活，广泛用于建筑工程中（图 9.33）。

塔式起重机是一种塔身直立，起重臂安装在塔顶并可作 360°回转的起重机。塔式起重机有较高的起重高度、工作幅度和起重能力，吊装速度快、生产率高，常用于高层建筑施工。塔式起重机的类型很多，按其行走机构有固定式、轨道式、履带式、轮胎式、附着式和爬升式等（图 9.34）。

（2）结构安装

结构安装需要根据工程结构类型和施工条件等采用不同的安装方法，分为单层工业厂房结构安装、装配式框架结构安装、大跨度结构安装等。

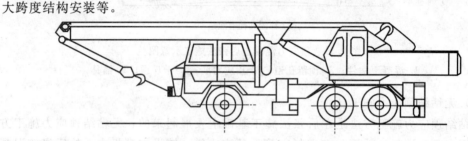

图 9.33　QY-16 汽车式起重机

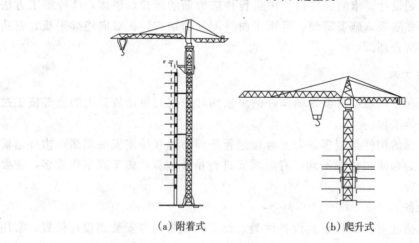

(a) 附着式　　　　　　(b) 爬升式

图 9.34　塔式起重机

1）单层工业厂房结构安装。单层工业厂房的特点是面积大、构件类型少、数量多，多采用装配式钢筋混凝土结构，结构安装工程是其主导施工过程。结构吊装有绑扎、起吊、就位和临时固定、校正和最后固定等主要工序。

安装方案有分件流水吊装法和综合吊装法两种。分件流水吊装法起重机每次开行吊装同一类型的一种（或两种）构件，分几次开行安装完所有构件。这种方法具有索具不用经常更换，施工速度快，便于构件的平面布置，容易组织工序的施工等优点。其缺点是起重机开机路线长、停机点多。单层工业厂房的柱子和屋架吊装如图 9.35 所示。

综合安装法是起重机在一次开行中，吊装并安装完起重机吊装范围内的所有构件。这种方法起重机开行路线短、停机点少，但构件平面布置复杂，起重机的生产率较低，通常在采用不便移动的桅杆式起重机时才用此法。

2）大跨度结构吊装。大跨度结构体系分为平面结构和空间结构两大类。其特点是结构跨度大、构件重、安装位置高。

大跨度结构安装方法很多，有整体吊装法、分条（块）吊装法、高空滑移法、整体提升法和整体顶升法等。

① 整体吊装法。整体吊装法就是在地面先将构件组装成为整体，然后用起重机械将整体吊装到设计标高位置进行固定。根据采用的机械不同，可分为多机抬吊法和桅杆吊升法两种。图 9.36 为某工程采用四台履带式起重机整体抬吊法吊装网架施工。图 9.37 为某工程采用六根拔杆整体吊装示意图。

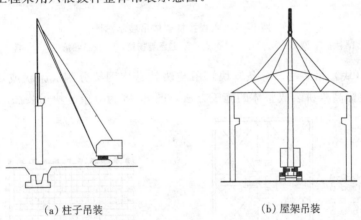

（a）柱子吊装　　　　　　　　　（b）屋架吊装

图 9.35　单层工业厂房的柱子和屋架吊装

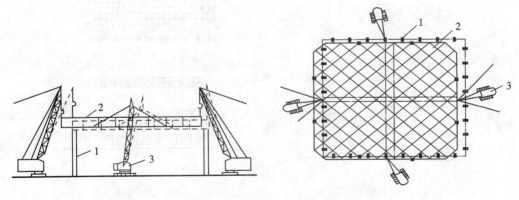

图 9.36　四台履带式起重机整体抬吊法吊装网架施工
1. 柱；2. 网架；3. 履带式起重机

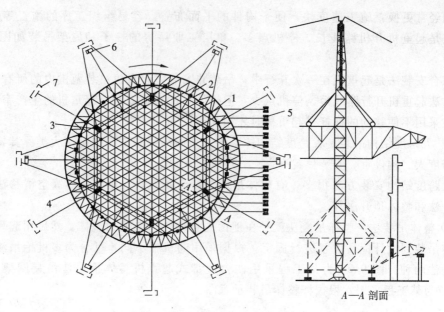

图 9.37　六根拨杆整体吊装示意图

1. 柱；2. 网架；3. 拨杆；4. 吊点；5. 起重卷扬机；6. 校正卷扬机；7. 地锚

② 分条（块）吊装法。分条（块）吊装法就是把网架分割成条状或块状单元，然后吊装到安装标高再拼装成整体的施工方法。图 9.38 为分条分块吊装法示意图。

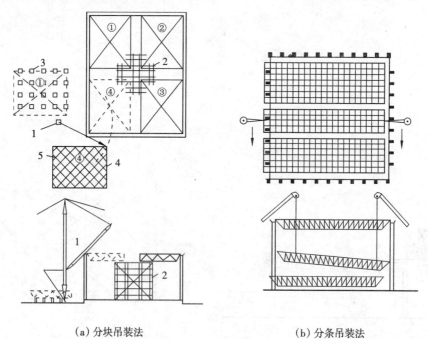

（a）分块吊装法　　　　　　　　　　（b）分条吊装法

图 9.38　分条分块吊装法示意图

1. 悬臂拨杆；2. 井字架；3. 拼装砖墩；4. 临时封闭杆；5. 吊点；①～④网架分块编号

③ 高空滑移法。将大跨结构（一般是网架）条状单元。

④ 专用起重设备将结构提升就位时即为整体提升法。

⑤ 整体顶升法。整体顶升法是将构件在地面拼装后，用千斤顶整体顶升就位的施工方法。这种施工方法不需要大型设备，顶升能力大。图 9.39 为整体顶升法示意图。

由于工程结构形式很多，同样的结构形式，施工条件（如场地大小等）也不相同，因此相应的施工方法也很多，除上述方法外，还有很多特殊的施工方法，如升板法施工（图 9.40）、滑模升网法等。结构安装施工方法往往要综合考虑工程特点和施工条件进行选择。

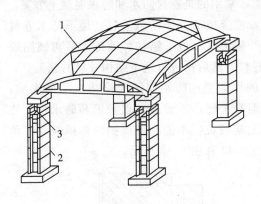

图 9.39　整体顶升法示意图
1. 壳体；2. 柱块；3. 千斤顶

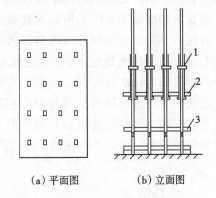

(a) 平面图　　　(b) 立面图

图 9.40　升板法施工示意图
1. 提升机；2. 屋面板；3. 楼板

9.1.3　防水工程施工

防水工程包括屋面防水工程、地下防水工程和室内房间防水工程。防水工程的质量，主要受到材料和施工工艺的影响，其质量直接影响到工程的使用功能。

1. 屋面防水工程

屋面防水工程根据设计的屋面防水方式，分为屋面卷材防水施工、屋面涂膜防水施工和屋面刚性防水施工三种。

卷材防水屋面是采用较多的防水屋面，根据采用卷材不同，又分为沥青防水卷材、高聚物改性沥青防水卷材和合成高分子防水卷材三种。卷材防水施工要求基层坚实、平整。沥青防水卷材价格低廉，但易老化，现在应用较多的是高聚物改性沥青防水卷材和合成高分子防水卷材。

卷材铺贴示意图如图 9.41 所示。

屋面涂膜防水施工的工艺流程如下：表面基层清理、修理——喷涂基层处理剂——节点部位附加增强处理——涂布防水涂料及铺贴胎体增强材料——清理及检查修理——保护层施工。

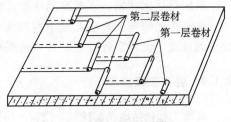

图 9.41　卷材铺贴示意图

屋面刚性防水层主要是指在结构层上加一层适当厚度的普通细石混凝土、预应力混凝土、补偿收缩混凝土、块体刚性层作为防水层，依靠混凝土的密实性或憎水性达到防水的目的。

2. 地下防水工程

地下工程防水方案有防水混凝土方案、设置防水层方案和排水方案三种。防水混凝土方案是利用混凝土结构自身的密实性来达到防水要求的；设置防水层方案是在地下结构表面设防水层，如贴卷材防水层或抹水泥砂浆防水层等；排水方案是通过排水措施，将地下水排走来达到防水的目的。目前，常用的是卷材防水和防水混凝土方案。

卷材防水层施工时应采用高聚物改性沥青或合成高分子防水卷材。地下防水卷材施工方法有外防外贴法和外防内贴法两种。外贴法是在地下结构外墙施工后再铺贴墙上的卷材，而内贴法是先在保护墙上铺贴好卷材，然后再进行地下结构外墙的施工。

外贴法和内贴法各有优、缺点。外贴法的优点是：防水层不受结构沉陷的影响；施工结束后即可进行试验且易修补；在灌注混凝土时，不致碰坏保护墙和防水层，能及时发现混凝土的缺陷并进行补救。但其施工期较长，不能利用保护墙作模板，转角接槎处质量较差，内、外贴法施工示意图如图 9.42 和图 9.43 所示。

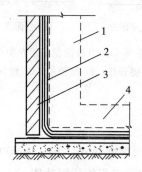

图 9.42　内贴法施工示意图

1. 尚未施工的基础外墙；2. 卷材防水层；
3. 永久保护墙；4. 尚未施工的混凝土底板

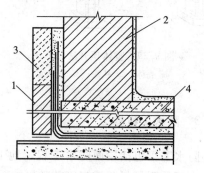

图 9.43　外贴法施工示意图

1. 永久保护墙；2. 基础外墙；
3. 临时保护墙；4. 混凝土底板

防水混凝土通过混凝土本身的憎水性和密实性来达到防水目的，它既是防水材料，同时又是承重材料和围护结构的材料。必须通过混凝土拌和物材料的选择、混凝土配合比的选择、施工工艺等方面来保证防水混凝土的质量。

3. 室内房间防水工程

指的是用水频繁、管道穿越楼板、楼面易积水和经常淋水墙面等室内防水施工。

施工工艺和施工方法与地下室防水和屋面防水基本相同，有些构造施工措施如设置地面坡度，设留套管等根据具体情况和设计要求施工。

9.1.4　装饰工程施工

装饰工程包括地面、抹灰、门窗、吊顶、轻质隔墙、饰面板（砖）、幕墙、涂饰、裱糊与软包、细部等。装饰工程的作用一是可以美观，二是具有一定的功能，如有隔热、隔声、防潮、保护结构等功能。装饰工程项目繁多、工程量大、手工作业多、施工工期长。

1. 抹灰工程

抹灰工程按使用材料和装饰效果的不同可分为一般抹灰和装饰抹灰两大类。

一般抹灰有石灰砂浆、水泥砂浆、混合砂浆、纸筋灰、石膏灰等；装饰抹灰包括水刷石、水磨石、剁斧石、干粘石、拉毛灰、喷涂、滚涂、弹涂等。

一般抹灰按使用要求、质量标准和操作工序的不同又分为普通抹灰、中级抹灰和高级抹灰三级。例如，中级抹灰为一底层、一中层、一面层，三遍成活，需做标筋，分层赶平、修整，表面压光。抹灰层的组成如图 9.44 所示。

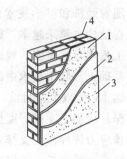

图 9.44　抹灰层的组成
1. 底层；2. 中层；3. 面层；4. 基层

2. 饰面板（砖）施工

饰面板根据其尺寸分为小规格和大规格两种。

小规格饰面板一般采用镶贴法施工，即先用 1∶3 水泥砂浆打底划毛，底子灰凝固后找规矩、弹分格线，然后粘贴饰面板。除了常规施工方法，现在开始逐步采用胶黏剂固结技术，即利用胶黏剂将饰面板（砖）直接粘贴在基层上。此法虽然成本要高一些，但工艺简单、操作方便、粘接力强、施工速度快，是今后饰面板施工的发展方向。

大规格饰面板（边长＞400mm）有大理石、花岗石、人造石等饰面板，为防止其坠落，保证安全，多采用安装法施工。安装工艺有湿法工艺、干法工艺和 GPC 工艺等。湿法工艺是先将边缘上钻孔的饰面板绑扎在基层的钢筋骨架上，然后再用水泥砂浆进行灌缝。干法工艺是在板上打孔，然后用不锈钢连接器与埋在混凝土墙体内的膨胀螺栓连接，板和墙体间形成 80～90mm 的空气层。

GPC 工艺是在干法工艺基础上发展起来的一种工艺，它以钢筋混凝土作衬板，用不锈钢连接环与饰面板连接后而浇筑成整体的复合板，再通过连接器悬挂到钢筋混凝土或钢结构上的一种柔性节点的做法。这种工艺有利于抗震，可用于高层建筑，如图 9.45所示。

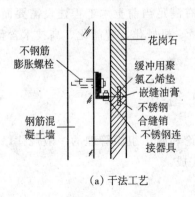

（a）干法工艺

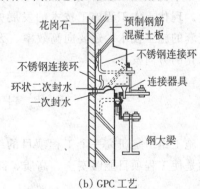

（b）GPC 工艺

图 9.45　大规格饰面板工艺

9.1.5 现代施工技术发展及展望

随着经济和科学技术的发展，新材料、新结构不断出现，大规模、技术复杂的土木工程结构也越来越多，施工技术也相应随之不断发展。我国正处于经济高速发展时期，工程建设数量多、规模大，促进了我国施工技术的发展。

基础工程施工技术中的灌注桩和地下连续墙施工，现在直径（厚度）可达 3～4m，深度达 150m 以上。目前，我国施工的灌注桩最大直径达 3m、深度达 104m。

深基坑挡土支护深度更大，并出现了多种支护体系。北京京城大厦采用 H 形钢支护、预应力锚杆作为支撑，支护深度近 24m；国家大剧院基坑最深处 32.5m，采用地下连续墙、灌注桩、土钉墙等综合支护体系。在我国土质较好的地区，近年来广泛采用土钉墙支护技术，大大降低了基坑支护成本，北京地区土钉支护最深基坑超过 15m。

大体积混凝土施工过去是一个重大技术难题，现在通过掺加外加剂及多种技术措施，解决了大体积施工的质量问题。现在基础厚度在 3m 以上的工程已属常见。

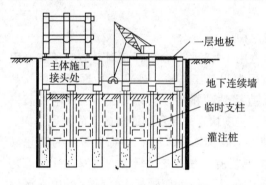

图 9.46　逆作法施工

逆作法是基础与上部结构同时施工的一种新技术，其基础是从上向下施工，我国在 20 世纪 80 年代后开始采用这种施工技术，如图 9.46 所示。

混凝土施工在大城市已主要采用商品混凝土，现场用泵送混凝土。高强混凝土也在工程中广泛应用。不用振捣的自密实混凝土也已经研究成功并在工程中得到应用。

预应力技术，从单个构件施工发展到在整体结构上采用预应力技术。

信息化施工技术在工程中也得到应用。应用计算机技术，对施工中反馈的信息进行处理分析，以指导下一步的施工，从而使施工高质量、安全、经济地进行。

土木工程施工技术在近几十年有了飞速的发展，但是土木工程施工至今仍以手工操作、半机械化作业为主，劳动效率大大低于其他产业部门，还属于劳动力密集型的产业。现代土木工程施工技术的发展方向，除了要有满足当前土木工程建设需要而与之配套的施工技术，还要向高效率、无公害、高质量、机械化、智能化、高技术含量、信息化的方向发展。

9.2　土木工程施工组织

施工组织是研究一个工程项目的组织方法、理论和施工组织管理的一般规律。其目的是使工程项目能够安全、高质、高速、经济地完成。

9.2.1　土木工程施工的特点

土木工程施工过程是一项非常复杂的活动，我们可以把一项工程看成一个产品，其主要特点是：产品的固定性和生产流动性，这与一般工业生产显著不同，生产的流动性包括施工队伍的流动和在同一工程上工人在作业空间上的流动；产品的多样性和生产的单件性，每个工程各不相同，完全一样的工程几乎没有；产品的庞大性和生产的协作性、综合型，一项工程，需要建设、设计、施工、监理、材料供应商等多家不同单位配合协作完成；产品复杂性和生产易受干扰，一项工程特别是大型工程，技术、管理都很复杂，容易受到外界因素干扰，如气候、周围环境等；投资大、生产周期长，投资大、规模大会占用大量资金，施工周期长，需要加快施工进度早日完工以发挥投资效益。

由于土木工程产品的特点，决定了其生产组织与一般的工厂生产组织不同，每项工程都需要根据工程性质和特点，单独进行施工组织，施工组织是否科学合理，直接影响到工程项目的成败。

9.2.2 土木工程施工组织设计

1. 施工程序

工程施工必须按照一定的程序进行，一般工程项目的施工程序是：通过投标，中标后签订合同→统筹安排、做好施工规划→落实准备工作、提出开工报告→按施工组织设计组织施工、施工中加强管理→竣工验收、交付使用并保修。

2. 施工组织设计

施工组织设计是用以指导施工组织与管理、施工准备与实施、施工控制与协调、资源的配置与使用等全面性的技术、经济文件；是对施工活动全过程进行科学管理的重要手段。

通过编制施工组织设计，可以根据工程特点和条件，拟定合理的施工方案；可以安排施工进度、控制工期；可以有序地组织资源的供应；可以合理部署施工现场，确保文明、安全施工；有利于工程项目的各个参与方的相互配合、统一协调。

施工组织设计按编制的时间和作用可分为标前施工组织设计和标后施工组织设计，标前设计在投标之前编制，目的是指导投标、争取中标；标后设计是在签订工程承包合同之后编制的施工组织设计，目的是指导工程施工组织管理。

标后设计按其编制对象可分为施工组织总设计、单位工程施工组织设计和分部（分项）工程作业设计三类。施工组织总设计是以整个建设项目或建筑群为对象编制的；单位工程施工组织设计是以单位工程为对象编制的；分部（分项）工程作业设计是根据一些特别重要的、技术复杂的、采用新材料新技术的分部（分项）工程编制的内容具体、详细的作业设计。

施工组织设计的主要内容包括工程概况、施工部署及施工方案、施工进度计划、施工平面图和主要技术经济指标。

9.2.3 流水施工与网络计划

1. 流水施工

同一个工程项目，可以有不同的施工组织方式，采用不同的施工组织方式，其技术经济效益也不相同。流水施工是一种先进的施工组织方式，这种组织方式将拟建工程在工艺上划分为若干施工过程，在平面上划分为若干个施工段，竖向划分为若干个施工层；按施工过程组建专业工作队；各专业工作队按施工顺序的先后依次进入施工段进行工作，在规定时间完成全部施工任务。

流水施工组织方式的主要特点是：可以充分利用空间和时间；各专业队能连续作业；专业化生产有利于提高工程质量和劳动效率；资源的使用比较均衡、便于组织和管理等。

若某基础工程依次有挖土方、垫层、砌基础、回填土三个施工过程，组织四个专业队，把基础分为①、②、③三个施工段，则可组织流水施工。表 9.1 为用横道图表示的流水施工进度计划。

表 9.1 用横道图表示的流水施工进度计划

施工过程 \ 日期	施工进度计划											
	1	2	3	4	5	6	7	8	9	10	11	12
挖土方	①		②		③							
垫层			①		②		③					
砌基础					①		②		③			
回填土							①		②		③	

注：①、②、③分别为三个施工段。

2. 网络计划

网络计划是一种建立在网络图基础上的计划管理技术。传统的横道图计划管理方法虽然有简单、易懂等优点，但是所表达的工作逻辑关系不清楚。网络计划技术正确表达计划中各项工作开展得先后顺序和相互之间的关系，能够通过计算找出关键工作和关键线路，便于计划实施过程中进行控制，可以通过网络计划的优化寻求最优方案，从而能取得良好的技术经济效果。

钢筋混凝土有三个施工过程：绑钢筋——>支模板——>浇混凝土，如果划分三个施工段组织流水施工，则可用双代号网络计划表达，如图 9.47 所示。

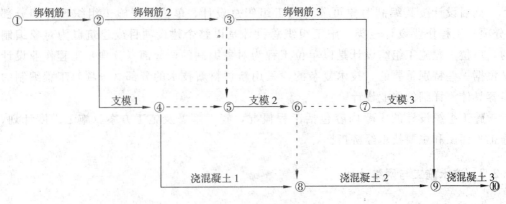

图 9.47 网络计划示意图

思 考 题

9.1 基坑开挖为什么要进行支护？常用的坑壁支撑方式有哪些？

9.2 人工降低地下水位有哪些方法？

9.3 简述单斗挖土机的种类及其适用性。

9.4 填土压实有哪些方法？其适用条件是什么？

9.5 桩基础按施工方法有哪两类？各自的特点是什么？

9.6 简述地下连续墙的优、缺点及其施工过程。

9.7 简述混凝土工程的施工工艺过程。

9.8 钢筋工程中的钢筋连接方法有哪些？

9.9 什么是模板？对模板有哪些要求？

9.10 混凝土工程包括哪些施工过程？

9.11 简述预应力后张法施工过程。

9.12 结构安装工程常用的起重机械有哪些？各有什么特点？

9.13 大跨结构有哪些安装方法？

9.14 地下防水卷材施工有哪些方法？各自有什么特点？

第10章　建设项目管理及土木工程经济

10.1　建筑工程管理

10.1.1　工程项目

1. 项目

项目是由一组有起止时间、相互协调的受控活动所组成的独特过程，该过程要达到符合时间、成本和资源等约束条件在内的规定要求的目标。

项目的范围非常广泛，最常见的内容包括：科学研究项目、应用科学研究项目、科技攻关项目等；开发项目，如资源开发项目、新产品开发项目、小区开发项目等；建设项目，如工业与民用建筑工程、交通工程、水利工程等。

2. 项目的特征

虽然项目的范围非常广泛，但通常都具有如下基本特征：

（1）项目的独特性

项目的独特性也可称为单件性或一次性，是项目最主要的特性。任何项目从总体上来说是一次性的、不重复的，它必然经历前期策划、批准、设计和计划、施工、运行的全过程，最后结束。即使在形式上极为相似的项目，如两个相同的产品，相同产量、相同工艺的生产流水线；两栋建筑造型和结构形式完全相同的房屋，也必然存在差异，如实施时间不同、环境不同、项目组织不同、风险不同等，所以它们之间无法等同，无法替代。只有认识到项目的独特性，才能有针对性地根据项目的具体特点和要求进行科学的管理，以保证项目一次成功。

（2）项目具有明确的目标和一定的约束条件

任何项目都有预定的目标。ISO10006规定，项目目标应描述达到的要求，能用时间、成本、产品特性来表示，项目"过程的实施是为了达到规定的目标，包括满足时间、费用和资源约束条件"。

1）通常，项目的目标如下：

① 达到预定的项目对象系统的要求，包括满足预定的产品特性、使用功能、质量等方面的要求。

② 时间。人们对工程项目的需求有一定的时间限制，希望尽快地实现项目的目标，发挥项目的效用，没有时间限制的项目是不存在的。项目的时间限制通常由项目开始期、持续时间、结束期等构成。

③ 成本。即以尽可能少的费用消耗（投资、成本）完成预定的项目目标，达到预定的功能要求，提高项目的整体经济效益。任何项目必然存在着与任务（目标、项目

范围和质量标准）相关的（或者说相匹配的）投资、费用或成本预算。如果没有财力的限制，人们就能够实现当代科学技术允许的任何目标，完成任何项目。

2）项目的约束条件包括：

① 资金限制。

② 人力资源和其他物质资源的限制。

③ 其他限制，如技术、信息资源的限制，自然条件地理位置和空间的制约等。

（3）项目具有独特的生命周期

建设项目的生命周期包括：项目建议书、可行性研究、设计工作、建设准备、建设实施、竣工验收与交付使用等；施工项目的生命周期包括：投标与签订合同、施工、交工验收与用后服务等。成功的项目管理是将项目作为一个系统进行全过程的管理和控制，是对整个项目生命周期的系统管理。

（4）项目作为管理对象的整体性

项目中的一切活动都是相关的，构成一个整体，缺少某些活动必将损害项目目标的实现，但多余的活动也是不必要的。

（5）项目的不可逆性

项目按照一定的程序进行，其过程不可逆转，必须一次成功，失败了便不可挽回，因而项目的风险很大，与批量生产过程（重复过程）有着本质的差别。

3. 工程项目

工程项目，又称土木工程项目或建筑工程项目，是最常见、最典型的项目类型，是以建筑物或构筑物为目标产品，有开工时间和竣工时间的相互关联的活动所组成的特定过程，该过程要达到的最终目标应符合预定的使用要求，并满足标准（或业主）要求的质量、工期、造价和资源等约束条件。有开工时间和竣工时间，表明了工程项目的一次性；特定的过程，表明了工程项目的特殊性。

4. 工程项目的特点

1）工程项目是一次性的过程。这个过程除了有确定的开工时间和竣工时间外，还有过程的不可逆性、设计的单一性、生产的单件性、项目产品位置的固定性等。

2）每个工程项目的最终产品均有特定的用途和功能，它是在概念阶段策划并且决策，在设计阶段具体确定，在实施阶段形成，在结束阶段交付。

3）工程项目的实施阶段主要是在露天进行，受自然条件的影响大，施工条件差，变更多，组织管理任务繁重，目标控制和协调活动困难重重。

4）工程项目生命周期的长期性。工程项目从概念阶段到结束阶段，少则数月，多则数年甚至几十年；工程产品的使用周期也很长，其自然寿命主要是由设计寿命决定的。

5）按投入资源和风险的大量性。工程项目的投资风险、技术风险、自然和资源风险与其他类型的项目相比，发生频率高，损失量大，所以工程项目管理中必须突出风险管理过程。

5. 工程项目的分类

(1) 按性质分类

工程项目按性质分类,可分为建设项目和更新改造项目。

1) 建设项目包括新建项目和扩建项目。新建项目是指从无到有建设的项目;扩建项目是指企业为扩大原有产品的生产能力或效益,为增加新品种的生产能力而增建主要生产车间或其他产出物的活动过程。

2) 更新改造项目包括改建项目、恢复项目、迁建项目。改建项目是指对现有厂房、设备和工艺流程进行技术改造或固定资产更新的过程;恢复项目是指原有固定资产已经全部或部分报废,又投资重新建设的项目;迁建项目是指由于改变生产布局、环境保护、安全生产及其他需要,搬迁到另外地方进行建设的项目。

(2) 按用途分类

工程项目按用途分类,可分为生产性项目和非生产性项目。

1) 生产性项目包括工业工程项目和非工业工程项目。

2) 非生产性项目包括居住工程项目、公共工程项目、文化工程项目、服务工程项目、基础设施工程项目等。

(3) 按专业分类

工程项目按专业分类,可分为建筑工程项目、土木工程项目、线路管道安装工程项目、装修工程项目。

(4) 按等级分类

工程项目按等级分类,可分为一等项目、二等项目和三等项目。

(5) 按投资主体分类

工程项目按投资主体分类,有国家政府投资工程项目、地方政府投资工程项目、企业投资工程项目、三资(国外独资、合资、合作)企业投资工程项目、私人投资工程项目、各类投资主体联合投资工程项目等。

(6) 按工作阶段分类

工程项目按工作阶段分类,可分为预备工程项目、筹建工程项目、实施工程项目、建成投产工程项目和收尾工程项目。

(7) 按管理者分类

工程项目按管理者分类,可分为建设项目、工程设计项目、工程监理项目、工程施工项目和开发工程项目,其管理者分别是建设单位、设计单位、监理单位、施工单位和开发单位。

(8) 按规模分类

工程项目按规模分类,可分为大型项目、中型项目和小型项目。

10.1.2 工程项目管理

1. 工程项目管理的概念

(1) 项目管理

项目管理是指为了达到项目目标,对项目的策划(规划、计划)、组织、控制、协调、监督等活动过程的总称。项目管理要求按照科学的理论、方法和手段进行，特别是要用系统工程的观念、理论和方法进行管理。项目管理的目的就是保证项目目标的顺利实现。

（2）工程项目管理

工程项目管理是项目管理的一大类，是指工程项目的管理者为了使项目取得成功（实现所要求的功能、质量、时限、费用预算），用系统的观念、理论和方法，进行有序、全面、科学、目标明确的管理，发挥计划职能、组织职能、控制职能、协调职能、监督职能的作用。其管理对象是各类工程项目，既可以是建设项目管理，又可以是设计项目管理和施工项目管理等。

2. 工程项目管理的特点

工程项目管理是特定的一次性任务的管理，它能够使工程项目取得成功，是其职能和特点决定的。工程项目管理的特点如下。

（1）管理目标明确

工程项目管理是紧紧抓住目标（结果）进行管理的。项目的整体、项目的某一个组成部分、某一个阶段、某一部分管理者、在项目的某一段时间内，均有一定的目标，并且目标吸引管理者，目标指导行动，目标凝聚管理者的力量；除了功能目标外，过程目标归结起来主要有工程进度、工程质量、工程费，这四个目标的关系是既独立又对立统一，是共存的关系。

（2）系统的管理

工程项目管理把管理对象作为一个系统进行管理。在这个前提下，首先进行的是工程项目的整体管理，把项目作为一个有机整体，全面实施管理，使管理效果影响到整个项目范围；其次，对项目进行系统分解，把大系统分解为若干个子系统，又把每个分解的系统作为一个整体进行管理，用小系统的成功保证大系统的成功；最后，对各子系统之间、各目标之间关系的处理，遵循系统法则，把它们联系在一起，保证综合效果最佳。例如，建设项目管理，既把它作为一个整体管理，又分成单项工程、单位工程、分部工程、分项工程进行分别管理，以局部成功保证整体成功。

（3）以项目经理为中心的管理

工程项目管理具有较大的责任和风险，涉及人力、技术、设备、资金、信息、设计、施工、验收等多方面因素和多元化关系，为更好地进行项目策划、计划、组织、指挥、协调和控制，必须实施以项目经理为核心的项目管理体制。

（4）按照项目的运行规律进行规范化的管理

工程项目管理是一个复杂的系统工程，每个工序的管理与运行都是有规律的。比如，绑扎钢筋作为一道工序，其完成就有其工艺规律。建设程序就是建设项目的规律。

（5）有丰富的专业内容

工程项目管理的专业内容包括：工程项目的战略管理，工程项目的组织管理，工程项目的规划管理，工程项目的目标控制，工程项目的合同管理、信息管理、生产要素管理、现场管理，工程项目的各种监督，工程项目的风险管理和组织协调等。这些内容构成了工程项目管理的知识宝库。

（6）应使用现代化管理方法和技术手段

现代化工程项目大多数是先进科学技术的产物或是一个涉及多学科、多领域的系统工程，要圆满地完成项目就必须综合运用现代管理方法和科学技术，如决策技术、预测技术、网络与信息技术、网络计划技术、系统工程、价值工程、目标管理等。

（7）应实施动态管理

为了保证工程项目目标的实现，在项目实施过程中要采用动态控制方法，即阶段性地检查实际值与计划值的差异，采取措施，纠正偏差，制定新的计划目标值，使项目能实现最终目标。

3. 工程项目管理的职能

工程项目管理的职能包括：策划职能、决策职能、计划职能、组织职能、控制职能、协调职能、指挥职能、监督职能。

10.1.3 工程项目管理的内容和程序

1. 工程项目管理的内容

项目管理的目标是通过项目管理工作实现的。为了实现项目管理目标，必须对项目进行全过程的、多方面的管理。项目管理的内容如下。

（1）建立项目管理组织

（2）编制项目管理规划

项目管理规划是对项目管理目标、组织、内容、方法、步骤、重点等进行预测和决策，做出具体安排的文件。

（3）进行项目的目标控制

项目的目标有阶段性目标和最终目标，实现各项目标是项目管理的目的所在。项目的控制目标有进度控制目标、质量控制目标、成本控制目标和安全控制目标。

由于在项目目标的控制过程中，会不断受到各种客观因素的干扰，各种风险因素有随时发生的可能性，故应通过组织协调和风险管理，对项目目标进行动态控制。

（4）对项目现场的生产要素进行优化配置和动态管理

项目的生产要素是项目目标得以实现的保证，主要包括人力资源、材料、设备、资金和技术（即5M）。

（5）项目的合同管理

项目管理是在市场条件下进行的特殊交易活动的管理，这种交易活动从招投标开始，贯穿项目管理的全过程，必须依法签订合同，进行履约经营。

（6）项目的信息管理

项目的信息管理是指对信息的收集、整理、处理、储存、传递与应用等一系列工作的总称。信息管理的目的就是通过有组织的信息流动，使决策者能及时、准确地获得相应的信息。

（7）组织协调

组织协调是指以一定的组织形式、手段和方法，对项目管理中产生的关系不畅进行疏通，对产生的干扰和障碍予以排除的活动。

2．工程项目管理的程序

项目管理的各种职能及各管理部门在项目过程中形成的关系，有工作过程的联系（工作流），也有信息联系（信息流），构成了一个项目管理的整体，这也是项目管理工作的基本逻辑关系。工程项目管理的程序如下。

1）编制项目管理规划大纲。

2）编制投标书并进行投标。

3）签订施工合同。

4）选定项目经理。

5）项目经理接受企业法定代表人的委托组建项目经理部。

6）企业法定代表人与项目经理签订"项目管理目标责任书"。

7）项目经理部编制"项目管理实施规划"。

8）进行项目开工前的准备。

9）施工期间按"项目管理实施规划"进行管理。

10）在项目竣工验收阶段，进行竣工结算，清理各种债权债务，移交资料和工程。

11）进行经济分析，做出项目管理总结报告并送企业管理层有关职能部门。

12）企业管理层组织考核委员会对项目管理工作进行考核评价并兑现"项目管理目标责任书"中的奖罚承诺。

13）项目经理部解体。

14）保修期满前，企业管理层根据"工程质量保修书"和相关约定进行项目回访保修。

10.1.4 工程项目管理的主要方法

1．工程项目管理方法的分类

按管理目标分类，项目管理方法有进度管理方法、质量管理方法、成本管理方法和安全管理方法。

按管理方法的量性分类，项目管理方法有定性方法、定量方法和综合管理方法。

按管理方法的专业性质分类，项目管理方法有行政管理方法、经济管理方法、技术管理方法和法律管理方法等。

2．项目管理的主要方法

项目管理的基本方法是目标管理方法，而各项目目标的实现还有其适用的主要专业方法。例如，进度目标控制的主要方法是网络计划方法、质量目标控制的主要方法是全面质量管理方法、成本目标控制的主要方法是可控责任成本方法、安全目标控制的主要方法是安全责任制等。

10.2 国际工程管理

10.2.1 国际工程的概念

严格地讲，国际工程还没有一个完整的学术定义。只是在长期的实践中，人们习惯上将一个工程项目寿命周期的各阶段或各阶段要完成的工作，包括咨询、融资、采购、承包、实施管理等的参与者来自不止一个国家，并且按照国际上通用的工程项目管理模式进行管理的工程称为国际工程。

我们可以从两个方面去理解国际工程的概念和内容。

1. 国际工程包括咨询和承包两大领域

（1）国际工程咨询

国际工程咨询是指在工程项目实施的各个阶段，咨询人员利用技术、经验、信息等为客户提供的知识密集型的智力服务，包括对工程项目前期的投资机会研究、预可行性研究、可行性研究、项目评估、勘测、设计、招标文件编制、监理、管理、后评价等工作。

（2）国际工程承包

国际工程承包是指工程公司或其他具有工程实施能力的单位通过国际性投标竞争，接受业主委托，为工程项目或其中某些子项所进行的建造、设备采购及安装调试、提供劳务等工作。按照业主的要求，有时也做施工详图设计和部分永久工程的设计。

尽管我们按行业性质把国际工程分为两大类，但工程咨询公司和工程承包公司可从事的业务范围并没有严格的划分。为了适应近年来国际工程市场上日益受到青睐的设计、建造及"交钥匙工程"等新的管理模式，一些有实力的咨询公司涉足的往往不是单纯的设计咨询任务，许多大型的承包集团也正在向提供全过程服务发展。目前，国际工程咨询与国际工程承包已呈现出相互渗透、相互竞争的形势。

2. 国际工程包含国内和国外两个市场

从我国公司的角度来看，国际工程既包括我国公司在海外参与和实施的各项工程，即走出去参与海外市场角逐，又包括国际组织和国外的公司到中国来投资和实施的工程。我国目前的工程建设市场还不是一个开放的市场，但作为世界贸易组织的成员国，我国的工程建设市场必将逐步对外开放，国内市场上的国际工程会越来越多，所以我们研究国际工程不仅是走向海外市场的需要，也是巩固和占领国内市场的需要，同时还是我国建筑业的管理如何逐步与国际接轨的需要。

10.2.2 国际工程的特点

工程建设产品的固有特点和工程项目的国际化运作，使得国际工程项目的管理更富有挑战性。

1. 工程建设产品自身的特点

(1) 产品的固定性与生产的流动性

(2) 产品生产与交易的统一性

产品生产与交易的统一性决定了国际工程市场包括建筑产品生产和交易的整个过程。从工程建设项目的咨询、设计、施工任务的发包开始，到工程竣工、交付使用和保修期结束为止，发包方与承包方进行的各种交易（包括生产），以及相关的商品，如钢筋和混凝土供应、构配件生产、建筑机械租赁等活动，都是在建筑市场中进行的。其内容的特殊性就在于它是建筑产品生产和交易的总和，生产活动和交易行为交织在一起。

(3) 生产的个体性和产品的单件性

建筑产品的施工环境和施工条件各不相同，建筑产品本身由于业主（发包方）对功能和形式的要求千差万别，以及承包单位各自不同的特点和能力，绝大多数建筑产品不能成批量地生产，决定了市场上的买方只能通过选择建筑工程项目的生产单位来完成交易。

(4) 产品的社会性

产品的社会性决定了政府对建筑工程市场管理的特殊性。所有的建筑产品都具有不同程度的社会性，涉及公众的利益和公共安全。政府作为公众利益的维护者，必然会加强对建筑产品的规划、设计、交易、建造、竣工、验收和投入使用全过程的管理，保证建筑产品的质量和安全。

(5) 工程项目的整体性和分部分项工程的相对独立性

工程项目的整体性和分部分项工程的相对独立性决定了总包和分包相结合的特殊承包形式。建筑产品是一个整体，无论是一个住宅小区、一个配套齐全的工厂，还是一座功能齐全的大楼，都是一个不可分割的整体，需要从整体出发来考虑它的布局、设计、施工。因此，由一个总承包单位来统一协调是非常必要的。但是，随着经济的发展和建筑技术的进步，施工生产的专业性越来越强。在施工过程中，由各种专业施工企业分别承担工程的土建、安装、装饰分包，有利于施工技术和效益的提高，既需要发展工程总承包加强工程总承包管理，也需要发展专业化的分包队伍，提高专业化分包的水平。

(6) 产品交易的长期性

一般建筑产品的生产周期都较长，有的达十几年或更长。在这样长的期间里，生产环境、市场环境、政治局势及政府政策法规等各方面的情况可能会发生很大的变化，尽管承、发包双方对交易期内可能发生的变化事先有所分析，但要做到对全部风险都能准确地预见常常是不可能的。

(7) 建筑产品的不可逆转性

建筑产品的不可逆转性决定了生产中必须推行建设监理和质量监督等特殊的管理方式。建筑产品一旦竣工，不可能退换，也难以返工和重新制作。如果发生质量问题，双方均要承受巨大损失，因此建筑产品具有一定的不可逆转性。由于这一特点，所以对工程质量有着非常严格的要求。设计、施工必须按照国家或国际上的规范和标准进行，必须由有专业知识和经验的监理工程师进行监督和管理。

（8）产品交易的阶段性

产品交易的阶段性决定了建筑市场管理严格的程序要求。建筑产品的阶段性具体表现为在不同阶段建筑产品具有不同的形态。在实施之前，它可以是咨询机构提供的可行性研究报告或其他咨询论证材料；在勘察设计阶段，它可以是勘察报告或设计图；在施工阶段，它可以是建筑物或其群体。对各个阶段严格的程序控制，是生产合格建筑产品的保证。

（9）产品的价值量大、造价高

建筑产品的价值常常在几千万元甚至几十亿元，这就决定了产品价格的形式和支付方式的特殊性。产品价格根据工程的具体情况，可以采用单价的形式，也可以采用总价的形式；可以约定按实际发生的情况进行调整，也可以严格按照合同的约定不做调整；可以按工程进度支付工程款项，也可以在工程竣工后一次结算。建筑市场价格形式的特殊性，不仅在于每一件产品都需要根据其特定的情况由交易双方协商确定产品价格的数量和形式，还在于每一件产品的价格都必须考虑生产过程中的各种环境变化、市场价格风险和各种难以预料的情况，或者考虑一定的风险系数确定价格。

2. 国际工程独有的特征——国际性

（1）合同主体的多国性

国际工程签约的各方通常属于不同的国家，受多国不同法律的制约，而且涉及的法律范围极广，诸如招标投标法、建筑法、公司法、劳动法、投资法、外贸法、金融法、社会保险法、各种税法等。一个大型国际工程项目的参与者往往来自多个不同的国家，虽然他们之间的责、权、利由各自的合同来限定，而这些合同中的条款并不一定与各自国家的法律、法规或惯例相一致，这就使得项目各方对合同条款的理解更易于产生歧义。

（2）按照严格的合同条件和国际惯例管理工程

国际工程的参与者不能完全按某一国的法律、法规或靠某一方的行政指令来管理，而是采用国际上已多年形成的严格的合同条件和工程管理的国际惯例进行管理。一个国际工程项目从前期的项目准备到实施都有严格的、规范化的程序。为保证工程项目的顺利实施，参与者必须不折不扣地按合同条件履行自己的责任和义务，同时获得自己的权利。合同中的未尽事宜通常应受国际惯例的约束，以使产生争端或矛盾的各方尽可能取得一致和统一。

（3）政治、经济因素的风险增大

国际工程受到政治、经济影响因素明显增多，风险相对增大。例如，国际政治经济关系变化引起的制裁和禁运、某些资金来源与国外的项目资金减少或中断、某些国家对承包商实行地区和国别限制或歧视政策、工程所在国与邻国发生边境冲突、由于政治形势失稳而可能发生内战或暴乱、由于经济状态不佳而可能出现金融危机等，都有使工程中断或造成损失的可能性。因此，从事国际工程不仅要关心工程本身的问题，而且还要关注工程所在国及其周围地区和国际大环境的变化带来的影响。

（4）规范标准庞杂

国际工程合同文件中需要详细规定材料、设备、工艺等的技术要求，通常采用国际上被广泛接受的标准、规范和规程，如 ANSI（美国国家标准协会标准）、BS（英国国家标准）等，但也涉及工程所在国使用的标准、规范和规程。还有些发展中国家经常使用自己的尚待完善的"暂行规定"。这些技术准则的庞杂性无疑会给工程的实施造成一定的困难。特别是对于刚刚涉足国际工程事业的人员或企业，更需尽快研究和学习国际上常用的规范及标准。

10.2.3　国际工程管理

1. 国际工程招标的方式和程序

国际工程招标的方式和程序经过多年的发展，已非常成熟，特别是国际咨询工程师联合会推荐的方式和程序，受到包括世界银行在内的各国金融机构和世界各国的认可，已成为了国际惯例。

（1）招标方式

国际工程项目的招标方式一般有三种，即公开招标、邀请招标和议标。

1）公开招标。公开招标又称无限竞争性公开招标，其特点是投标单位的数量不受限制，凡通过资格预审的单位都可参加投标。这种招标方式通常是由业主在国内外主要报纸上及有关刊物上刊登招标广告，或者通过网络发布招标信息，凡对此招标项目感兴趣的承包商都有均等的机会购买资格预审文件，参加资格预审，预审合格者均可购买招标文件进行投标。

2）邀请招标。邀请招标又称有限竞争性招标，这种方式一般不在报上登广告，业主根据自己的经验和资料，或请咨询公司提供承包商的情况，然后根据企业的信誉、技术水平、过去承担过类似工程的质量、资金、技术力量、设备能力、经营能力等条件，邀请某些承包商来参加投标。

3）议标。议标也称谈判招标或指定招标。它是由业主直接选定一家或几家承包商进行协商谈判，确定承包条件与标价的方式。

国际工程常用的招标方式除了上述三种通用的方式外，有时也采用一些其他的方法，如两阶段招标、双信封投标等，不过这些方法也只是对上述三种方法的扩展，因为它还是在公开招标、邀请招标、议标这个大框架下进行的。

（2）国际工程招标程序

国际工程招标程序可以分三大步骤，即对投标者进行资格预审；向有资格的投标人发售招标文件，以及投标者准备并递交投标文件；开标、评标、合同谈判和签订合同。三大步骤依次连接就是整个投标的全过程。经过几十年的实践，国际工程招标的程序已逐步规范化、标准化，并推荐使用格式化的招标程序。

2. 国际工程承包的合同类型

国际工程合同的形式和类别非常多，不同种类的合同，有不同的应用条件，有不同的权利和责任的分配，有不同的合同风险。按计价方式的不同，国际工程承包合同一般分为总价合同、单价合同和成本加酬金合同三大类。

总价合同：指支付给承包商的款项在合同中是一个"固定的金额"，即总价。

单价合同：指准备发包的工程项目的内容和设计指标一时不能十分确定或工程量可能出入较大时，采用单价合同形式为宜。避免由于工程量的不精确，而使得合同任一方承担过大的风险。

成本加酬金合同：指业主向承包商支付实际工程成本中的直接费（一般包括人工、材料及机械设备费），按事先协议好的某一种方式支付管理费及利润的一种合同方式。

3. 合同管理在国际工程项目管理中的作用和地位

（1）合同在现代工程项目中的作用

就一个工程项目而言，从本质上讲，承包商的项目管理工作也就是广义的合同管理。因为一个工程承包项目本身就是一个合同，就是为实现项目目标而确定的当事人双方权利和义务的协议，它对项目目标，即进度、质量、价格都做了详细规定。因此，项目管理的过程也就是按照合同文件的要求履行合同的过程。工程项目管理的三大目标，以及为实现三大目标合同当事人应履行的职责都表述在合同中，合同管理贯穿于项目管理的全过程，在一定程度上，项目管理就是在围绕合同进行管理，就是在做合同管理。

（2）工程合同管理的目标

工程合同管理直接为工程项目总目标服务，合同管理不仅是工程项目管理的一部分，而且贯穿于项目管理全过程。可以说，合同管理目标就是项目管理的目标。

（3）合同管理在工程项目管理中的地位

合同确定工程项目的价格（成本）、工期和质量（功能）等目标，规定着合同双方责权利关系，所以合同管理必然是工程项目管理的核心。广义地说，建筑工程项目的实施和管理全部工作都可以纳入合同管理的范围。合同管理贯穿于工程实施的全过程和各个方面，对整个项目的实施起总控制和总保证作用。在现代工程中，没有合同意识则项目整体目标不明；没有合同管理，则项目管理难以形成系统，难以有高效率，项目目标也就难以顺利实现。

合同管理是项目管理中一个较新的管理职能。国际上，从 20 世纪 70 年代初开始，随着工程项目管理理论研究和实际经验的积累，人们越来越重视对合同管理的研究。在发达国家，80 年代前人们较多地从法律方面研究合同；在 80 年代，人们较多地研究合同事务管理；80 年代中期以后，人们开始更多地从项目管理的角度研究合同管理问题。近十几年来，合同管理已成为工程项目管理的一个重要的分支领域和研究热点。它将项目管理的理论研究和实际应用推向了新阶段。

4. 国际工程风险与风险管理

国际工程事业是一项风险事业，可以说风险无时不有，无处不在。不管是投资者、工程业主还是承包商都要面临一系列风险，他们无一例外地必须时刻进行风险决策。但是，风险与机会并存，风险与利润同在，只有不求利润才有可能完全回避风险。因此，企业要发展，就必须迎着风险前进，要正视风险，认真研究风险，弄清风险的存在和种类，分析其发生的可能性及其与事业的利害关系，建立风险管理体系，确立管理目标，划清风险管理的责任范围，从而达到能利用则利用，不能利用则回避、防范或转移的目的。

（1）风险的概念

风险的存在，是因为人们对任何未来的结果不可能完全预料，实际结果与期望之间的差异就构成了风险。因此，风险可定义为：在给定的情况下和特定的时间内，那些可能发生的结果间的差异。

风险是客观存在的，不以人的意志为转移。企业的生命力取决于经营的好坏，而经营的每个环节都存在或潜伏着风险。企业要发展，就必须迎着风险前进。因为，风险与利润往往是并存的，风险大的项目通常也是有较高赢利机会的项目，所以风险又是对管理者的挑战，有效的风险管理和控制能使企业获得非常好的经济效果，有助于企业竞争力的提高。

（2）风险分类

风险范围很广，内容很多，但根据研究风险的角度不同，大致有以下几种分类方法。

1）根据造成的后果不同，风险可分为纯风险和投机风险。

2）根据其产生的根源的不同，风险分为政治风险、经济风险、金融风险、管理风险、自然风险和社会风险等。

3）按分布情况，风险又分为国别风险和行业风险。

4）从风险控制的角度可分为不可避免的风险（如天灾）、可避免或可转移的风险及有利可图的投机风险。

（3）工程项目的风险

工程项目的投资机会研究、可行性研究、设计和计划都是基于对未来情况（政治、经济、社会、自然等各方面）预测基础上的，是基于正常的、理想的技术、管理和组织之上的。在实际实施及项目的运行过程中，这些因素都有可能会产生变化。这些变化会使原定的计划、方案受到干扰，使原定的目标不能实现。这些工程项目中事先不能确定的内部和外部干扰因素，人们将它称之为工程项目风险。

风险在任何工程项目中都存在。工程项目作为融合经济、技术、管理、组织各方面的综合性社会活动，在各个方面都存在着不确定性。这些风险往往会造成工程项目实施的失控现象，如工期延长、成本增加、计划修改等，最终导致工程经济效益降低，甚至项目失败。现代工程项目的特点是规模大、技术复杂、持续时间长、参加单位多、与环境接口复杂，可以说，在项目过程中险象环生。特别在国际工程领域，由于还涉及诸如政治、文化、民族等方面的因素，面临的风险更多，因此人们常将国际工程称为风险事业。

与其他风险不同，工程项目风险有其自身的一些特点。

1）风险的多样性。在一个项目中有许多种类的风险存在，如政治风险、经济风险、法律风险、自然风险、合同风险、合作者风险等。这些风险之间有复杂的内在联系。

2）风险在整个项目生命期中都存在，而不仅在实施阶段。

① 在目标设计中可能存在构思的错误，重要边界条件的遗漏，目标优化的错误。

② 可行性研究中可能有方案的失误，调查不完全，市场分析错误。

③ 技术设计存在专业不协调，地质不确定，图纸和规范错误。

④ 施工中物价上涨，实施方案不完备，资金缺乏，气候条件变化。

⑤ 运行中市场变化，产品不受欢迎，运行达不到设计能力，操作失误等。

3）风险影响常常不是局部的、某一段时间或某一个方面的，而是全局的。例如，反常的气候条件造成工程的停滞，则会影响整个后期计划，影响后期所有参加者的工作。它不仅会造成工期的延长，而且会造成费用的增加，造成对工程质量的危害。即使局部的风险也会随着项目的发展，其影响会逐渐扩大。

4）风险有一定的规律性。工程项目的环境变化、项目的实施有一定的规律性，所以风险的发生和影响也有一定的规律性，是可以进行预测的。重要的是人们要有风险意识，重视风险，对风险进行全面的控制。

（4）工程项目风险管理及其重要性

所谓风险管理，就是人们对潜在的意外损失进行辨识、评估，并根据具体情况采取相应的措施进行处理，即在主观上尽可能有备无患或在无法避免时也能寻求切实可行的补偿措施，从而减少意外损失或进而使风险为我所用。因此，风险管理本质上就是要在主观上重视风险，客观上采取适当措施，从而化险为夷，甚至获得巨大效益。可见，风险管理无论对投资人、工程业主还是承包商、供应商都是至关重要的。

（5）国外工程风险管理研究动态

工程风险分析的理论研究是伴随着国际工程建筑市场的形成和发展而产生的。早在第二次世界大战期间，在系统工程和运筹学领域中就开始应用风险分析技术，而把风险分析技术用于工程项目管理还是在 20 世纪五六十年代，伴随着西方社会战后重建，特别是西欧经济的复苏，在欧洲兴建了一大批大型宇航、水电、能源、交通项目，巨大的投资使项目管理者越来越重视成本管理，而复杂的工程项目环境又使项目本身面临极多的不确定因素，如何定量地事先预计不确定性对工程项目成本的影响成为管理者的一大难题。为此，学者们先后开发、研究了各种项目风险评估技术，如早期的项目计划评审技术及后来的敏感性分析和模拟技术等。在最初研究中只是用数理统计和概率的方法来描述、评价影响项目目标的一维元素，如时间或成本变化的影响。随着新的评价方法的不断产生，对工程风险的分析也向综合性、全面、多维方向发展。

10.3　土木工程经济

10.3.1　概述

工程经济是工程与经济的交叉学科，是研究工程技术实践活动经济效果的学科，也就是根据所考察系统的预期目标和所拥有的资源条件，分析该系统的现金流量情况，选择合适的技术方案，以获得最佳的经济效果。工程经济的主要内容包括资金的时间价值、投资项目经济评价指标与方法，不确定性分析、投资项目可行性研究、设备更新的经济分析、价值工程等。

1. 技术经济的含义

"技术"一词通常被人们理解为是劳动者运用科学知识和劳动技能对自然进行控制、变革的方法和手段。工程技术则是人们运用专业知识和生产实践经验完成工程建设项目的一种生产力。"经济"一词有多种含义，在不同科学领域有不同的解释。在工程经济学科中，"经济"是指对资源的合理消耗，有效利用，节约，实惠，取得较高的经济效果等。

技术是手段，经济是目的。没有经济这一目的，技术将无的放矢；反之，只提出经济目标，而没有技术保证，经济目标也无法达到。

2. 土木工程经济的研究范畴

土木工程是指以土木建筑物为对象而进行的规划、设计、施工、养护的全过程及其所从事的工程实体。土木工程具有明显的技术、经济特性。土木工程技术特性，是指在其规划、设计、建造和使用的全过程中必须与自然科学规律相适应的一些特性。例如，铁路、道路及其各组成要素主要是为行车服务的，这样就必须考虑在车辆荷载作用下的一系列力学要求，如力学强度、刚度、稳定性、摩擦阻力等。

土木工程的经济特性，是指在其规划、设计、建造和使用的全过程中与资金、人力、物力以及其他资源消耗和节约相联系的特性。众所周知，不论是建造房屋、铁路、公路还是城市道路等，都需要占用大量土地，消耗大量资金，动用大量劳动力和机械设备，还要消耗建筑材料、能源等，因此，土木工程必须把各种资源的有效利用并达到最大节约放在首位。

由于技术、经济是同等重要的两个方面，那么对任何一种土木工程，我们就不仅要重视研究具体的工程技术问题，而且还要研究经济方面的问题。属于土木工程的很多分科，如房屋建筑工程、铁路工程、公路勘测设计、城市道路设计、路基路面工程、桥梁工程、地下结构工程、岩土工程等，都是研究土木工程特性的科学。研究土木工程经济特性的科学是用现代工程经济的理论和方法，研究如何在土木工程实体形成的全过程中，有效地使用资金、人力、物力和其他资源，以取得最佳的经济效果的一门学科。

3. 土木工程经济的基本内容

一般我们可以按土木工程的投资阶段及其相应的建设阶段的不同分为：投资前期（计划与研究阶段）、投资时期（设计阶段和施工阶段）和发挥效益时期（使用阶段）。土木工程经济主要应用于投资前期阶段。采用预测和分析的方法对项目进行技术、经济评价，最后做出结论。

（1）工程可行性研究

可行性研究，是对工程项目的技术先进性、经济合理性和建设可能性进行分析比较，以确定该项目是否值得投资，规模应有多大，建设时间和投资应如何安排，采用哪种技术方案最合理等，以便为决策提供可靠的依据。目前，国外把工程建设进展周期分为三个阶段，即投资前期阶段、投资阶段和生产阶段。可行性研究就是投资前期阶段的主要内容。在可行性研究的基础上，对那些为完成同一目的的同类工程方案进行选优。

（2）预测技术

预测是根据事物以往的历史资料，通过一定的科学方法和逻辑推理，对事物未来发展的趋势做出预计和推测，定性或定量地估计事物发展的规律，并对这种估计加以评价，以指导和调节人们的行动。预测的过程就是在调查研究或科学试验的基础上的分析过程。预测分析所利用的手段和方法，统称为预测论。

（3）技术经济评价体系

技术经济评价是项目可行性研究的核心，通过评价借以判断建设项目的经济效果，并确定该项目是否应该上马。现代的技术经济评价体系，采用工程经济的理论和方法，通过对成本和效益的动态计算，最终得出定量的评价判据，以说明方案的优劣。这一体系主要用于预可行性研究和可行性研究阶段。

（4）决策论

决策是指对某一事物当前或未来可能发生的情况经过预测后，选择最佳方案的一种过程。决策论是对要决策的问题，用数学方法进行处理，使之得出较为可靠的结论的方法体系。

（5）价值工程

价值工程是一种有组织、有步骤地分析研究某种产品（一个系统或一种劳务）如何以最少的耗费（即最低的成本）取得必要的、更加理想的功能，从而获得最优价值的一种先进的经营管理技术。在土木工程管理中，价值工程可用于研究设计方案的创新，提交土木工程结构物上的功能，降低工程成本活动。

10.3.2　建设项目可行性研究

1. 基本建设及其分类

（1）基本建设

基本建设是指建筑、购置和安装固定资产的活动以及与此相联系的其他工作。基本建设是存在于国民经济各部门以获得固定资产为目的的经济活动。简言之，是一种投资的经济活动。

固定资产是指在社会再生产过程中，能够在较长时期内为生产和生活等方面服务的物质资料。根据我国财政部的规定，列为固定资产的，一般必须同时具备下列两个条件：一是使用年限在一年以上；二是单位价值在规定的限额以上。

固定资产按其经济用途，可分为生产性固定资产和非生产性固定资产两大类。生产性固定资产是在物质资料生产过程中，能在较长时期内发挥作用而不改变其物质形态的劳动资料，如厂房、机器设备、港口码头、铁路、公路、桥梁、隧道、车站等。非生产性固定资产，作为消耗资料的一部分，直接服务于人民的物质文化生活，在较长时期内不改变其物质形态，如职工住宅、医院、学校、剧院、办公楼和其他生活福利设施等。

（2）基本建设分类

基本建设工程计划项目很多，为了便于掌握和分析，根据国家的规定，按照不同的目的和标志进行分类。

　　1) 按建设项目的性质划分为：新建项目、改扩建项目、恢复项目。

　　2) 按投资额构成划分为：建筑安装工程，设备、工具、器材的购置，其他基本建设。

　　3) 按投资用途划为：生产性建设投资、非生产性建设投资。

　　4) 按资金来源划分为：国家预算内投资、国内贷款、国外贷款和国家预算外投资。

　　5) 按建设项目规模或总投资额划分为：大型项目、中型项目、小型项目。

　　2. 建设程序

　　我国的建设程序分为六个阶段，即项目建议书阶段、可行性研究阶段、设计工作阶段、建设准备阶段、建设实施阶段和竣工验收阶段。其中项目建议书阶段和可行性研究阶段称为"前期工作阶段"或决策阶段。

　　3. 可行性研究的含义、发展及特点

　　(1) 可行性研究的含义

　　工程建设是一项重大的投资活动，如果决策稍有失误，不仅会造成社会劳动的极大浪费，还会影响项目建成之后的经济效益。为了排除风险，避免浪费，提高建设项目的投资经济效益，在项目投资决策之前，必须进行可行性研究，即对一个新的建设项目的技术先进性和经济合理性进行全面的综合分析和论证，以期达到最佳的经济效果。

　　可行性研究包括对项目的各种建设条件进行调查、预测、分析、研究、评价等一系列的过程，是一项十分细致而复杂的工作。研究结果包含可行和不可行两种可能。如果不可行，应撤销项目设想；如果可行，则必须推荐最佳建设方案，供决策者决策。

　　(2) 可行性研究的发展

　　可行性研究起始于 1902 年，美国为了改善河道，根据《河港法》要求，对水域资源工程项目进行评价。20 世纪 30 年代，美国在开发田纳西河流域工程中，应用可行性研究方法，效果显著。第二次世界大战后，随着生产技术的进步，市场竞争的加剧，经济和管理科学的发展，可行性研究得到了迅速发展，逐渐成为一门具有系统理论基础、保证实现最佳经济效益的综合性科学。可行性研究的应用范围也不断扩大，不仅用于建设项目的投资决策分析，还广泛应用于工农业生产经营管理、科学实验、新产品开发、环境保护、行业规划、区域规划，以及自然与社会改造等方面。为了在发展中国家开展和推广可行性研究，1978 年联合国工业发展组织编写了《工业可行性研究手册》，并与阿拉伯国家联合编写了《工业项目评价手册》。世界银行也编写了《项目经济分析方法》，帮助受援助国家开展可行性研究。目前，建设项目的可行性研究已在世界各国广泛应用，其理论方法也在不断完善和发展。

　　我国 40 多年来的基本建设实践也证明建设项目进行可行性研究的必要性。"一五"时期，我国曾对一些基本建设项目进行技术经济调查，搞方案技术经济比较，虽然没有可行性研究那么细，但都取得了较好的经济效果。后来由于种种原因，这项工作停止了，导致了许多工程盲目上马，后果十分严重。许多工程由于条件不具备，建建停停，长期建不成；有的建到中途下马停建；有的工程即使勉强建成，也长期不能投产，不仅未取得经济效果，还背上了沉重的包袱。总结正、反两个方面的经验教训，1981年国务院在国发 30 号文件中明确规定：所有新建、扩建大中型项目以及利用外资进行基本建设的项目都必须有可行性研究报告。这实际上是在我国基本建设程序中补充了可行性研究这个重要环节。1983 年，国家计划委员会正式颁发了相应的可行性研究报告编制办法。目前，我国建设项目可行性研究正向项目决策科学化、民主化的方向不断充实、完善。

（3）可行性研究的特点

建设项目可行性研究，一般具有以下几个特点：

1）前期性。它是项目投资决策前进行的一项工作，是建设项目前期工作的主要内容。

2）预测性。它是对拟建项目的产品需求、投资、成本、赢利以及社会经济效益的预测，而不是对已建成项目的实际情况分析。

3）不确定性。它所面对的是许多不确定的因素。预测的各种技术经济数据具有不确定性；在研究过程中，项目在技术上、经济上的可行性也具有不确定性。

以上特点，说明可行性研究要广泛、深入地进行调查研究，实事求是地采用科学方法进行预测、分析、计算，客观公正地做出正确结论，为项目决策提供科学依据；切不可先盲目、主观地定调子，然后为项目的可行找依据。

4. 可行性研究的目的和作用

（1）可行性研究的目的

可行性研究是基本建设前期阶段的一项重要工作，它的基本任务是对一个新的建设项目（或扩建项目）的一些主要问题，如市场需求、原材料供应、厂址选择、外围条件、工艺流程、技术方案等，从技术和经济两个方面进行全面、系统的分析研究，并对这个项目建成后可能取得的经济效果进行预测，从而得出这个项目是否建设和如何建设的意见，供决策者决策时参考。

可行性研究从形式上分为工程技术和经济核算两个部分。实际上前者是手段，后者才是目的，前者是为后者服务的。因此，可行性研究的目的实质上就是在项目决策之前，全面研究建设项目以投资赢利为核心的经济问题，趋利避害，研究投资于此项工程，如何才能获得最大的经济效益，使拟建项目在竞争中立于不败之地。

（2）可行性研究的作用

可行性研究涉及工程建设各个方面，内容既广泛，且有一定深度。经过批准的可行性研究，在项目筹建和实施过程中，主要有以下几方面的作用。

1）是项目投资决策的依据。

2）可作为编制和批准设计任务书的依据。

3）可作为银行贷款的依据。

4）可作为建设项目与各协作单位签订合同和有关协议的依据。

5）可作为基本建设前期中下一步开展工作的依据。

6）重大项目的可行性研究报告，可作为编制国民经济计划的依据。

5．可行性研究的内容和步骤

（1）建设项目可行性研究的内容

建设项目可行性研究，随项目类型和性质的不同而有所差异。例如，矿山项目应侧重于研究资源和运输条件；加工工业项目一般应侧重于研究市场需求；交通建设项目侧重于研究项目的吸引范围、客货运量和线路技术方案、投资额度等。但各类建设项目要研究的基本内容大致相同，一般要求解决和回答以下几个方面的问题：

1）为什么要建这个项目？

2）资源及市场需求情况如何？需要建多大的规模比较合适？

3）项目地点选在哪里最佳？

4）该项目建设需要采用什么技术方案？有何特点？

5）项目建设配套的外部条件如何？

6）项目建设时间多长？需要多少投资资金？

7）该项目所需的资金如何筹措？能否落实？

8）项目建成后，其经济效益和社会效益如何？即要重点论证项目的必要性、技术可行性、经济合理性、条件可靠性和实施可能性等五个方面的问题。

（2）建设项目可行性研究的步骤

我国可行性研究是在项目建议书的基础上进行的。首先由建设单位或建设项目主管单位根据国家长期计划提出项目建议书，经批准后列入前期工作计划，这样就完成了可行性研究的第一步。接着由建设单位或项目主管单位根据批准的项目建议书，委托咨询设计单位进行可行性研究。接受委托的工程咨询公司或专业设计院，一般要组成一个工作小组，负责建设项目的可行性研究工作。可行性研究的具体步骤为：准备工作、调查研究、优选方案、详细研究、编写报告。

6．建设项目经济评价

（1）项目可行性研究与经济评价

经济评价是项目可行性研究和评估的核心，是项目决策的重要依据。其目的在于最大限度地避免风险，提高经济效益。

建设项目的经济评价就是预先估算拟建项目的经济效益，包括财务评价和国民经济评价两个层次。建设项目经济评价既有利于引导投资方控制投资规模，提高计划质量又能使项目和方案经过需要—可能—可行—最佳的步骤得到深入地分析、比选。这样可以避免由于依据不足、方案不当、盲目决策所导致的失误，把有限的资源用于经济效益和社会效益真正最优的建设项目，实现项目和方案决策的优化或最佳化。

（2）建设项目的财务评价

财务评价是在国家现行财税制度和价格体系的条件下，分析项目的赢利能力、清偿能力，以考察项目在财务上的可行性。

财务评价指标包括赢利能力指标及财务清偿能力指标。财务赢利能力指标可用来考察投资的赢利水平，应计算财务内部收益率（FIRR）、投资回收期等主要评价指标，根据项目特点及实际需要，也可计算财务净现值（FNPV）、投资利润率、投资利税率、资本金利润率等指标以及其他辅助性指标。财务清偿能力指标，主要是借款偿还期，其他还有资产负债率、流动比率、速动比率等指标。财务评价以市场价格为依据计算建设项目给企业带来的经济效益，计算时用行业（或部门）的基准收益率为贴现率。当贴现后项目各年的收益与费用之差，即财务净现值（FNPV）大于零时，表示项目在财务上可以接受。

（3）建设项目的国民经济评价和综合评价

1）建设项目的国民经济评价。国民经济评价是从国家整体角度考察项目的效益和费用，分析计算项目对国民经济的净贡献，评价项目的经济合理性。因为在存在价格扭曲的条件下，用市场价格计算得出企业财务评价的结果不一定与从国民经济角度出发做出的评价结果相一致，所以需要单独做出建设项目的国民经济评价。国民经济评价包括国民经济赢利分析和外汇效果分析，以经济内部收益率（EIRR）为主要评价指标。根据项目特点和实际需要，也可计算经济净现值（ENPV）等指标。这时要用影子价格（一种接近资源优化配置的价格）代替市场价格，用统一的社会贴现率为贴现率，来计算项目的经济净现值，同样只有 ENPV 大于零时，项目在国民经济上才是可以接受的。

它与财务评价的区别在于：① 评价角度不同。财务评价是从项目本身的财务角度，考察项目的收支、盈利情况和借款偿还能力，以确定投资行为的财务可行性。国民经济评价是从国家整体角度考察项目对国民经济的贡献和需要社会付出的代价，以确定项目投资行为的经济合理性。② 涉及范围不同。财务评价是根据项目本身的实际收支情况确定项目的直接费用和效益。税金、贷款利息均计为费用，补贴则计为效益。国民经济评价是根据全社会对项目的投入和产出情况，考察项目直接和间接的费用和效益。国外贷款利息则计入项目费用。国民经济评价中，有一些间接的费用和效益不能量化，不能用货币数量估算，对此则应进行定性描述。③ 价格体系不同。经济评价中的投入和产出。财务评价中采用现行的财务价格为基础的预测价格。国民经济评价中采用影子价格，即反映真实价值与市场需求情况的价格。④ 主要评价参数不同。两种评价采用的贴现率等参数不同。

2）建设项目的综合评价。综合评价的目的，是为了对建设方案进行全面审查，判别其综合效果好坏，并在多方案中选择综合效果最佳的方案，供有关部门作为决策的依据。综合评价一般包括七个方面的内容，即政治评价、国防评价、社会评价、技术评价、经济评价、环境评价以及自然资源评价。经济评价是综合评价的重要组成部分，具有举足轻重的作用，但不是唯一的评价标准，最后决策还必须依靠综合评价。

（4）建设项目的不确定性分析

在可行性研究或项目评估的经济分析中，都是以确定的数据为计算前提的。事实上，项目建设过程中存在着许多随时间、地点、条件改变而变化的不确定因素（如物价变动、投资变化、工艺技术变化、生产能力变化、新产品和新材料的应用、政策变化等）。这些不确定因素构成经济分析中的不确定性。为此，还必须研究分析各种具体不确定因素对建设项目经济效益的影响。计算出产品价格、生产规模、成本、贴现率、投资、投产期等因素变化时项目赢利的变化，估算出对经济考核指标有重大影响的敏感因素及其变化范围，在此范围内的概率，从而为项目的决策提供更为可靠的依据。这种以不确定因素对建设项目经济效益影响为内容的计算和分析称为建设项目不确定性分析。

不同类型的建设项目，产生不确定性的原因不尽相同，作用影响大小也不一样，分析是必须抓住关键，正确判断，不断提高分析水平。

不确定性分析的方法很多，用得较为普遍的有盈亏平衡分析、敏感性分析和概率分析（也称为风险分析）三种。

1) 盈亏平衡分析是分析某一建设项目达到一定生产水平时其收益和支出平衡关系的一种方法。按成本、收入与产量之间是否成正比关系，可分为线性盈亏平衡分析和非线性盈亏平衡分析。该方法的基础条件是生产量等于销售量，即产品能全部销售完而无积压。因为建设项目是一个长期的过程，所以用该方法很难得到一个全面的结论。但由于它计算简单，可直接对关键因素进行分析，故仍被广泛运用。该方法可用于财务评价。

2) 敏感性分析就是在诸多的不确定因素中，找出对经济效益指标反映敏感的因素，并计算这些因素在某一确定范围内变化时，有关经济效益指标变动数值的一种方法。通过敏感性分析，可以找出影响项目经济效益的关键因素，使项目评价人员将注意力集中于这些关键因素，必要时可对某些最敏感的关键因素重新预测和估算，并在此基础上重新进行经济评价，以减少投资风险。该方法可用于财务评价和国民经济评价。

3) 风险分析是在项目不确定性因素变化可能性（出现概率）调查估算的基础上，研究不确定性因素发生变化时对项目评价指标的影响的一种方法。该方法的关键是要能根据大量统计资料求出不确定性因素发生变化的概率。实际工作中，应根据项目的实际需要，有条件时才可进行风险分析，一般项目条件不具备时，则不需要进行风险分析。该方法可用于财务评价和国民经济评价。

思 考 题

10.1 什么叫项目？项目的基本特征有哪些？

10.2 什么叫工程项目管理？简述工程项目管理的特点。

10.3 工程项目管理的职能有哪些？

10.4 工程项目管理有什么重要作用？

10.5 简述工程项目管理的内容和程序。

10.6 简述工程项目管理的主要方法。

10.7 简述国际工程的概念和特点。

10.8 简述国际工程招标的方式。

10.9 简述土木工程的技术特征和土木工程的经济特性。

10.10 简述基本建设的分类。

10.11 简述可行性研究的目的和作用。

10.12 简述我国建设项目可行性研究的阶段和内容。

10.13 建设项目的财务评价和国民经济评价的含义是什么？

第11章　土木工程防灾减灾

11.1　土木工程灾害概述

　　自然灾害是指由于自然现象引起的灾害。按发生的原因主要分为水利灾害和地质灾害。水利灾害是指洪水、海啸、飓风；地质灾害有地震、滑坡、火山喷发等。自然灾害按发生时间的长短分为突发性灾害和长期性灾害。突发性灾害持续时间短，有很强的突然性，如洪水、地震、海啸、龙卷风、火灾等；长期性灾害持续时间较长，如旱灾、沙漠化、瘟疫等。本章主要介绍突发性灾害及对其防灾减灾技术问题。

　　自然灾害的发生造成建筑物破坏、倒塌、危害人类生命财产安全，造成了巨大的经济损失。一直以来，地震、滑坡、洪水、火山喷发、火灾等自然灾害夺走了不计其数人的生命，给国家、社会带来了严重的危害。例如，1976 年，我国唐山发生里氏 7.8 级的地震，不仅大量的房屋建筑倒塌毁坏，而且造成 24.2 万人丧生(图 11.1)。1970 年，孟加拉国热带旋风造成 30 万～50 万人死亡（图 11.2)。1982 年，埃尔奇琼火山喷发使得 1 700人遇难(图 11.3)。1985 年，哥伦比亚火山喷发导致 2.2 万人遇难（图 11.4)。1987 年，

图 11.1　唐山地震

图 11.2　孟加拉国热带旋风

图 11.3　火山喷发

图 11.4　哥伦比亚火山喷发

我国大兴安岭森林大火不仅烧毁了大片森林，还使得 200 人为之献出生命（图 11.5）。1999 年，我国台湾集集大地震，造成 2 400 多人死亡（图 11.6）。2000 年，印度孟加拉邦的洪水灾害使 1000 人死亡（图 11.7）。近几年，煤矿瓦斯爆炸也频频在我国发生。2004 年 11 月，河北沙河发生矿难，被困井下矿工达到 119 人，死亡人数达到 68 人（图 11.8）。2004 年 10 月，河南大平煤矿发生瓦斯爆炸事故，147 人遇难。2004 年 3 月，山西介休市金山坡煤矿发生瓦斯爆炸，26 名矿工死亡。2003 年 11 月，江西丰城矿务局建新煤矿发生特大瓦斯爆炸事故，遇难者 49 人。2003 年 12 月，河北蔚县隆泰煤矿井下发生瓦斯爆炸事故，井下作业的 29 名矿工有 9 名被救出，其余 20 名矿工死亡。2001 年 5 月，登封市大冶镇西施村煤矿发生特大瓦斯爆炸事故，13 名矿工遇难。2004 年 5 月，戴高乐机场一处屋顶发生坍塌事故（图 11.9），造成 6 人死亡，多人受伤。2004 年 11 月，斯洛伐克塔特拉山地区暴风雪使数千棵树倒地，据初步统计，约 300m³ 木材被毁，约占该国年木材产量的 90%（图 11.10）。2004 年 12 月 26 日，东南亚发生了里氏 8.9 级的大地震，引发了波及东南亚及东非 8 个国家的大海啸，目前不幸丧生的人数已超过 14 万（图 11.11）。

图 11.5　大兴安岭森林大火

图 11.6　中国台湾集集地震

图 11.7　印度孟加拉邦洪水灾害

图 11.8　河北沙河矿难

　　因此，世界上几乎所有的国家都遭受到灾害的威胁，如何防灾减灾已经是全世界所普遍关注的问题。纵观灾害经验表明，若有良好的预防机制和防灾减灾技术会大大降低灾害所造成的损失。例如，在 1970 年孟加拉国热带旋风之后，孟加拉国和其他国家合作开发研制了一套人造卫星风暴警报系统,于 1985 年遭到相同强度旋风袭击后,死亡率大大降低。1976 年我国唐山地震中的建筑物由于伪作抗震设防处理,使 24.2 万人死亡,而 1985 年智利瓦尔巴莱索附近发生震级相同的地震,由于建筑物采取了很好的抗震设防措施,仅有 150 人死亡。2004 年 10 月,我国云南地区发生了大面积山体滑坡,由于预防和疏散措施得当,未造成任何人员伤亡。

图 11.9 戴高乐机场一处屋顶坍塌事故   图 11.10 斯洛伐克塔特拉山地区暴风雪

图 11.11 印度海啸图

因此,如何有效地预防灾害的发生,减轻灾害所造成的损失,已成为土木工程界关注的课题。在第 42 届联合国大会上通过的第 169 号决议规定:从 1990 年开始的第 20 世纪最后一个 10 年定为"国际减轻自然灾害十年"(International Decade for Natural Disaster Reduction, IDNDR),这是减轻自然灾害影响的第一步。在这 10 年间,各国政府和研究人员均投入了大量的资金和人力进行防灾减灾技术的研究,取得了一定的成效。例如,意大利最近成功研制可以模拟降雨量对地面影响的软件,预报大雨、洪水对环境的影响。我国很多城市如泉州、厦门等均进行防灾减灾规划设计。由建设部标准定额司和工程质量安全监督与行业发展司召集,北京工业大学建筑工程学院和北京工业大学抗震减灾研究所主编的《城镇抗震防灾规划编制技术标准》、《村镇防灾规划规范》已基本完成。这些规范和标准的编制和实施必将对城镇、村镇的防灾工作起到重要作用。

11.2 土木工程防灾减灾技术

11.2.1 防灾减灾的过程

对于防灾减灾基本上分为三个过程：灾害危险性分析、防灾减灾规划制定和防灾减灾规划实施。

1. 灾害危险性分析

一般情况下，灾害发生应同时具备的条件是：有潜在危险、工程设施易损、处在危险区及潜在危险的显现。与之相对应，灾害危险性分析应包括以下 4 个过程：危险性估计、易损性分析、灾害估计、灾害评价。下面主要对这 4 个过程进行介绍。

（1）危险性估计

危险性估计是对危险本身的描述，主要以危险参数、危险势图、预测指南等以参数或图形方式描述危险情况，供规划、决策人员参考。危险性估计针对的是危险发生的环境条件，不是由其所引起的后果。例如，地震灾害的危险性估计有地震目录、震中分布图、地震地质构造图、地动时程估计等。

（2）易损性分析

易损性分析是表示灾害程度与工程设施损坏之间的关系。主要目的是建立不同类型结构预期损失程度与某一类危险参数之间的关系，常用易损性曲线表示。

（3）灾害估计

灾害估计的步骤为：① 估计具体灾害；② 标明致灾要素；③ 估计每种致灾因素的预期损坏和灾害；④ 绘制灾害图。

（4）灾害评价

灾害评价是对灾害发生前、没有预防措施的情况下对可能造成各种损失的估算和评价。造成的损失一般包括人员伤亡损失、公众投资损失、住房损失和经济活动损失等。

2. 防灾减灾规划的制定

在对灾害分析结果的基础上，根据现有条件，有效地利用有限资金，通过一些防灾减灾手段，制定短期或全面防灾减灾规划，以达到防灾减灾的目的。

防灾减灾规划制定的过程主要有以下几个方面：

（1）明确目标

在对灾害进行危险性估计、易损性分析、灾害估计、灾害评价的基础上，明确防灾减灾的目标和要求，如防灾减灾的目标、实施防灾减灾措施的优先顺序等。

（2）制定规划

防灾减灾目标明确后，根据灾害特点、灾害分析结果、现有的财务状况、社会现状、规划水平等制定不同的防灾减灾规划。例如，对于突然发生的灾害，就需要迅速制定短期计划，将灾害造成的损失减到最少；对于不太紧急的灾害，就需要制定长期计划，将防灾减灾规划结合城市发展规划实施。

（3）规划评估

根据防灾减灾规划时间的长短，将其分为以下两种：

1）损失-目标评价。防灾减灾规划为短期规划时，因在短时间内难以用效益衡量规划的优劣，因此主要是看是否达到规定的预定目的。

2）损失-效益分析。当防灾减灾规划为中、长期规划时，可以用规划带来的效益来评估规划的优劣。

3. 防灾减灾规划的实施

在防灾减灾规划制定完成以后，就需要组织人员具体实施。防灾减灾规划的实施主要包括实施方式的选用、规划项目的管理、各个实施阶段的划分和安排，资金、人力、设备等资源配置、灾害监测、人员培训等内容。

可以通过法律手段、财政手段、土地占有手段、公用事业投资分配手段、社区参与手段等进行规划实施。

11.2.2　减轻灾害的主要技术和措施

减轻灾害的主要技术和措施有以下几种：

1. 减少场地险情发生

减轻灾害的措施主要有预防措施、改善措施、缓解措施三种。

1）预防措施是指采用有效措施减轻灾害强度，减少险情的影响。例如，对于洪水灾害，可以实施整治河床、修筑堤岸等措施；对于地震灾害，可以通过抗震设计、构造措施等起到预防效果。

2）改善措施是指采用有效措施改善场地本身的一些特征，减少灾害的影响。例如，对于地震引起的滑坡、塌陷，可以通过改善场地特性降低或避免滑坡造成的危害。

3）缓解措施是指采用有效措施将大的灾害化为小的灾害。例如，将一个大地震化解为一系列小地震以降低灾害带来的损失。

2. 减少结构易损性

减少结构易损性的主要措施是在规范指导下，通过设计、施工、维修、加固、重建等减少结构的易损性。例如，可以采用减震、隔震技术（基底隔震，结构上布置减震装置）将地震反应降低；改善材料和结构性能，提高结构抗震的性能；采取抗震加固措施提高结构安全度；采用智能建筑材料提高结构整体抗震能力等。

3. 改变住区功能特性

改变住区功能特性的措施主要包括土地利用管制、扩大生命线系统。

（1）土地利用管制

土地利用管制主要是对建筑用途、人口密度、土地用途、房屋高度、房屋材料、街道宽度、房屋类型等进行限制。

（2）扩大生命线系统

生命线系统是指道路、铁道、供水、供电、通信、排水等线路和系统。生命线系统的破坏会对整个城市或地区造成极大的影响。生命线系统破坏的影响主要取决于生命线系统自身结构及系统内部连接的各个子系统的数目。一次扩大生命线系统可以提高防御灾害的能力，减轻灾害影响。

4. 灾前报警

建立灾前报警系统可以给人留有时间保护生命财产安全。目前，世界范围内的灾前报警技术已有长足的发展，如地震预报、水灾预报、龙卷风预报等。

11.2.3　防灾减灾决策

防灾减灾决策是在对未来灾害危险性及灾情预测的基础上所做出的减灾措施或方案的决策，其主要特点是风险大、投资大、与人民生命安全密切相关。综合利用各种信息，设法避免或减轻灾害影响，选择最优减灾决策成为减灾决策中的核心问题，而决策科学及 GIS、Internet 等技术手段提供了有力的保证。

防灾减灾决策过程主要是确定目标，尽量减少生命损失和财产损失；设计多种预选方案供决策者选择；采用定性、定量、定时分析方法对预选方案评价，从中选出最满意方案，将防灾减灾决策中出现的问题及时反馈以便于对决策方案进行调整与修正。

对于不同类型的防灾减灾决策需采用不同的方法。对确定型减灾决策（未来情况发生为已知条件下的决策），常用建立方程、不等式、逻辑式用数学规划求解最优方案的方法；对不确定型减灾决策（未来情况为未知条件下的决策）可根据具体情况采用悲观法则（从不利情况出发，按灾害可能造成最大损失估计选择最好方案，又称小中取大法则，是一种保守的减灾决策方法）、乐观法则（从各减灾方案的最大效益中选择最大效益的最大值方案，又称大中取大原则，是一种冒险的减灾决策方法）、最小遗憾法则（在最大损失中取最小损失方案，又称大中取小原则）、折中法则（根据经验确定一个乐观系数，找一个折中标准的决策方法，又称乐观系数法则。当乐观系数等于 0 时，称为悲观法则，当乐观系数等于 1 时成为乐观法则）、敏感性法则等方法；对风险型减灾决策（决策因素中未控制因素有概率变化），可采用最大可能法（选择一个概率最大的自然状态决策）、期望值法（从决策问题构成损益矩阵为基础，计算出每个减灾方案期望值，从中选择最大效益期望值或最小损失期望值方法）等方法。

11.2.4　城市综合防灾体系

一般情况下，城市防灾工作包括对灾害监测、预报、防护、抗御、救援、恢复等，从时间顺序上可分为四个部分：

1）灾前的防灾减灾工作。包括对城市灾害区划分、灾情预测、防灾教育、防灾预案制定、防灾工程设施建设等。

2）应急性防灾工作。在预知灾害将发生或灾情即将影响城市时应采用的应急性防灾工作。

3）灾时抗救工作。在灾害来临时抗御灾害，进行灾时救援工作。

4）灾后工作。在灾害发生后防止次生灾害发生、发展，灾害损失评估与维修，重建防灾设施等工作。

城市防灾结构主要由研究机构、指挥机构、专业防灾队伍、临时防灾救灾队伍，社会援助机构和保险机构组成。研究机构要对城市情况全面了解分析，对灾害进行研究、监测、预报工作；指挥机构负责灾时抗灾救灾；专业防灾队伍是经训练、装备良好的抗灾救灾队伍；临时防灾队伍则是由指挥机构组织志愿人员组成的辅助救灾队伍；社会援助机构和保险机构则是在灾时和灾后从经济上给予支持、帮助的机构。

城市综合防灾应注重城市防灾整体性和防灾措施的综合利用，还应注重防灾设施建设和使用要与城市开发建设的有机结合。城市综合防灾对策具体来讲有以下几项：

（1）加强区域减灾和区域防灾协作

城市防灾减灾是区域防灾减灾的重要组成部分。对于影响范围大的自然灾害，防灾的区域协作十分重要。小城镇、城郊地区与周边城镇联手或依据邻近规模较大城市，与其进行防灾协作，能较快地提高其防灾能力，加强整个区域防灾减灾能力。

（2）合理选择与调整城市建筑用地

城市用地布局规划，尤其是重大工程选址应尽量避开灾害易发区。对于处于不利地带的老城，则应结合旧城改造，逐步调整用地布局，使主要功能区避开不利地带，实现城市总体布局防灾合理化。

（3）优化城市生命线系统防灾性能

从城市生命线的体系构成、设施布局、结构方式、组织管理等方面提高城市生命线系统防灾能力。

（4）强化城市防灾设施的建设与运营管理

除生命线系统外，堤坝、消防设施、人防设施、地震监测报告网、各种应急设施等都属于城市防灾设施，它们担负着城市灾前预报，灾时抗灾救助的重要任务，这些防灾设施的好坏直接关系到城市防灾的能力。

（5）建立城市综合防灾指挥组织系统

城市防灾包括城市灾害的测、报、防、抗、救、援及规划与实施等工作，应建立高效的城市综合防灾指挥机构，进行组织协调和统筹指挥，将有效提高城市总体防灾能力。

（6）健全、完善城市综合救护系统

城市综合救护系统主要包括城市急救中心、救护中心、血库、防疫站等，它们具有灾时急救、灾后防疫的功能。在城市规划时要合理布置救护设施，保证其最佳服务范围与自身安全，加强设施平时救护能力和自身防灾能力，维护与加强设施的灾时急救能力。

（7）提高全社会对城市灾害的承受能力

要增强全民灾害意识，将全社会对城市灾害承受能力建立在科学基础之上。

（8）强化城市综合防灾立法体系建设

应加强城市防灾法则制订工作，以立法手段确定城市防灾的地位、作用。

（9）大力发展灾害保险业务

建议国家从整体经济利益出发，财政上优先照顾灾害保险的发展，对其在政策上进行扶持。

（10）重视城市防灾科学研究

要利用先进的科学技术推动城市防灾系统工程，开展城市防灾体系及各类灾害防治措施研究，注意借鉴国外先进防灾减灾技术，研究城市灾害综合管理系统。

城市综合防灾设施包括政策性措施（软措施）和工程性措施（硬措施）。两者是相辅相成的。城市政策性防灾措施是建立在国家和区域防灾政策基础之上的，它主要包括城市总体规划及城市内各部门发展计划、法律、法规、标准和规范的建立与完善两个方面内容。城市总体规划中消防、人防、抗震、防洪等防灾工程规划是城市防灾建设的主要依据，而城市各部门发展计划尤其是市政部门基础设施规划与城市防灾有密切联系。城市工程性防灾设施则是在城市防灾政策指导下进行的防灾设施与机构的建设工作及对各项防灾设施采取的防护工程措施，如城市防洪堤、防空洞、气象站、地震局等机构建设，各种建筑物抗震加固处理等。

11.2.5 城市防灾规划及防灾工程

通常情况下，城市防灾规划包括城市抗震防灾规划、城市防洪规划、城市消防规划、城市人防规划等专项规划。城市防灾规划工作程序为首先确定城市防灾标准与规划目标，然后进行总体规划阶段的城市防灾工程规划，最后进行详细规划阶段的城市防灾工程设计规划（图 11.12）。

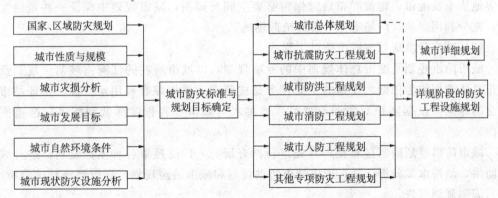

图 11.12　城市防灾规划工作程序框图

城市防灾规划分析首先要进行城市灾害调查，通过现场踏勘、访问考察寻找灾害规律，分析灾害原因；然后进行城市灾害易损性分析和城市灾害破坏机制分析；最后进行城市灾害综合分析，结合理论计算、数据处理等方法，由专家综合分析论证，制定出科学的城市防灾规划。

下面对城市抗震防灾规划、城市防洪规划、城市消防规划、城市人防规划等专项规划及专项防灾工程做简单介绍。

（1）城市抗震防灾规划与城市抗震防灾工程

城市抗震防灾规划是城市总体规划中的专业规划。根据我国工程建设抗震设防规定，六度和六度以上城市要编制城市抗震减灾规划，其目标是逐步提高城市综合抗震能力，最大限度地减轻城市地震灾害造成的损失，使城市在遭遇相当于基本烈度地震影响时，其要害系统不遭受较重破坏。

城市抗震防灾规划编制过程是：首先调查分析并整理各种基础资料，作为编制规划的依据；对城市及附近地区可能发生地震的危险性做出分析、判断；然后对不同烈度或不同概率标准进行各类房屋建筑，工程设施和设备工程震害进行预测；在此基础上，找出城市防御地震灾害的薄弱环节，以图件、表格与文字相结合的形式做出抗震防灾规划。

城市抗震防灾工程可以通过以下具体措施实现：

1）建、构筑物的抗震处理。建、构筑物抗震处理包括地基抗震处理、结构抗震加固、节点抗震处理等，主要依据是本地区抗震设防烈度，抗震处理的建、构筑物要做到"小震不坏，中震可修，大震不倒"。

具体来讲，主要有尽量选择有利于抗震的场地和地基，选择体形简单的建筑平面，建筑平面布局长、宽比例适度，平面刚度均匀，立面尽量不要出现局部突出或刚度突变，加强建筑物各部件之间的延性联结，尽量降低建筑物重心位置，确保施工质量等。

2）震前预报。通过监测资料分析和地震前兆研究进行地震区域划分的长期预报和短期临震预报也是一种措施。

3）城市布局的避震减灾措施。城市布局的避震减灾措施是最经济、最有效的抗震减灾措施，主要有选择地势平坦、开阔的地方作为城市用地，尽量避开断裂带、液化土等地质不良地带；建筑群布局时保留必要空间与间距；城市规划中保证一些道路宽度；充分利用绿地、广场等作为震时疏散场地。

（2）城市防洪规划与城市防洪工程

城市防洪规划是城市总体规划中的专项规划，以城市所在的江河流域防洪规划及城市总体规划作为依据。规划的主要任务是按照全面规划综合利用水资源、保证城市安全的原则，根据防护对象的重要性，将洪水对城市危害程度降低到防洪标准范围以内。

城市防洪规划编制过程是：首先进行调查研究，广泛搜集各种基础资料；进行城市防洪、治涝水文分析计算；形成城市防洪规划和城市治涝规划；进行经济技术分析；最后编制规划报告。

一般情况下，城市防洪工程遵循上游以蓄水分洪为主，中游加固堤防，下游增强河道排水能力的原则。防洪对策分为以蓄为主和以排为主的防洪措施。城市防洪、防涝工程设施主要有防洪堤墙、排洪沟与截洪沟、防洪闸、排涝设施等。

（3）城市消防规划及城市消防工程

城市消防规划是城市总体规划的重要组成部分，编制依据是城市总体规划及国家、省、市、自治区的有关法规、文件。城市消防规划的主要任务是研究城市总体布局的消防安全要求和城市公共消防设施建设及其相互关系，提高城市防火灭火能力，防止和减少火灾危害。

城市消防规划的主要程序是收集城市基础资料及城市消防安全分区、消防站布局、消防通道、消防装备等资料；根据规划原则及指导思想确定规划构思及方案；进行大型工矿区、车站、码头、易燃建筑密集区等重点地段的详细规划形成城市消防规划。

我国城市消防方针是"预防为主，防消结合"。城市消防工程对策是：首先，在城市布局、建筑设计中采取措施减少、防止火灾；其次，建设消防队伍，消防设施，健全消防制度、指挥组织机制，保证及时发现，有效扑救火灾。

城市消防设施主要有消防指挥调度中心、消防站、消火栓、消防水池、消防瞭望塔等。

（4）城市人防规划及城市人防工程

城市人防规划是城市总体规划的专项防灾规划。它应由人防部门会同城市规划，建设及有关部门进行，人防建设应与城市建设有机结合，协调发展，增强城市综合发展能力和防护能力，其编制依据是城市战略地位、城市现状及城市地形、工程地质、水文地质条件等。

城市人防规划编制程序是：首先，收集并分析包括城市性质、自然条件、城市人口发展规模等基础资料和城市设防等级、防卫计划、人防工程战术等专业资料；其次，对城市进行核武器、常规武器、主要自然灾害等的毁伤效应分析，选择最佳综合防护方案；最后，组织专家对规划方案论证、评审鉴定等。

城市人防工程建设应遵循的原则是提高人防工程数量和质量、突出人防工程防护重点、加强人防工事间连通、综合利用城市地下设施等。

思 考 题

11.1　什么是自然灾害？主要分为哪几种？

11.2　防灾减灾过程大体分为哪几步？

11.3　减轻灾害的主要技术和措施是什么？

11.4　什么是生命线系统？

11.5　什么是防灾减灾决策？防灾减灾决策的方法主要有哪些？

11.6　城市综合防灾工作主要有哪些内容？

11.7　城市综合防灾对策具体包括哪些内容？

11.8　城市综合防灾措施有几种？

11.9　通常情况下，城市防灾规划包括哪些专项规划？

第 12 章　计算机在土木工程中的应用

12.1　计算机辅助设计

12.1.1　计算机辅助设计的概述及其起源和发展

计算机辅助设计（computer aided design，CAD）是一种利用计算机硬、软件系统辅助人们对产品或工程进行设计的方法和技术，是一门多学科综合应用的新科学。到目前为止，计算机应用已经渗透到机械、电子、建筑等领域当中，利用计算机，人们可以进行产品的计算机辅助制造（computer aided make，CAM）、计算机辅助工程（computer aided engineering，PCAE）、计算机辅助工艺规划（computer aided processing planning，CAPP）、产品数据管理（product data management，PDM）、企业资源计划（enterprise resource planning，ERP）等。CAD 系统准确地讲是指计算机辅助设计系统，其内容涵盖产品设计的各个方面。把计算机辅助设计和计算机辅助制造集成在一起，称为 CAD/CAM 系统。习惯上，工程界把 CAD/CAM 系统甚至 CAD/CAM/CAE 系统仍然叫做 CAD 系统。这样，CAD 系统的内涵就在无形中被扩大了。

CAD 的起源应追溯到 20 世纪 50 年代中期，由麻省理工大学林肯实验室为美国空军研发的 SAGE（semi automatic ground environment）防空系统，该系统使用 CTR 显示器展现经过计算机处理的雷达以及其他信息。其后，因对计算机辅助设计与制造领域做出突破性贡献而被公认为 CAD/CAM 之父的 Patrick J. Hanratty（图 12.1）在 1957 年开发了 PRONTO——世界上第一个数控编程系统。紧接着在 1959 年 Ivan Sutherland（图 12.2）在麻省理工大学林肯实验室使用 TX-2 计算机开发了 SKETCH-PAD 系统（图 12.3），这套能够通过使用光笔在屏幕上与计算机系统进行人机交互作业的系统被人们认为是 CAD 工业迈出的第一步。此外，他更提出了如"图层"、"缩放"、"对象储存结构"、"橡皮筋拖拽"等这些今天在 CAD 系统中被广泛运用的概念。

图 12.1　Patrick J. Hanratty

图 12.2　Ivan Sutherland

当时的 TX-2 计算机上有一个磁带存储系统、一个连线的打字机、一个纸带的程序输入设备以及历史上第一台激光打印机，不过最重要的应该是它那 9in① 的显示器，结合使用者手持的 SKETCHPAD 光笔系统实现了直接在显示器上绘制工程图。可惜的是，由于当时的计算机硬件系统非常昂贵，像 SKETCHPAD、IGL、UNIGRAPHICS 这些第一代的 CAD 软件还只是在重点研究部门以及个别大型事务所才能使用的新事物。

图 12.3 在 TX-2 计算机上运行的 SKETCHPAD 系统

与机械、电子等领域相比，建筑设计行业并没有很快地接受 CAD 系统，这不仅是由于当时计算机系统极为昂贵，CAD 系统难以普及，更重要的是在建筑设计行业需要更强的图形处理能力去表达建筑师的灵感与创意，而这正是当时的硬件与软件系统所不能提供的。

进入 20 世纪 70 年代之后，计算机硬件性能和计算机图形学都有了很大的发展，建筑设计人员开始与软件设计人员密切配合，促使专业化的计算机辅助建筑设计 (CAAD) 软件诞生。就整个 CAD 技术的发展而言，这时的 CAD 系统仍然是被以二维绘图作为主要目标而进行开发的，直到今天，二维绘图仍然作为 CAD 技术的一个分支而相对独立、平稳地发展着。不过，在国际飞机和汽车设计制造当中，人们遇到了大量的自由曲面问题，当时只能采用多截面视图和特征纬线的方式来近似表达所设计的自由曲面。由于三视图方法表达的不完整性，经常发生设计完成后制作出来的样品与设计者所想像的有很大差异，甚至完全不同的情况，设计者对自己设计的曲面形状能否满足要求也无法保证，所以人们常采用比例制作油泥模型作为评审或方案比较的依据。美国 MIT 的 Coons 和法国的雷诺公司的 Bezier 先后提出了新的曲面算法，使得人们可以利用计算机处理曲线以及曲面问题。在此基础上，法国达索飞机公司 (Dassault Aviation) 于 1977 年成立了一个开发部门，开发出三维曲面造型系统 (computer aided three-dimension interactive application, CATIA)。CATIA 的出现标志着 CAD 技术从二维走向了三维，同时也使得 CAM 技术的开发有了实现的基础，为 CAD 的发展带来了一次技术革命。

CATIA V5 如图 12.4 所示。

20 世纪 70 年代，因受技术保密以及硬件系统价格等约束，CAD 系统商品化程度很低，开发者往往就是 CAD 系统本身的用户。例如，CADAM 由美国洛克希德公司支持；CALMA 由美国通用电器公司

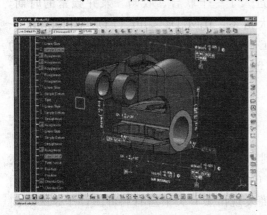

图 12.4 CATIA V5

---

① 1in=2.54cm，下同。

开发；CADDS 由美国 CV 公司开发，波音公司支持；DEAS 由美国 SDRC 公司开发，美国航空航天署支持；UNIGRAPHICS 由美国麦道公司开发；CATIA 由法国达索飞机公司开发。

不过，有时曲线模型仍然不足以解决在 CAE 前处理中遇到的问题，因为曲线模型只能表达形体的表面信息，难以准确地表达零件的其他特性，如质量、重心、惯性矩等。在 20 世纪 70 年代末开始出现早期的实体造型软件。实体造型采用基本体素和布尔运算来构造三维模型，1979 年，SDRC 公司推出了世界上第一个完全基于实体造型技术的大型 CAD/CAE 软件 I-DEAS。由于实体造型技术在理论上有助于统一 CAD/CAE/CAM 的模型表达，给设计带来了很大的方便，它代表着 CAD 技术的发展方向，这实际上是 CAD 发展史上的又一次技术革命。不过，在当时计算机硬件条件下实体模型的计算及显示速度很慢，在实际应用中的设计显得比较勉强，在以后近 10 年的时间里随着硬件性能的提高，实体造型技术才逐渐被众多 CAD 系统所采用。当时典型的 CAD 系统是由若干 16 位小型计算机与图形终端组成的，这些共享中央处理器的小型机在系统上参与工作的增多，中央处理单元的处理速度会下降，迟钝的响应可能令用户无法忍受。

20 世纪 80～90 年代，计算机性能的提高以及个人电脑的出现使 CAD 系统发展的格局有了不小的变化，从当初针对大型机转向对 PC 的开发。1982 年，John Walker 创立的 Autodesk 公司便是 CAD 发展史上成功的经典。该公司最初只有 16 个人，他们的目标是开发售价在 1000 美元、能够运行在 PC 上的 CAD 程序，同年 11 月他们就在 Las Vegas 进行的 COMDEX 展览会上展示了全球第一个基于 PC 的 CAD 软件——AutoCAD。类似的还有 Pro/ENGINEER，1985 年 CV 公司高级副总裁 Sam Geisberg 等由于提出的参数化技术方案被否决而离开了 CV，并于同年成立了 PTC（Parametric Technology Corp.）公司，开始针对高端与低端 CAD 软件市场之外的中端市场研制参数化设计软件 Pro/ENGINEER，并获得了巨大的成功。

20 世纪末 21 世纪初，国际 CAD 产业进入了一个联合、收购、兼并频繁的时期，迄今制造业的 CAD 产品已经被兼并成四大谱系：IBM/Dassault、EDS/Unigraphics、PTC 和 Autodesk。就我国建筑以及土木工程上的应用而言，Autodesk 公司开发的 AutoCAD 在其结构开放的策略下已经切实地成为了行业的佼佼者。在机械领域 Pro/ENGINEER 的应用则比 AutoCAD 更广泛。

12.1.2 CAD 在我国建筑工程领域的应用

从 1985 年 CAD 软件开始在我国应用到 1994 年的 10 年里，大多数企业和高校还没有建立版权意识，当时市面可以找到的 CAD 软件就是盗版 AutoCAD。随着使用 AutoCAD 软件的企业和高校的增多，出版商发现出版有关书籍有利可图，于是一时间各式各样的 AutoCAD 书籍和学习软件纷沓而至，这样一来便更促进了 AutoCAD 的使用。这不能不说是 Autodesk 的一种"盗版用户即是潜在用户"的策略，于是在这放任盗版、开放平台的十多年里，AutoCAD 几乎已经完全占据了中国 CAD 市场，许多企业的资料库里已经形成了海量的 DWG 文档（事实上，AutoCAD 的 DWG 与 DXF 文件格式已经是 CAD 文件的标准了），据 Autodesk 的用户刊物报道，1999 年在中国 1/3 的销售额便来自于打击盗版。此外，AutoCAD 开放平台的策略也造就了一批如天正、理正、广厦等国内著名的、基于 AutoCAD 二次开发的结构设计软件，如图 12.5 所示。

　　早期的 AutoCAD 针对的主要是二维图形的绘制，但是从其 R12 版本开始从平面到立体的思维方式转变成了从立体到平面。从前设计者们往往绘制的就是建筑物的三向投影图，但今天设计者们可以首先将脑海中建筑物的形体直接在 AutoCAD 的绘图空间中表达出来，然后再针对不同的平面获取这个形体的投影图或是轴测图，如图 12.6 所示。

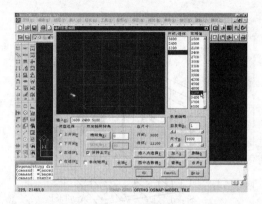

图 12.5　使用 AutoCAD R14 作为平台的
理正建筑设计软件

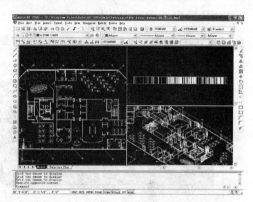

图 12.6　从三维实体到二维投影
的思维方式

　　使用 AutoCAD 进行设计前首先要掌握的是其对象捕捉、对象跟踪、图层、控制点、坐标系这些重要的概念。对象实际上是指在绘图空间中的一切图素，如一个圆、一条多义线，甚至是一个实体。而对象捕捉则是指光标在靠近对象的时候，由 AutoCAD 自动地将焦点聚于对象上符合捕捉模式的控制点之上。

　　图 12.7 中显示的仅仅只是绘画一条直线的场景，但是在这里却包含着几个重要的概念。首先是对象的捕捉以及跟踪。可以看到在光标的下方的提示中列明了被跟踪的控制点类型（端点）、光标焦点距被跟踪点的距离（0.2920）以及从被跟踪点到光标焦点所组成的射线在坐标系中的夹角（270°）；同时你也可以看到直线随着光标的移动在实时变换长度，这就是当年 Ivan Sutherland 提出的"橡皮筋"概念。

　　图层可以说是并行的绘图空间，在这一点上有些像"四维时空"——分属于不同时间的空间重叠起来，却又互不关联，同样，在不同图层中的对象也不

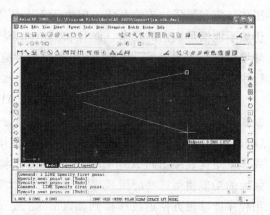

图 12.7　对象捕捉、跟踪，以及橡皮筋与拖拽

会相互干扰，这样就为管理繁杂的图块提供了便利。一般来说，如果没有特别指定的话，对象的颜色、线形等属性都会由其所属的图层指定（ByLayer），如图 12.8 所示。

作为一个开放的平台，AutoCAD 提供了几种进行二次开发的手段如图 12.9 所示。AutoLISP、VBA 以及 ObjectARX。其中 AutoLISP 是 Autodesk 于 20 世纪 80 年代中期，考虑到在 AutoCAD 工程项目中大量的非结构化过程而在 LISP 语言的基础上开发的解释性编程语言。LISP 最初是为编写人工智能而设计的，它简单、易用，和 AutoCAD 结合得相当紧密，因此不少软件都使用了 AutoLISP 作为开发工具。不过作为一种解释性语言，AutoLISP 在面对密集的 CAD 计算时运行速度很慢，更致命的是对源程序根本没有保密可言（随着 Visual LISP 的集成，这种情况有所改善），于是 AutoLISP 很少见于商业软件的开发。

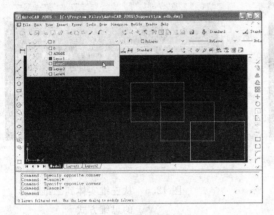

图 12.8 四个同样的矩形被放置在
不同的图层当中

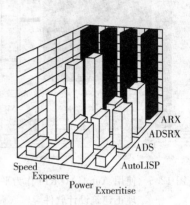

图 12.9 几种不同的 AutoCAD
二次开发手段的比较

VBA 的全称是 visual basic for applications，它实际上是一个被嵌入到 AutoCAD 当中的 Visual Basic 语言编辑器，从功能上来说，VBA 与 VB 几乎完全一样，或者说 VBA 是 VB 的一个子集。但它们之间更本质的区别在于：VBA 没有自己独立的工作环境，而必须依附于主应用程序；VB 则不依附于任何其他的应用程序，具有完全独立的工作环境和编译、连接系统。但由于 VB 本身的限制，编译出来的应用程序在速度方面仍然不能满足人们的要求，而且和 AutoLISP 一样存在着程序发布以及调用 AutoCAD 环境以外资源的困难，因此 VBA 也很少被应用于商业软件的开发，多见于一些需要进行快速应用程序开发的场合。

ObjectARX 程序设计环境是对 AutoCAD 进行二次开发最为重要的手段，它为开发者使用、用户化和扩充 AutoCAD 提供了一个面向对象的 C++应用程序设计接口。ObjectARX库包含了一系列多功能工具，使得应用程序开发者可以利用 AutoCAD 开放式体系结构直接访问 AutoCAD 的数据库结构和图形结构，定义本地命令。C++本身强大的功能使得这些应用程序速度有了很大的提高，而且只要有适当的接口，这些应用程序能够很方便地被移植到如 Think3 或 MicroStation 这些 CAD 系统当中。但事物总是有着两面性，强大的功能背后 C++的内存管理一直是其暗伤，程序一旦发生内存泄漏便很容易造成整个 AutoCAD 系统的瘫痪，因此使用 ObjectARX 进行 AutoCAD 的二次开发需要很高的技术要求。不管怎么说，瑕不掩瑜，如天正、3D3S 等追求性能和速度的商业软件大都选择了 ObjectARX。从 AutoCAD 2005 开始，Autodesk 更开始针对ObjectARX以 .NET 不受控 C＋＋语言进行封装，推出了可供 .NET 受控语言，如 C＃、VB 甚至 Fortran 等使用的 .NET Managed Wrapper Class。虽然即使在 Auto-CAD2006 中的 .NET Managed Wrapper Class 仍带有不少 Bug 和功能限制（相对未经封装的 ObjectARX 而言），但总的来说 Autodesk 此举无疑大大降低了使用 ObjectARX 进行程序开发的门槛。由于 .NET 框架的内存管理机制，内存泄露的问题也不再像从前那样致命了，至少能够在程序退出以后由 .NET 垃圾回收机制将内存进行完全释放。

由于 AutoCAD 在国内 CAD 领域的巨大影响，国内计算机辅助建筑设计（computer aided architecture design，CAAD）基本上没有完全脱离 AutoCAD 平台的。大部分的 CAAD 软件选择了在 AutoCAD 上利用 ObjectARX 进行二次开发，如天正系列、3D3S 系列、广厦系列、TBSA 系列、理正系列等，也有选择了开发具有自主知识产权的 CAD 系统的 CAAD 软件，如 PKPM 系列、MSTCAD 系列以及中望系列等。后者往往提供了生成 DXF 文件格式工程图的功能以配合 AutoCAD。下面就前者进行简单介绍。

由北京天正工程软件有限公司开发的天正系列软件是国内最早开始对 AutoCAD 进行二次开发的 CAAD 软件之一。从 1994 年至今已经发展出天正建筑、电气、暖通、给排水、日照、结构、装修、市政等一系列建筑工程相关软件。其天正建筑 TArch 软件已经成为国内建筑设计 CAD 事实上的行业标准（图 12.10）。

3D3S 是由同济大学开发、主要针对钢结构设计的 CAAD 软件。它可以对钢结构、空间张拉结构、膜材结构、幕墙结构、网架网壳结构以及塔桅结构等进行分析计算。据称，目前 3D3S 已经成为了国内使用最广的钢结构软件（图 12.11）。在 AutoCAD 平台上，使用者可以进行构件输入、构件属性输入、荷载输入、制作输入、模型修改、模型编辑、内力分析、结果查询、规范套用以及截面设计等工作。此外，利用 3D3S 工具箱还可以进行独立基础、条形基础、压型钢板组合楼盖、组合梁以及吊车梁等的设计。

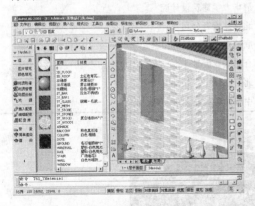

图 12.10　天正建筑 Tarch 对建筑物模型表面材质进行设置的情形

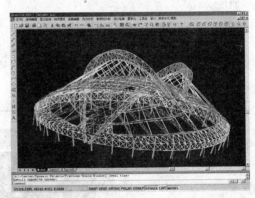

图 12.11　使用 3D3S 设计的体育馆模型

广厦系列结构设计软件是由广东省建筑设计研究员和深圳市广厦软件有限公司自 1996 年开始进行开发的 CAAD 软件（表 12.1），主要由钢筋混凝土结构 CAD、钢结构 CAD、打图管理系统几个部分组成。广厦系列比较有特色的地方在于其提出了"软件租用"的概念，在其网站中注册成为会员以后便可以通过互联网使用其软件进行结构设计，这可能是推广软件使用的一个有效手段（图 12.12）。

表 12.1　国内建筑结构行业常用 CAAD 软件

软件名称	开发者
PKPM 系列	中国建筑科学研究院建筑工程软件研究所
RSD	中国建筑科学研究院地基基础研究所
ABD 系列	中国建筑科学研究院 ABD 系列软件开发部
TBSA 系列	中国建筑科学研究院高层技术开发部
SACB	中国建筑科学研究院工程抗震研究所
ETABS	美国计算机和结构公司（CSI）
UP	中国建筑科学研究院建筑结构研究所
STAAD CHINA2004	阿依艾工程软件有限公司
X-Steel Structures	芬兰 Tekla 公司
SAP2000/StruCAD/SAFE/SECTION BUILDER	英国 AceCAD 公司
SCIA	德赛公司代理
PS2000/SS2000	中冶集团建筑研究总院钢结构软件开发部
GFCAD	中国建筑标准设计研究所
PDSOFT 系列	中国科学院计算技术研究所 CAD 开放实验室
3D3S/M&Tsteel/CCC/启明星系列	同济大学
广厦系列	深圳市广厦软件有限公司
MSTCAD	浙江大学
SSCAD	上海交通大学
TWCAD	天津大学
理正系列	北京理正软件设计研究所
天正系列	北京天正工程软件有限公司
大力神	北京中地新创科技公司
TUS2000	清华大学建筑设计院
TSSD	北京探索者公司
佳友 CAD	顺德建筑设计院有限公司
PRCS	合肥工业大学
FAP-3	北京长筑工程软件有限公司
中望 CAD/建筑/景园	中望龙腾科技发展有限公司

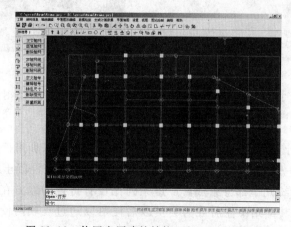

图 12.12　使用广厦建筑结构 CAD 进行结构设计

土木工程以外，如机械、电子常用的 CAD 还有 MicroStation、Think-3、Solid-Work、Pro/Engineer 等，这些 CAD 软件在建模或是分析方面都有着自己的特点，但因篇幅关系就不再一一阐述了。

12.2 土木工程的计算机仿真

12.2.1 计算机仿真的概念及其起源和发展

"仿真"一词源自英语单词"simulation"，取其"模拟真实世界"之意。在土木工程领域，各种结构模型实验都可以称为仿真。仿真技术实际上就是建立仿真模型和进行仿真实验的技术，而计算机仿真所必需的建立数学模型的方法和理论在土木工程中已经很成熟，因此，仿真模型的建立必须同时考虑已有数学模型和仿真实验目的两方面因素。

计算机仿真技术把现代仿真技术与计算机发展结合起来，通过建立系统的数学模型，以计算机为工具，以数值计算为手段，对存在的或设想中的系统进行实验研究。在我国，自从 20 世纪 50 年代中期以来，系统仿真技术就在航天、航空、军事等尖端领域得到应用，取得了重大的成果。自 20 世纪 80 年代初开始，随着计算机的广泛应用，数字仿真技术在土木工程、自动控制、电气传动、机械制造、造船、化工等工程技术领域也得到了广泛应用。

有限元分析（finite element analysis，FEA）作为计算机仿真的重要手段在土木工程中有着极其广泛的应用，其实质在于用大量离散的单元代表一个给定的域。这并不是有限元的新概念，古代的数学家用一个内接于圆的多边形逼近圆的周长来估算 π 值，这种预测的 π 值几乎精确到 40 位数字。1941 年，Hrenikoff 提出了所谓的网格法，它将平面弹性体看作是一批杆件和梁；1943 年，Courant 提出了在一个子域上采用逐段连续函数来接近未知函数。Hrenikoff 和 Courant 提出的无疑是有限元方法（finite element method，FEM）的关键特性，但正式的有限元法的文献则应归功于 Argyris、Kelsey、Turner、Clough、Martin 和 Topp，其中 Clough 于 1960 年第一次使用了"有限元"这个名词，其后有限元的研究开始迅速发展，在结构力学、流体力学、电学、热力学、核物理等方面都有着极为重要的应用。就以美国同意结束核试验为例，实际上其中很大一部分原因是美国已经掌握了使用有限元等方法对核试验进行计算机仿真，图 12.13 为现代有限元历史背景。

正是因为有限元分析在工程领域的重要应用，很多软件公司都开发了不同的有限元分析软件。其中在国内影响较大的有 ANSYS、ABAQUS、DIANA、ADINA、IDARC、ALGOR 等，如表 12.2 所示。这些有限元分析软件往往已经整合了 CAD 建模的部分，同时也会对第三方 CAD 模型提供支持。

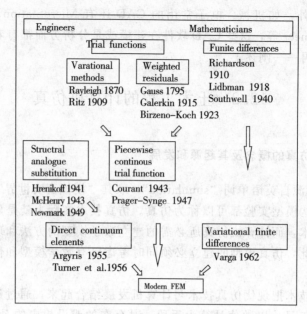

图 12.13　现代有限元历史背景

表 12.2　常用有限元分析软件

ABAQUS	ADINA	AFEMS	AirMechanics
ALADDIN	Algor	ANSYS	AVwin（Avansse）
BEASY	BOSS International	CADRE	CADS
CAEFEM	CESAR-LCPC	CAESAR II-（pipe stress analysis）	COSAR
COSMOS/M	CSA/GENSA	CSA/NASTRAN	CSA/Visual for AutoCAD
CSTRAAD	DIANA	DYNA3D	ELFEN
ENERCALC	ESAComp	ETABS（CSI）	FE/Pipe
FEIt	FEMAP	FEMGV	FlexPDE
Genesis	GRAPE GBW16 & GBW32	GT STRUDL	HyperMesh（Altair Computing）
I-DEAS Master Series	Indus FEA	INERTIA	LapFEA
LARSA	LUSAS	MARC	ME/NASTRAN
Microstran for Windows	MotionView（Altair Computing）	MSC/DYTRAN	MSC/FATIGUE
MSC/MARC	MSC/NASTRAN	MSC/NASTRAN （for Windows）	MSC/Patran
mTAB * STRESS	Multiframe	NE/Nastran	NISA/DISPLAY
OptiStruct（Altair Computing）	P-Frame（Softek）	PDE Toolbox	PDEase2D
PENTAGON 2D	PENTAGON 3D	PERMAS	Prokon
ProPHLEX	RISA-2D	RISA-3D	Robot 97
RSTAB	S-Frame（Softek）	SAFE（CSI）	SAFI

SAMCEF	SAP2000 (CSI)	SoFiSTiK	STAAD III
STAAD/Pro	STARDYNE	STRAND6	STRAP
StressCheck	TEDDS	VISAGE	Zebulon

国内通用有限元平台比较少，多数是针对工程领域特定问题而开发的 CAAD 程序，如在计算机辅助设计一节中介绍的广厦、PKPM、MTS、3D3S 等软件。但值得一提的是，由中国科学院数学与系统科学研究院和北京飞箭软件有限公司在 2000 年发布的 FEPG 有限元程序自动生成系统，使用者可以利用该系统通过互联网生成解决特定有限元问题的全部 Fortran 源程序。

12.2.2 仿真软件在我国建筑工程领域中的应用

常见的通用有限元分析程序，如 ANSYS、ABAQUS、DIANA、ADINA、IDARC、ALGOR 等程序当中对国内影响比较大的是 ANSYS。它是由美国 ANSYS 公司开发的大型通用有限元分析程序，其中包括了结构分析、热分析、电磁分析、流体分析和耦合场分析五大部分，可以分别就结构方面的静力、模态、谐响应、瞬态动力学、特征屈曲、非线性、冲击、碰撞、多目标优化等方面进行分析。此外，ANSYS 更是世界上唯一一套能够提供多物理场协同分析的有限元软件。同时，由于 ANSYS 还具有不错的 CAD 造型系统，并且能够快速导入由 Pro/ENGINEER 等 CAD 系统建立的模型并进行分析，因此 ANSYS 在国内建筑设计研究单位，尤其是高校当中有着很广泛的应用。例如，中国国家大剧院的结构分析就是由太原理工大学土木系结构分析工作站利用 ANSYS 完成的，其中包括静力分析、模态分析、结构抗震分析（响应谱分析、时间历程分析）等多个不同项目（图 12.14～图 12.17）。

使用 ANSYS 进行结构有限元分析一般分前处理、求解和后处理三步。其中前处理中会包含建模、设定分析类型、设定模型材料性质参数、设定单元类型、划分单元、施加约束和荷载几步，是整个分析过程用时最多的部分。一个有限元分析是否合理，甚至于有限元分析是否能够正常完成都取决于前处理工作完成的质量。

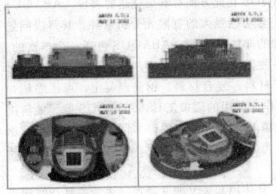

图 12.14　国家大剧院计算模型

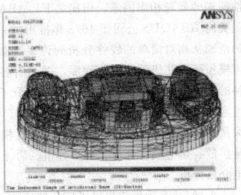

图 12.15　结构的整体变形

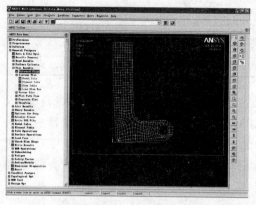
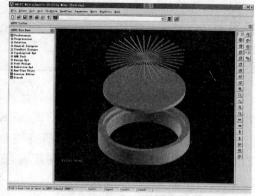

图 12.16　使用 ANSYS 建模并进行力学分析　　　图 12.17　在 ANSYS 中导入 AutoCAD 模型

　　作为当今大型通用程序专业化的趋向，ANSYS 也推出了供开发者针对特定分析需求，开发具有自主知识产权软件的专用平台 ANSYS Workbench（图 12.18）。它提供了一个加载和管理各种 API 组件的基本框架，在这个框架中各种组件通过 Jscript、Vbscript 和 HTML 脚本组织成适合用户使用的 GUI，开发者自己的技术也可以向 AN-SYS 的技术一样编制成 API 融入到程序中。

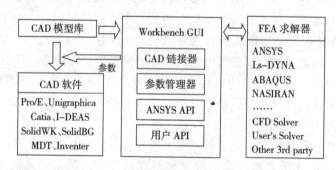

图 12.18　ANSYS Workbench 设计思路

　　ANSYS 功能虽然强大，但美中不足的是由于 ANSYS 对混凝土、地基等高度非线性问题的处理相当困难，相比之下，ABAQUS 在此方面有着更优越的表现。ABAQUS 是美国 ABAQUS 公司于 1978 年推出的一套功能强大的有限元分析软件，其解决问题的范围从相对简单的线性分析到许多复杂的非线性问题。ABAQUS 包括一个丰富的、可模拟任意几何形状的单元库，并拥有各种类型的材料模型库，可以模拟典型工程材料的性能，其中包括金属、橡胶、高分子材料、复合材料、钢筋混凝土、可压缩超弹性泡沫材料以及土壤和岩石等地质材料。作为通用的模拟工具，ABAQUS 除了能解决大量结构（应力、位移）问题，还可以模拟其他工程领域的许多问题，如热传导、质量扩散、热电耦合分析、声学分析、岩土力学分析（流体渗透、应力耦合分析）及压电介质分析。

　　ABAQUS 为用户提供了广泛的功能，且使用起来又非常简单。大量的复杂问题可以通过选项块的不同组合被很容易地模拟出来。例如，对于复杂多构件问题的模拟是通过把定义每一构件的几何尺寸的选项块与相应的材料性质选项块结合起来。在大部分模拟中，甚至高度非线性问题，用户只需提供一些工程数据，像结构的几何形状、材料性质、边界条件及载荷工况。在一个非线性分析中，ABAQUS 能自动选择相应载荷增量和收敛限度。它不仅能够选择合适参数，而且能连续调节参数以保证在分析过程中有效地得到精确解。用户通过准确的定义参数就能很好地控制数值计算结果。

ABAQUS 有两个主求解器模块：ABAQUS Standard 和 ABAQUS Explicit。ABAQUS 还包含一个全面支持求解器的图形用户界面，即人机交互前后处理模块——ABAQUS CAE。ABAQUS 对某些特殊问题还提供了专用模块来加以解决。

ABAQUS 被广泛地认为是功能最强的有限元软件，可以分析复杂的固体力学、结构力学系统，特别是能够驾驭非常庞大复杂的问题和模拟高度非线性问题。ABAQUS 不但可以做单一零件的力学和多物理场的分析，同时还可以做系统级的分析和研究。ABAQUS 的系统级分析的特点相对于其他的分析软件来说是独一无二的。由于 ABAQUS 优秀的分析能力和模拟复杂系统的可靠性，ABAQUS 在各国的工业和研究中被广泛采用。ABAQUS 产品在大量的高科技产品研究中都发挥着巨大的作用。例如，静态应力/位移分析，包括线性、材料和几何非线性以及结构断裂分析等；动态分析，包括结构固有频率的提取、瞬态响应分析、稳态响应分析以及随机响应分析等；黏弹性/黏塑性响应分析，黏弹性/黏塑性材料结构的响应分析；热传导分析，传导、辐射和对流的瞬态或稳态分析；质量扩散分析，静水压力造成的质量扩散和渗流分析等；耦合分析，包括热/力耦合、热/电耦合、压/电耦合、流/力耦合、声/力耦合等；非线性动态应力/位移分析，可以模拟各种随时间变化的大位移、接触分析等；瞬态温度/位移耦合分析，解决力学和热响应及其耦合问题；准静态分析，应用显式积分方法求解静态和冲压等准静态问题；退火成型过程分析，可以对材料退火热处理过程进行模拟；海洋工程结构分析，对海洋工程的特殊载荷如流载荷、浮力、惯性力等进行模拟，对海洋工程的特殊结构如锚链、管道、电缆等进行模拟，对海洋工程的特殊的连接，如土壤/管柱连接、锚链/海床摩擦、管道/管道相对滑动等进行模拟；水下冲击分析，对冲击载荷作用下的水下结构进行分析；疲劳分析，根据结构和材料的受载情况统计进行生存力分析和疲劳寿命预估；设计灵敏度分析，对结构参数进行灵敏度分析并据此进行结构的优化设计。

另外，由于 ABAQUS 在材料模型、单元、载荷、约束以及连接等方面具备的独到之处，所以在某些领域，如分析混凝土开裂等方面比 ANSYS 更有优势。

12.3 土木工程专家系统

12.3.1 人工智能

多学科交叉的人工智能像许多新兴学科一样，至今尚无统一的定义。人类的许多活动，如解算题、猜谜语、进行讨论、编制计划和编写计算机程序，甚至驾驶汽车和骑自行车等，都需要"智能"。如果机器能够执行这种任务，就可以认为机器已具有某种性质的"人工智能"。打个比方说，一个能够自动判断米饭是否已经煮熟的电饭煲就是一个智能电饭煲。

　　不同科学或学科背景的学者对人工智能有不同的理解，提出不同的观点，人们称这些观点为符号主义（symbolism）、联结主义（connectionism）和行为主义（action-ism）等，或者叫做逻辑学派（logicism）、仿生学派（bionicsism）和生理学派（physi-

图 12.19　人工智能之父
Alan Turing

ologism），此外还有计算机学派、心理学派和语言学派等。但一般来说，人们认为人工智能是模仿和执行人脑的某些智能功能，如判断、推理、证明、识别、感知、理解、设计、思考、规划、学习和问题求解等思维活动。

　　人工智能的发展是以硬件与软件为基础的。它的发展经历了漫长的发展历程。人们从很早就已开始研究自身的思维形成，早在亚里士多德着手解释和编注他称之为三段论的演绎推理时就迈出了向人工智能发展的早期步伐，可以看作为原始的知识表达规范。著名的英国科学家 Alan Turing 被称为人工智能之父（图 12.19）。Alan Turing 不仅创造了一个简单的、通用的非数字计算模型，而且直接证明了计算机能以某种被理解为智能的方法工作。1950 年，Alan Turing 发表了题为"计算机能思考吗?"的论文，对人工智能给出定义并论证了人工智能的可能性。

　　目前，人工智能的主要学派主要有符号主义、联结主义以及行为主义三家。这三种不同的学派中以联结主义最为引人关注。它源于仿生学中对人脑模型的研究，其代表成果是 1943 年生理学家 McCulloch 和数理逻辑学家 Pitts 创立的脑模型，即 MP 模型。60～70 年代，联结主义，尤其是对以感知机（perceptron）为代表的脑模型的研究曾出现过热潮。由于当时的理论模型、生物原型和技术条件的限制，脑模型研究在 70 年代后期至 80 年代初期落入低潮。直到 Hopfield 在 1982 年和 1984 年发表两篇重要论文，提出用硬件模拟神经网络之后，联结主义又重新抬头。1986 年，Rumelhart 等提出多层网络中的反向传播（BP）算法。此后，联结主义势头大振，从模型到算法，从理论分析到工程实现，为神经网络计算机走向市场打下了基础。

　　对于人工智能的技术发展也有几种不同的争论，如专用路线、通用路线、硬件路线以及软件路线等，其研究领域包括语言处理、定理证明、数据检索系统、视觉系统、问题求解、人工智能方法、程序语言设计、自动程序设计以及专家系统等。但引用 R. Shank 的话"一台计算机如果不能学习，它就不是智能的"，人工智能的学习才是最重要的研究领域。

12.3.2　专家系统

　　专家系统是指能够运用特定领域的专门知识，通过推理来模拟通常由人类专家才能解决的各种复杂的、具体的问题，达到与专家具有同等解决问题能力的计算机智能程序系统。它能对决策的过程做出解释，并有学习功能，即能自动增长解决问题所需的知识。

　　专家系统是人工智能中最重要的也是最活跃的一个应用领域，它实现了人工智能从理论研究走向实际应用、从一般推理策略探讨转向运用专门知识的重大突破。20 世纪 60 年代初，出现了运用逻辑学和模拟心理活动的一些通用问题求解程序。它们可以证明定理和进行逻辑推理。但是这些通用方法无法解决大的实际问题，很难把实际问题改造成适合计算机解决的形式，并且对于解题所需的巨大的搜索空间也难以处理。1965 年，F. A. 费根鲍姆等在总结通用问题求解系统的成功与失败经验的基础上，结合化学领域的专门知识，研制了世界上第一个专家系统 DENDRAL，可以推断化学分子结构。20 多年来，知识工程的研究，专家系统的理论和技术在不断发展，应用渗透到几乎各个领域，包括化学、数学、物理、生物、医学、农业、气象、地质勘探、军事、工程技术、法律、商业、空间技术、自动控制、计算机设计和制造等众多领域，开发了几千个专家系统，其中不少在功能上已达到，甚至超过同领域中人类专家的水平，并在实际应用中产生了巨大的经济效益。

专家系统一般具有逻辑判断、过程透明和自我学习三个特点。世界上大部分工作和知识都不能单纯地通过计算数学公式获得，这要求专家系统应具有逻辑判断能力，能运用专家的知识与经验进行推理、判断和决策；同时，专家系统应能解释本身推理过程和回答用户提出的问题，让用户了解推理过程，提高对专家系统的信赖感，这要求专家系统应公开其解决问题的过程；完善、广泛的学习能力是令人区别于其他动物的根本，因此，作为对人类智能的模拟，专家系统同样应该具有自我学习的能力，同时也只有发展出完善的自我学习能力，专家系统才能够真正脱离人类专家的指引而独立工作。

专家系统的结构是指专家系统各组成部分的构造方法和组织形式。系统结构选择恰当与否，是与专家系统的适用性和有效性密切相关的。选择什么结构最为恰当，要根据系统的应用环境和所执行任务的特点而定。例如，MYCIN 系统的任务是疾病诊断与解释，其问题的特点是需要较小的可能空间、可靠的数据及比较可靠的知识，这就决定了它可采用穷尽检索解空间和单链推理等较简单的控制方法和系统结构。与此不同的，HEARSAY II 系统的任务是进行口语理解。这一任务需要检索巨大的可能解空间，数据和知识都不可靠，缺少问题的比较固定的路线，经常需要猜测才能继续推理等。这些特点决定了 HEARSAY II 必须采用比 MYCIN 更为复杂的系统结构。

图 12.20 为理想专家系统的结构图。由于每个专家系统所需要完成的任务和特点不同，其系统结构也不尽相同，一般只具有图中部分模块。

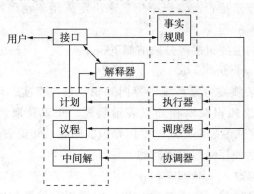

图 12.20　理想的专家系统的结构图

接口是人与系统进行信息交流的媒介，它为用户提供了直观方便的交互作用手段。接口的功能是识别与解释用户向系统提供的命令、问题和数据等信息，并把这些信息转化为系统的内部表示形式。另外，接口也将系统向用户提出的问题、得出的结果和做出的解释以用户易于理解的形式提供给用户。

黑板是用来记录系统推理过程中用到的控制信息、中间假设和中间结果的数据库。它包括计划、议程和中间解三个部分。计划记录了当前问题总的处理计划、目标、问题的当前状态和问题背景。议程记录了一些待执行的动作，这些动作大多是由黑板中已有结果与知识库中的规则作用而得到的。中间解区域中存放当前系统已产生的结果和候选假设。

知识库包括两个部分的内容：一部分是已知的同当前问题有关的数据信息；另一部分是进行推理时要用到的一般知识和领域知识。这些知识大多以规则、网络和过程等形式表示。

调度器按照系统建造者所给的控制知识（通常使用优先权办法），从议程中选择一个项作为系统下一步要执行的动作。执行器应用知识库中的及黑板中记录的信息，执行调度器所选定的动作。协调器的主要作用就是当得到新数据或新假设时，对已得到的结果进行修正，以保持结果前、后的一致性。

解释器的功能是向用户解释系统的行为，包括解释结论的正确性及系统输出其他候选解的原因。为完成这一功能，通常需要利用黑板中记录的中间结果、中间假设和知识库中的知识。

一般应用程序与专家系统的区别在于：前者把问题求解的知识隐含地编入程序，而后者则把其应用领域的问题求解知识单独组成一个实体，即为知识库。知识库的处理是通过与知识库分开的控制策略进行的。更明确地说，一般应用程序把知识组织为两级：数据级和程序级；大多数专家系统则将知识组织成三级：数据、知识库和控制。

在数据级上，是已经解决了的特定问题的说明性知识以及需要求解问题的有关事件的当前状态。在知识库级是专家系统的专门知识与经验。是否拥有大量知识是专家系统成功与否的关键，因而知识表示就成为设计专家系统的关键。在控制程序级，根据既定的控制策略和所求解问题的性质来决定应用知识库中的哪些知识。这里的控制策略是指推理方式。按照是否需要概率信息来决定采用非精确推理或精确推理。推理方式还取决于所需搜索的程度。

下面把专家系统的主要组成部分归纳如下：

(1) 知识库 (knowledge base)

知识库用于存储某领域专家系统的专门知识，包括事实、可行操作与规则等。为了建立知识库，要解决知识获取和知识表示问题。知识获取涉及知识工程师 (konwledge engineer) 如何从专家那里获得专门知识的问题；知识表示则要解决如何用计算机能够理解的形式表达和存储知识的问题。

(2) 综合数据库 (global database)

综合数据库又称全局数据库或总数据库，它用于存储领域或问题的初始数据和推理过程中得到的中间数据（信息），即被处理对象的一些当前事实。

（3）推理机（reasoning machine）

推理机用于记忆所采用的规则和控制策略的程序，使整个专家系统能够以逻辑方式协调地工作。推理机能够根据知识进行推理和导出结论，而不是简单地搜索现成的答案。

（4）解释器（explanator）

解释器能够向用户解释专家系统的行为，包括解释推理结论的正确性以及系统输出其他候选解的原因。

（5）接口（interface）

接口又称界面，它能够使系统与用户进行对话，使用户能够输入必要的数据、提出问题和了解推理过程及推理结果等。系统则通过接口，要求用户回答提问，并回答用户提出的问题，进行必要的解释。

专家系统的发展已经历了三个阶段：第一代专家系统（DENDRAL、MACSYMA等）以高度专业化、求解专门问题的能力强为特点。但在体系结构的完整性、可移植性等方面存在缺陷，求解问题的能力弱。第二代专家系统（MYCIN、CASNET、PROSPECTOR、HEARSAY等）属单学科专业型、应用型系统，其体系结构较完整，移植性方面也有所改善，而且在系统的人机接口、解释机制、知识获取技术、不确定推理技术、增强专家系统的知识表示和推理方法的启发性、通用性等方面都有所改进。第三代专家系统属多学科综合型系统，采用多种人工智能语言，综合采用各种知识表示方法和多种推理机制及控制策略，并开始运用各种知识工程语言、骨架系统及专家系统开发工具和环境来研制大型综合专家系统。在总结前三代专家系统的设计方法和实现技术的基础上，已开始采用大型多专家协作系统、多种知识表示、综合知识库、自组织解题机制、多学科协同解题与并行推理、专家系统工具与环境、人工神经网络知识获取及学习机制等最新人工智能技术来实现具有多知识库、多主体的第四代专家系统。

开发专家系统有许多优点。人类专家不多，不可能随时随地出现，而专家系统只要有计算机就能运行。培养人类专家需要很长时间，专家系统则不需要。专家系统还可以把专家的宝贵经验储存起来。学习是人类智能的主要标志和获得智慧的基本手段。到目前为止，学习的机制还不清楚，所以什么是学习就没有统一的、严格的定义。机器学习是使计算机具有智能的根本途径，计算机若不会学习，就不能称为具有智能。但就目前的技术水平而言，工程设计专家系统智能对专家起辅助设计作用而不能代替专家独立地进行工程设计，因此工程设计专家系统应该是一个计算机辅助系统，是一个人机协同的系统。此外，工程设计是专家复杂的智能行为，其思维活动规律很难用单一的数学模型精确地描述，在工程设计专家系统中应综合运用多种技术方法进行模拟。不过根据设计领域的特点，在工程设计专家系统中采用一些简化使用的知识表达方法和推理方法是可行的，可以在相当大的程度上满足实际工作的需要。

从思维的特点来说，工程设计是一种分析与综合的联合过程，对于给定的设计目标和设计约束条件，满足设计的设计方案不是唯一的。设计人员应当对它进行反复比较、修改、优化，最后得到满意的优秀设计方案。

工程设计所涉及的知识主要有设计的启发式知识、计算过程性知识、评价性知识。

设计的启发式知识是一些经验性、判断性知识，包括有关设计参数选择的知识、结构物空间布局知识以及有关安全、经济、美观等方面的知识；计算过程性知识则指导了如何按照物理、力学、结构和材料等学科材料的理论进行涉及参数的分析与计算；评价性知识包括了涉及方案评价标准、指标、评分取值和方法。

工程设计人员运用设计的启发式知识选择设计参数，确定结构物的空间布局以及几何拓扑，并综合考虑其他因素指定设计方案。在指定设计方案的过程中需要频繁地运用计算过程性知识计算有关的设计参数，分析结构物的强度、刚度及安全度，确保所指定的设计方案是可行的。在此基础上，再运用评价性知识对设计方案进行评价和比选，最后得到优化的工程设计方案。这三类知识的综合、交叉、反复运用是工程设计思维活动最基本的特点。工程设计专家系统的核心问题之一是如何正确简便地运用这些知识进行推理，如何适当地处理知识推理中不精确和非单调性，获得优化的工程设计方案。

12.3.3　专家系统在国内土木工程中的应用

国内研究专家系统的先行者是上海交通大学刘西拉教授。他分别参与了钢筋混凝土单厂破损评估专家系统 RACODE-I 以及基于事例推理的高层建筑结构初步设计专家系统 HIPRED-2 等的研究，但这些专家系统仍然未能在土木工程界得到应用，其原因主要在于科学界尚未解决人工智能自主学习的难点。

思　考　题

12.1　尝试在 AutoCAD 中绘制一条空间螺旋曲线。

12.2　尝试在 ANSYS 中对一条在均布荷载作用下的悬挑梁进行分析。

12.3　举出你身边的人工智能的例子。

12.4　你认为在目前现有技术水平下可能设计出具有实用价值的人工智能结构设计系统吗？

12.5　尝试从网络中搜索在 ANSYS 中进行混凝土分析的 APDL 命令流。

12.6　尝试在 AutoCAD 中绘制阴阳鱼图案。

12.7　AutoCAD 的三种二次开发手段，各适合什么场合？

第 13 章　土木工程职业注册制度及职业资格证书

13.1　注册师制度

13.1.1　注册制度简介

注册师制度是指对从事与人民生命、财产和社会公共安全密切相关的从业人员实行资格管理的一种制度。《中华人民共和国建筑法》第 14 条规定："从事建筑活动的专业技术人员，应当依法取得相应的执业资格证书，并在执业证书许可的范围内从事建筑活动。"《建设工程质量管理条例》规定：注册执业人员因过错造成质量事故时，应接受相应的处理。

一般来说，执业注册包括专业教育、职业实践、资格考试和注册登记管理四个部分。专业教育和执业实践是注册师制度的重要环节和组成部分，是注册师制度建立的基础性工作，而注册师制度是专业教育的源动力和要求所在，它促进了专业教育制度的建立和完善。

1995 年，国务院颁发了《中华人民共和国注册建筑师条例》，它标志着中国注册建筑师制度的正式建立，之后注册结构工程师和注册城市规划师制度随之建立。

按建设工程的实施过程，可分为前期决策、勘察设计、施工三大阶段。土木工程职业注册制度的分类也可以按照这种方式相应分类。我国从 20 世纪 90 年代开始已为从事勘察设计的专业技术人员设立了注册建筑师、注册结构工程师、注册土木工程师（岩土）等执业资格；为决策和建设咨询人员建立了注册监理工程师、注册造价师；2002 年，为从事建设施工的技术人员设立了注册建造师制度。同时，在土木工程相关领域设立了注册规划师、注册房地产估价师、注册资产评估师、注册会计师等执业资格。这些执业注册师考试已经开始数年或初次考试时间已定。从 2005 年开始即将开展注册土木工程师（港口与航道）和勘察设计类的注册化工工程师、注册电气工程师、注册公用设备工程师的执业资格考试。这样，在勘察设计行业将全面推行注册工程师制度。

从专业教育的角度，伴随着职业注册制度，相应的专业教育评估工作也要与注册工程师制度的建立同步进行。由建设部、教育部牵头，相关行业部门参加，首批将对土木、结构、公用设备、电气、化工等五个专业的有关重点院校进行教育评估，公布评估结果。搞好专业评估工作，也就是完善和促进注册师制度的建设，是未来注册师的质量保证。

13.1.2　注册师制度的建立对人才培养规格提出了新的要求

注册师制度的建立将对学校的专业建设、人才培养规格及能力培养要求等方面产生极大的影响，这主要体现在对学生职业和实践能力的培养方面，要求学校在专业的办学思想、专业教学内容、教学方法及实践性教学环节等各个方面，紧紧围绕注册师制度对专业人员的要求而开展教学活动。例如，在注册建筑师和注册结构师考试中，要求报考人员必须掌握必要的法律、法规及工程管理方面的知识，这就要求学校及时优化教学体系，增加这方面的内容，以适应注册师的要求，同时学生也应该学习经济、管理和法规方面的知识。

注册师制度的建立将要求各校通过评估把专业建设向更高水平发展。另外，作为一种个人职业资格制度，它要求参加职业注册的专业技术人员必须具备注册师所规定的要求，包括专业教育要求和职业实践要求。从一个长远的观点来看，未来的职业注册师必须要有通过评估认可的专业教育背景。从国际上的做法来看，也是如此。例如在英国，皇家测量师学会和特许建筑设备工程师学会，已经取消基础考试，而相应的要求是必须具备专业评估通过的专业学位；否则，必须参加基础考试或建议去获得某通过评估的专业学位，这样就增加了许多困难；在美国也是如此。

所以，随着我国注册师制度的不断完善，必将进一步推动专业评估制度的建立和完善，从而使专业的办学水平向更高的方向发展。

多年来，我国工程设计资格管理是管理设计单位的资格，设计院分甲、乙、丙、丁四个级别，主要是依据单位的业绩和拥有的各级技术人员的数量来确定其级别。这种办法虽然从总体上管住了单位的资格，但对设计人员的个人技术水平和执业资格缺乏定量评定，设计人员在工程设计中的权利、义务、法律责任也不明确。实行注册制度后，把单位资格管理和个人注册资格管理结合起来，由注册建筑师做设计项目领头人，唱主角，更有利于提高建筑设计质量和水平。

注册工程师的工作涉及重大的技术、经济责任、影响到国家财产、公众利益和人民生命安全，因此对执业工程师实行严格规范的注册制度是国际惯例。如果我国不实行注册制度，中国建筑水平再高也无法进入国际市场承揽建设业务。我国实施注册建筑师制度有着重大意义。实施注册制度是市场经济发展的需要，是我国建筑师走向国际的需要，是保护国内建筑设计行业发展的需要，是深化设计管理体制改革的需要，是对外开放和开拓国际设计市场的需要，是提高建筑师队伍及个人素质的需要，是提高建筑设计质量和水平的需要。

注册制度规定了建筑师的权利、义务和法律责任，强调了只有取得了注册资格并被批准注册的设计人员才能从事建筑设计业务活动，注册制度把设计质量和经济责任同建筑师联系在一起，如果因建筑设计质量不合格发生重大责任事故，造成了重大损失，不仅由设计单位赔偿，而且要对负有直接责任的注册建筑师追究责任。这样做必将有效地提高设计质量和水平。

注册师制度在英国已有近百年的历史；美国也有 70 多年的历史。注册师的执业注册实施的是动态管理，获得了注册资格并不是终身制。随着建筑科学技术的发展，注册师在取得注册资格后，还要参加继续教育，提高业务水平，遵守执业道德，每两年需要办理继续注册。这就促使建筑师要不断更新知识，为成为一名合格的注册建筑师而不懈努力。

人事部、建设部共同负责全国土木工程建设类注册师执业资格制度的政策制定、组织协调、资格考试、注册登记和监督管理工作。注册师应严格执行国家有关城市规划工作的法律、法规和技术规范，秉公办事，维护社会公众利益，保证工作成果质量。

13.2 土木工程注册师及相关专业注册师介绍

13.2.1 注册城市规划师

注册城市规划师是指通过全国统一考试，取得注册城市规划师执业资格证书，并经注册登记后从事城市规划业务工作的专业技术人员。注册规划师的考试科目为《城市规划管理与法规》、《城市规划实务》、《城市规划原理》、《城市规划相关知识》四科。凡在建设部批准的、具有城市规划工作资质的单位，并从事城市规划工作的专业技术人员符合相关教育和工作年限均可报考。

注册城市规划师执业资格制度属职业资格证书制度范畴，纳入专业技术人员执业资格制度的统一规划，由国家确认批准。

注册规划师制度实施后，凡城市规划部门和单位，应在其相应的城市规划编制、审批，城市规划实施管理，城市规划政策法规研究制定，城市规划技术咨询，城市综合开发策划等关键岗位应配备注册城市规划师，具体办法由建设部具体规定。

注册城市规划师对所经办的城市规划工作成果的图件、文本以及建设用地和建设工程规划许可文件有签名、盖章权，并承担相应的法律和经济责任。

执业注册城市规划师在高等教育阶段的所对应的主要专业是城市规划。

13.2.2 注册建筑师

国家对从事人类生活与生产服务的各种民用与工业房屋及群体的综合设计、室内外环境设计、建筑装饰装修设计，建筑修复、建筑雕塑、有特殊建筑要求的构筑物的设计，从事建筑设计技术咨询，建筑物调查与鉴定，对本人主持设计的项目进行施工指导和监督等专业技术工作的人员，实施注册建筑师执业资格制度。注册建筑师是依法取得注册建筑师资格证书，在一个建筑设计单位内执行注册建筑师业务的人员。

注册建筑师的执业范围：① 建筑设计；② 建筑设计技术咨询；③ 建筑物调查与鉴定；④ 对本人主持设计的项目进行施工指导和监督；⑤ 国务院行政主管部门规定的其他业务。

一级注册建筑师的建筑设计范围不受建筑规模和工程复杂程度的限制；二级注册建筑师的建筑设计范围只限于承担国家规定的民用建筑工程等级分级标准三级以下项目。

注册建筑师执业是在设计单位法人的领导下，依法从事建筑设计工作。注册建筑师有资格做建筑工程项目负责人或建筑专业负责人，行使岗位技术职责权力，并具有在相关的设计文件上的签字权，承担岗位责任。注册建筑师的执业范围不得超越其所在建筑设计单位的业务范围。注册建筑师的执业范围与其所在建筑设计单位的业务范围不符时，个人执业范围服从单位的业务范围。

注册建筑师的考试科目：建筑设计（知识题）；设计前期与场地设计（知识题）；建筑经济、施工与设计业务管理；场地设计（作图题）；建筑结构；建筑材料与构造；建筑方案设计（作图题）；建筑物理与建筑设备；建筑技术设计（作图题）。

执业注册建筑师在高等教育阶段的所对应的主要专业是建筑学。

13.2.3 注册结构师

在建筑工程设计中，建筑师虽然起着龙头作用，但结构工程师对工程的质量和安全负有比建筑师更直接、更重大的责任。如果仅实行注册建筑师制度，不推行结构工程师注册制度，将不能有效地保证建筑工程的质量和安全，也给建筑设计单位的内部管理，各专业、各工种的职责分工、协调与配合造成一定的困难。为了与注册建筑师制度相配套，提高工程设计质量，强化结构工程师的法律责任，保障公众生命和财产安全，维护国家利益，经建设部、人事部研究决定，我国勘察设计行业实行注册结构工程师执业资格制度。

注册结构工程师资格制度纳入专业技术人员执业资格制度，由国家确认批准。

所称注册结构工程师，是指取得中华人民共和国注册结构工程师执业资格证书和注册证书，从事房屋结构、桥梁结构及塔架结构等工程设计及相关业务的专业技术人员。

注册结构工程师分为一级注册结构工程师和二级注册结构工程师。

注册结构工程师的执业范围：① 结构工程设计；② 结构工程设计技术咨询；③ 建筑物、构筑物、工程设施等调查和鉴定；④ 对本人主持设计的项目进行施工指导和监督；⑤ 建设部和国务院有关部门规定的其他业务。

一级注册结构工程师的执业范围不受工程规模及工程复杂程度的限制。注册结构工程师执行业务，应当加入一个勘察设计单位。因结构设计质量造成的经济损失，由勘察设计单位承担赔偿责任；勘察设计单位有权向签字的注册结构工程师追偿。

结构师注册考试分为基础课（闭卷）、专业课（开卷）。

执业注册结构师在高等教育阶段的所对应的主要专业是土木工程。

13.2.4 注册建造师

2002 年 12 月 5 日，人事部、建设部联合印发了《建造师执业资格制度暂行规定》（人发 [2002] 111 号），这标志着我国建立建造师执业资格制度的工作正式建立。该规定明确规定：我国的建造师是指从事建设工程项目总承包和施工管理关键岗位的专业技术人员。

建造师执业资格制度起源于英国，迄今已有 150 余年历史。世界上许多发达国家已经建立了该项制度。具有执业资格的建造师已有了国际性的组织——国际建造师协会。我国建筑业施工企业有 10 万多个，从业人员 3500 多万人，约占全世界建筑业从业人数的 25%，但对外工程承包额仅占国际建筑市场的 1.3%，其中缺乏高素质的施工管理是重要原因之一。建造师职业资格制度的建立，必将促进我国工程项目管理人员素质和管理水平的提高，促进我们进一步开拓国际建筑市场，更好地实施"走出去"

的战略方针。

建造师是以专业技术为依托、以工程项目管理为主业的执业注册人员，近期以施工管理为主。建造师是懂管理、懂技术、懂经济、懂法规，综合素质较高的复合型人员，既要有理论水平，也要有丰富的实践经验和较强的组织能力。建造师注册受聘后，可以建造师的名义担任建设工程项目施工的项目经理，从事其他施工活动的管理，从事法律、行政法规或国务院建设行政主管部门规定的其他业务。在行使项目经理职责时，一级注册建造师可以担任《建筑业企业资质等级标准》中规定的特级、一级建筑业企业资质的建设工程项目施工的项目经理；二级注册建造师可以担任二级建筑业企业资质的建设工程项目施工的项目经理。大中型工程项目的项目经理必须逐步由取得建造师执业资格的人员担任；但取得建造师执业资格的人员能否担任大中型工程项目的项目经理，应由建筑业企业自主决定。

建造师与项目经理定位不同，但所从事的都是建设工程的管理。建造师执业的覆盖面较大，可涉及工程建设项目管理的许多方面，担任项目经理只是建造师执业中的一项；项目经理则限于企业内某一特定工程的项目管理。建造师选择工作的权力相对自主，可在社会市场上有序流动，有较大的活动空间；项目经理岗位则是企业设定的，项目经理是企业法人代表授权或聘用的、一次性的工程项目施工管理者。大中型工程项目的项目经理必须由取得建造师执业资格的建造师担任。小型工程项目的项目经理可以由不是建造师的人员担任。

一级建造师执业资格考试设《建设工程经济》、《建设工程法规及相关知识》、《建设工程项目管理》和《专业工程管理与实务》4 个科目。《专业工程管理与实务》科目分为：房屋建筑、公路、铁路、民航机场、港口与航道、水利水电、电力、矿山、冶炼、石油化工、市政公用、通信与广电、机电安装和装饰装修 14 个专业类别，考生在报名时可根据实际工作需要选择其一。

建造师经注册后，有权以建造师名义担任建设工程项目施工的项目经理及从事其他施工活动的管理。

建造师的执业范围：① 担任建设工程项目施工的项目经理；② 从事其他施工活动的管理工作；③ 法律、行政法规或国务院建设行政主管部门规定的其他业务。

按照建设部颁布的《建筑业企业资质等级标准》，一级建造师可以担任特级、一级建筑企业资质的建设工程项目施工的项目经理；二级建造师可以担任二级及以下建筑业企业资质的建设工程项目施工的项目经理。

执业注册建造师在高等教育阶段的所对应的专业根据考试的 14 个专业而有差别。对有土木工程专业教育的技术人员一般以房屋建筑、公路、铁路、民航机场、港口与航道、水利水电、市政公用和装饰装修等专业类别为主。

13.2.5 注册监理工程师

全国监理工程师执业资格考试是由人事部与建设部共同组织的全国统一的执业资格考试，考试分 4 个科目，考试采用闭卷形式。《工程建设监理案例分析》科目为主观题，《工程建设合同管理》、《工程建设质量、投资、进度控制》、《工程建设监理基本理论和相关法规》3个科目均为客观题。

参加全部4个科目考试的人员，必须在连续两个考试年度内通过全部科目考试；符合免试部分科目考试的人员，必须在一个考试年度内通过规定的两个科目的考试，方可取得监理工程师执业资格证书。取得执业资格证书后需到相关部门注册才能正式执业。

和其他执业资格不同的是，注册监理工程师除了要求执业年限外，对职称也有要求。

13.2.6　注册土木工程师（岩土）

注册土木工程师（岩土），是指取得"中华人民共和国注册土木工程师（岩土）执业资格证书"和"中华人民共和国注册土木工程师（岩土）执业资格注册证书"，从事岩土工程工作的专业技术人员。注册考试分为基础和专业考试。参加基础考试合格并按规定完成职业实践年限者，方能报名参加专业考试。

注册土木工程师（岩土）的执业范围：① 岩土工程勘察；② 岩土工程设计；③ 岩土工程咨询与监理；④ 岩土工程治理、检测与监测；⑤ 环境岩土工程和与岩土工程有关的水文地质工程业务；⑥ 国务院有关部门规定的其他业务。

注册土木工程师（岩土）执业资格考试合格者，由各省、自治区、直辖市人事部门颁发人事部统一印制人事部、建设部用印的《中华人民共和国注册土木工程师（岩土）执业资格证书》。

"注册土木工程师（岩土）执业资格证书"实行定期注册登记制度。资格证书持有者应按有关规定到北京市规划委员会或其指定的机构办理注册登记手续。

13.2.7　注册土木工程师（港口与航道工程）

国家对从事港口与航道工程设计活动的专业技术人员实行执业资格制度，纳入全国专业技术人员执业资格制度统一规划。适用于从事港口与航道工程（包括港口工程、航道工程、通航建筑工程、修造船厂水工工程等）设计及相关业务的专业技术人员。

所谓注册土木工程师（港口与航道工程），是指取得《中华人民共和国注册土木工程师（港口与航道工程）执业资格证书》和《中华人民共和国注册土木工程师（港口与航道工程）执业资格注册证书》，从事港口与航道工程设计及相关业务的专业技术人员。

注册土木工程师（港口与航道工程）的执业范围：① 港口与航道工程设计；② 港口与航道工程技术咨询；③ 港口与航道工程的技术调查和鉴定；④ 港口与航道工程的项目管理业务；⑤ 对本专业设计项目的施工进行指导和监督；⑥ 国务院有关部门规定的其他业务。

注册土木工程师（港口与航道工程）只能受聘于一个具有工程设计资质的单位。

注册土木工程师（港口与航道工程）执业，由其所在单位接受委托并统一收费。

因港口与航道工程设计质量事故及相关业务造成的经济损失，接受委托单位应承担赔偿责任，并有权根据合约向签字盖章的注册土木工程师（港口与航道工程）追偿。

13.2.8 造价工程师

所称造价工程师，是指经全国造价工程师执业资格统一考试合格，并注册取得"造价工程师注册证书"，从事建设工程造价活动的人员。

造价工程师执业范围包括：① 建设项目投资估算的编制、审核及项目经济评价；② 工程概算、工程预算、工程结算、竣工决算、工程招标标底价、投标报价的编制、审核；③ 工程变更及合同价款的调整和索赔费用的计算；④ 建设项目各阶段的工程造价控制；⑤ 工程经济纠纷的鉴定；⑥ 工程造价计价依据的编制、审核；⑦ 与工程造价业务有关的其他事项。

在我国，随着工程建设市场化趋向的改革不断深入，原有的工程概预算人员从事的概预算编制与审核工作的专业定位已不能全面满足工程招投标制度、工程合同管理制度、建设监理制度、项目法人责任制以及项目融资、工程索赔等新业务的要求。因此，为了与国际惯例接轨，应对国际经济一体化进程，客观上需要一批既懂工程经济、又懂技术、法律并具有丰富实践经验及良好职业道德氛围的复合型人才。我国每年有近3万亿元基本建设投资，造价工程师业务范围将从目前主要集中在编标（包括工程量清单 BOQ）、审核，拓展到协助招标、合同管理、索赔管理、支付管理、结算管理、定额管理等服务上来，但从目前看，真正实现由造价工程师参与工程建设全过程的工程造价管理，实现项目三大目标——造价、质量、工期的控制不多。

根据建设部第75号令《造价工程师注册管理办法》第11条精神，对造价工程师的执业范围做了明确的规定，其执业范围涵盖了建设项目的全过程。工程造价的确定与控制的内容，涉及金融、财务、工程经济、项目管理、决策学、合同管理、经济法规、风险控制以及工程技术等多方面的知识。造价工程师应对建设项目从立项、决策到竣工投产的全过程提供全方位的服务，涉及项目可行性研究及经济评价、工程概预算、价值工程分析、招标与标底编制及审核、投标报价及投标策略分析、合同条款、设计及管理、成本控制计划、索赔处理、工程造价鉴定等。只有在这些工作内容上，具有较高的执业能力，才能满足社会及公众的要求。为了在竞争中立于不败之地，我们必须主动与国际惯例靠拢，迅速了解并掌握国际上通行的工程计算规则与报价理论、新版 FIDIC 合同条件以及国际通行的工程项目管理惯例和方法，努力提高认识、转变观念，增强竞争意识、学习意识、法律意识、质量意识、风险意识，尽快提高我国造价工程师的执业能力和执业水平。

13.2.9 注册电气工程师

国家对从事电气专业工程设计活动的专业技术人员实行执业资格注册管理制度，纳入全国专业技术人员执业资格制度统一规划。

注册电气工程师，是指取得《中华人民共和国注册电气工程师执业资格证书》和《中华人民共和国注册电气工程师执业资格注册证书》，从事电气专业工程设计及相关业务的专业技术人员。适用于从事发电、输变电、供配电、建筑电气、电气传动、电力系统等工程设计及相关业务的专业技术人员。

注册电气工程师执业资格考试由基础考试和专业考试组成。

凡中华人民共和国公民，遵守国家法律、法规，恪守职业道德，并具备相应专业教育和职业实践条件者，均可申请参加注册电气工程师执业资格考试。

注册电气工程师执业资格考试合格者，由省、自治区、直辖市人事行政部门颁发人事部统一印制，人事部、建设部用印的《中华人民共和国注册电气工程师执业资格证书》。

电气专业委员会向准予注册的申请人核发由建设部统一制作，全国勘察设计注册工程师管理委员会和电气专业委员会的《中华人民共和国注册电气工程师执业资格注册证书》和执业印章。申请人经注册后，方可在规定的业务范围内执业。

注册电气工程师的执业范围：① 电气专业工程设计；② 电气专业工程技术咨询；③ 电气专业工程设备招标、采购咨询；④ 电气工程的项目管理；⑤ 对本专业设计项目的施工进行指导和监督；⑥ 国务院有关部门规定的其他业务。

13.2.10 注册公用设备工程师

国家对从事公用设备专业工程设计活动的专业技术人员实行执业资格注册管理制度，纳入全国专业技术人员执业资格制度统一规划。

注册公用设备工程师，是指取得《中华人民共和国注册公用设备工程师执业资格证书》和《中华人民共和国注册公用设备工程师执业资格注册证书》，从事公用设备专业工程设计及相关业务的专业技术人员。适用于从事暖通空调、给水排水、动力等专业工程设计及相关业务活动的专业技术人员。

注册公用设备工程师执业资格考试由基础考试和专业考试组成。

13.2.11 注册咨询工程师（投资）执业资格制度

注册咨询工程师（投资），是指通过考试取得《中华人民共和国注册咨询工程师（投资）执业资格证书》，经注册登记后，在经济建设中从事工程咨询业务的专业技术人员。

注册咨询工程师（投资）执业资格实行全国统一考试制度，原则上每年举行一次。

注册咨询工程师（投资）执业资格考试合格者，由各省、自治区、直辖市人事部门颁发人事部统一印制，人事部、国家发展计划委员会用印的《中华人民共和国注册咨询工程师（投资）执业资格证书》。

取得《中华人民共和国注册咨询工程师（投资）执业资格证书》的人员，必须经过注册登记才能以注册咨询工程师（投资）名义执业。

注册咨询工程师（投资）注册有效期为3年，有效期届满需要继续注册的，应当在期满前3个月内重新办理注册登记手续。注册咨询工程师（投资）应当接受继续教育，参加职业培训，补充更新知识，不断提高业务技术水平。

考试科目分为《工程咨询概论》、《宏观经济政策与发展规划》、《工程项目组织与管理》、《项目决策分析与评价》、《现代咨询方法与实务》等五个科目。

13.2.12 注册资产评估师

注册资产评估师执业资格考试由国家财政部与国家人事部共同组织，共有《资产评估》、《经济法》、《财务会计》、《机电设备评估基础》和《建筑工作评估基础》五个科目。

参加5个科目考试人员的成绩实行3年滚动的管理办法，考试人员必须在连续3个考试年度内通过5个应试科目的考试，才能获得注册资产评估师执业资格证书。

参加4个科目考试的人员必须在连续2个考试年度内通过4个应试科目的考试，才能获得注册资产评估师执业资格证书。

凡中华人民共和国公民、遵纪守法并具备下列条件之一者，均可报名参加注册资产评估师执业资格考试。

1) 取得经济类、工程类大专学历，工作满5年，其中从事资产评估相关工作满3年。

2) 取得经济类、工程类本科学历，工作满3年，其中从事资产评估相关工作满1年。

3) 取得经济类、工程类硕士学位或第二学士学位、研究生班毕业，工作满1年。

4) 取得经济类、工程类博士学位。

5) 非经济类、工程类专业毕业，其相对应的从事资产评估相关工作年限延长2年。

6) 不具备上述规定学历，但通过国家统一组织的经济、会计、审计专业初级资格考试，取得相应专业技术资格，并从事资产评估相关工作满5年。

从事资产评估相关工作满2年，并按照国家有关规定评聘为经济类、工程类高级专业技术职务人员，根据专业不同可免试相应一个考试科目。

受土木工程专业教育的技术人员也可以取得执业注册资格。

另外，所有的执业注册师在执业过程中要遵守法律、法规和职业道德，维护社会公众利益；保证执业工作的质量，并在其负责的技术文件上签字盖章；保守在执业中知悉的商业技术秘密；不得同时受聘于两个及以上单位执业；不得准许他人以本人名义执业。

注册工程师应按规定接受继续教育，不断更新知识，提高工作水平。参加规定的专业培训和考核，并作为重新注册登记的必备条件之一。

执业注册师的"证书"及"专用章"全国通用。

执业注册师的管理办法中对违反执业注册师管理办法的人员有相应的处罚规定。

思 考 题

13.1 什么是注册师制度？

13.2 执业注册主要包括哪四个部分？

13.3 注册师制度对人才培养规格提出了怎样的要求？

13.4 目前我国土木工程职业注册制度按什么分类？具体讲有哪些？

附录 土木工程常用词汉英对照

坝：dam

板：slab，plate

泵送混凝土施工：pumping constrution of concrete

变形观测：deformation observation

玻璃钢：fiberglass-reinforced plastics（FRP）

财务评价：financial estimate

槽钢：channel

产品数据管理：PDM

沉井：well sinking

城市地下空间防灾规划：disaster prevention planning for underground space of city

城市防洪规划：urban flood defence planning

城市防灾工程：urban anti-disaster engineering ；urban disaster prevention engineering

城市防灾规划：urban anti-disaster planning

城市规划：city lay-out；urban planning；city planning

城市轨道：city track

城市抗震防灾规划：aseismic and disaster mitigation plan for urban area；earthquake resistance and disaster prevention planning of city

城市人防规划：urban civil defence planning

城市消防规划：urban fire control planning

城市综合防灾：comprehensive disaster prevention for cities

程序：program

初步设计：conceptual design；initial design；preliminary design

磁悬浮铁路：magnetic aerotrain

打夯机：ramming machine

单斗挖土机：shovel

道路：road

道路通行能力：capacity of road

等级：grade

堤：dyke；bank

地基：ground base；base of foundation

地基处理：foundation treatment

地铁：underground

地下电站工程：underground power station construction

地下防水工程：waterproofing of underground works

地下建筑：underground structure，subterranean building

地下连续墙：earth wall

地形图测绘：geographic map plotting

电弧焊：arc-weld

电视塔：television tower

端承桩：end-bearing pile

筏板基础：raft foundation

方材：square timber

防洪工程：flood control engineering

防护工程：guard construction；prevention engineering

防水材料：waterproof

防水混凝土：watertight concrete

防灾减灾规划：disaster prevention and reduction planning

防灾减灾技术：disaster prevention and reduction technology

防灾减灾决策：disaster prevention and re-
duction decision

仿生学派：Bionicsism

分洪工程：flood diversion project；flood
diversion work

分类：classify

风险：risk

符号主义：Symbolism

刚架桥：rigid-frame bridge

钢结构：steel structure

钢筋：reinforcing steel bar

钢筋机械连接：mechanical splicing of bars

钢筋接头：joint of reinforcement

钢筋锥螺纹接头：taper threaded splicing
of rebar

钢梁：steel beam

钢模板：steel-form

钢混凝土-压型钢板组合楼板：steel deck
reinforced composite slab

钢-混凝土组合梁：steel-concrete compos-
ite beam

港口工程：harbor engineering；port engi-
neering

高层建筑：tall building

高速公路：free way

隔声材料：sound-insulating materials

工程承包：engineering contract

工程地质勘察：engineering geological in-
vestigation

工程咨询：engineering consultation

公路：highroad

供暖工程：heating construction

拱：arch

拱式桥：vault type of bridge

管理：supervise

灌注桩：affuse pile

灌注桩：cast-in-situ pile，cast-in-place pile

国防工程：national defence engineering

国际工程：International engineering

海岸工程：coastal engineering

海洋工程：ocean engineering

焊接：welding

夯实：ramming

航道工程：navigation project

合同：contract

和易性：workability

桁架：truss

横道图计划：Gantt Chart

后张法施工：post-tensioned method

滑模施工：slip-form technique

回填：backfill

混凝土：concrete

混凝土泵：concrete pump

混凝土梁：concrete beam

混凝土制备：concrete preparation

基础：foundation

极限状态设计法：limit state design meth-
od；ultimate state design method

计算机辅助工程分析：CAE

计算机辅助工艺规划：CAPP

计算机辅助建筑设计：CAAD

计算机辅助设计：CAD

计算机辅助制造：CAM

技术标准：technical criterion

技术设计：technical design

剪力墙结构：shear wall structure

简支梁：simply supported beam

简支梁桥：simple-supported beam bridge

建筑立面设计：elevation of building de-
sign

建筑内部给水系统：internal water supply
system for building

建筑内部排水系统：internal drainage sys-
tem for building

建筑内部热水供应系统：internal hot-wa-
ter supply system for building

建筑平面设计：architectural plane design；

plane planning for building

建筑剖面设计：cut plane planning for building

建筑设计：architectural design

建筑体型设计：body type planning for building

建筑雨水排水系统：rain-drainage system for building

交通安全：traffic safety

交通调查：traffic survey

交通工程：traffic engineering

交通管理与控制：traffic guidance and control

交通规划：transportation planning

交通流：traffic flow

交通隧道：access tunnel

交通特性分析：analysis of traffic characteristics

浇筑：pour

胶凝材料：cementing material

角钢：angle

脚手架：scaffold

搅拌机：blender,puddler,mixer

接口：Interface

结构体系：architectural structure,structural system

解释器：Explanator

近海工程：paralic engineering；approach engineering

经济：economy

经济评价：economical estimate

井式楼板：two-way ribbed floor

巨型框架结构：super frame structure

卷扬机：hoist engine

绝热材料：heat-insulating materials

开挖：excavation

可靠性理论：reliability theory

可行性研究：feasibility study

空气调节工程：air-conditioning construc-

tion

矿山隧道：mine tunnel

框架：frame

框剪结构：frame-shear wall structure

扩展基础：extended foundation

肋梁楼板：beam-supported reinforced concrete floor

冷拉：cold stretch

冷粘法：cold application method

连续梁：continuous beam

连续梁桥：continuous beam bridge

联结主义：Connectionism

梁：beam,girder

梁式桥：beam bridge；girder bridge

流水施工：workflow construction

路基：subgrade

路面：pavement

路网规划：road network planning

履带式单斗挖土机：shovel crawler

履带式起重机：crawler crane

绿色建筑：green building

逻辑学派：Logicism

码头：dock

密肋楼板：ribbed floor

民防工程：civil defence engineering

模板：moulding board ,form

摩擦桩：friction pile

木梁：wood beam

内排水系统：internal drainage system

逆作法：Antidromic Method

农田水利工程：agriculture hydyaulic engineering

排架 ：bent frame,framed bent

平面线形：plane alignment

破坏阶段设计法：collapse design method

企业资源计划：ERP

汽车式起重机：crane truck

砌块：block

墙 ：wall

桥墩：bridge pier

桥跨结构：balk structure

桥梁工程：bridge construction

桥台：bridge abutment

热风供暖系统：warm-air heating system；hot-air heating system

热熔法：hot melt method

热水供暖系统：hot-water heating system；hydronic heating system

容许应力设计法：allowable stress design method

砂浆：mortar

设计：design

设计车速：design speed

深海工程：abyssal engineering

升板法施工：lift-slab technique

生理学派：Physiologism

生命线系统：life blood system

施工：construct

施工测量：construction survey

施工方案：construction scheme

施工缝：contruction joint

施工图设计：construction documents design；constructional drawing design

施工现场：job site

施工组织设计：Construction Workflow Organization Design

石膏：gypsum

石灰：lime

石梁：stone beam

市政隧道：civicism tunnel

输电塔：transmission tower

水玻璃：soluble glass

水池：water tank

水工结构工程：hydraulic structure engineering

水工隧道：hydraulic tunnel

水库：water-storage reservoir；reservoir

水力发电：hydraulic electrogenerating；hydraulic power generation

水泥：cement

水塔：water tower

隧道工程：tunnel construction；

塔式起重机：tower crane

条形基础：strip foundation

铁道：railroad

通风工程：ventilation construction

筒仓：silo

筒体结构：tube structure

投标：bid，tender

图层：Layer

涂膜屋面防水：surface-coating method

土木：civil

土木工程　civil engineering

土木工程测量：civil engineering survey

土木工程灾害：civil engineering disaster

推理机：Reasoning Machine

推土机：bulldozer，dozer

外加剂：additive

外排水系统：external drainage system

网架结构：lattice grid structure，space truss structure

网壳结构：latticed shell

网络计划：network plan

网络计划技术：network planning techniques

无梁楼板：flat floor，plate floor

先张法施工：pre-tensioned method

现浇空心楼板：cast-in-situ hollow floor unit

箱形基础：box foundation

项目：item

斜拉桥：cable-stayed bridge

信息：information

行为主义：Actionism

悬臂梁：cantilever beam（girder）

悬臂梁桥：cantilever beam bridge

悬索结构：cable-suspended structure

悬索桥：suspension bridge

烟囱：chimney

养护：maintain

预制空心板：precast hollow floor unit

预制桩：precast pile

圆木：log

运输：transport

灾害危险性分析：risk analysis of disaster

造价工程师：cost engineer

闸：sluice；brake；gate

振捣：vibration

振动器：oscillator

蒸汽供暖系统：vapor heating system

知识库：Knowledge Base

直螺纹钢筋接头：straight thread splices with rebars

智能建筑：intelligent building

智能交通运输系统：intelligent transport systems

中水工程：intermediate water construction

注册城市规划师：registered urban planner

注册电气工程师：registered electrical engineer

注册监理工程师：registered supervising engineer

注册建筑师：certified architect

注册结构师：registered structure engineer

注册土木工程师（港口与航道工程）：registered civil engineer（port and navigation project）

注册土木工程师（岩土）：registered civil engineer

注册制度：registered system

注册咨询工程师：registered consulting engineer

注册资产评估师：registered property appraiser

柱：column

砖：brick

桩基础：pile foundation

自然灾害：natural disaster；natural calamity

综合数据库：Gobal Database

纵断面：profile

组合结构：composite structure

组合式桥：combined bride

参 考 文 献

白丽华,王俊安.2002.土木工程概论.北京:中国建材工业出版社

曹双寅.2002.工程结构设计原理.南京:东南大学出版社

重庆大学等.2003.土木工程施工(上、下册).北京:中国建筑工业出版社

陈秉钊.2003.当代城市规划导论.北京:中国建筑工业出版社.

陈眼云,谢兆鉴.1990.建筑结构选型.广州:华南理工大学出版社

陈一才.1999.智能建筑电气设计手册.北京:中国建材工业出版社

丁大钧,蒋永生.2003.土木工程概论.北京:中国建筑工业出版社

丁大钧.1997.砌体结构学.北京:中国建筑工业出版社

方守恩,张雨化.2002.高速公路.北京:人民交通出版社

FullerMoore.2001.结构系统概论.赵梦琳译.沈阳:辽宁科学技术出版社

G.阿尔伯斯.2000.城市规划理论与实践概论.北京:科学出版社

高毅存.2004.城市规划与城市化.北京:机械工业出版社

龚晓南.2004.地基处理技术发展与展望.北京:中国水利水电出版社,知识产权出版社

郝生跃.2003.国际工程管理.北京:北方交通大学出版社

何天祺.2002.供暖通风与空气调节.重庆:重庆大学出版社

胡振文,彭彦彬,满洪高.2002.桥梁工程.长沙:中南大学出版社

湖南大学,同济大学等四校.1997.建筑材料.北京:中国建筑工业出版社

华南理工大学,东南大学,浙江大学,湖南大学.1991.地基与基础.北京:中国建筑工业出版社

霍达,何责斌.2004.高层建筑结构设计.北京:高等教育出版社

建筑施工手册编写组.2003.建筑施工手册.北京:中国建筑工业出版社

蓝天,张毅刚.2000.大跨度屋盖结构抗震设计.北京:中国建筑工业出版社

李慧民.2002.土木工程施工技术.北京:中国计划出版社

李江.2002.交通工程学.北京:人民交通出版社

李思益,贺炜.2004.计算机辅助设计.北京:机械工业出版社

李远富.2001.土木工程经济与项目管理.北京:中国铁道出版社

林同炎.S.D.思多台斯伯.1985.结构概念和体系.王传志译.北京:中国建筑工业出版社

刘津明.2002.建筑技术经济.天津:天津大学出版社

刘宗仁等.2002.土木工程施工.北京:高等教育出版社

卢萌,张智钧.1998.建筑工程项目管理.哈尔滨:东北林业大学出版社

罗福午.2000.土木工程(专业)概论.武汉:武汉工业大学出版社

罗福午.1992.建筑结构概念体系与估算.北京:清华大学出版社

罗韧.2000.桥梁工程导论.北京:中国建筑工业出版社

毛保华,姜帆.2001.城市轨道交通.北京:科学出版社

钱正英.1991.中国水利.北京:水利电力出版社

沈志云.2002.交通运输工程学.北京:人民交通出版社

慎铁刚.2000.建筑师结构学.天津:天津大学出版社

宋占海.1995建筑结构基本原理.北京:中国建筑工业出版社

孙张,何宗华.2000.城市轨道交通概论.北京:中国铁道出版社

覃辉.2004.土木工程测量.上海:同济大学出版社

覃仁辉.2001.隧道工程.重庆:重庆大学出版社

腾智明.1995.混凝土结构及砌体结构.北京:中国建筑工业出版社

同济大学,西安建筑科技大学,东南大学,重庆建筑大学.1997.房屋建筑学.北京:中国建筑工业出版社

万书元.2001.智能建筑的美学表述.智能建筑,(22):38~41

万艳华.2003.城市防灾学.北京:中国建筑工业出版社

王宏硕,翁情达.1989.水工建筑物.北京:水利水电出版社

王炜,过秀成.2000.交通工程学.南京:东南大学出版社

王心田.2003.建筑结构体系与选型.上海:同济大学出版社

王增长.1998.建筑给水排水工程.第四版.北京:中国建筑工业出版社

王肇民.1995.高耸结构设计手册.北京:中国建筑工业出版社

危道军,刘志强.2004.工程项目管理.武汉:武汉理工大学出版社

魏连雨.2000.建设项目管理.北京:中国建材出版社

魏明钟.2000.钢结构.武汉:武汉工业大学出版社

吴明伟,孔令龙,陈联.1999.城市中心区规划.南京:东南大学出版社

吴瑞麟,沈建武.2003.城市道路设计.北京:人民交通出版社

吴恬,吴祥生.1996.建筑水暖设备工程.北京:科学技术文献出版社

许溶烈.1993.中国土木工程指南.北京:科学出版社

薛殿华.1991.空气调节.北京:清华大学出版社

杨俊,赵西安.2003.土木工程测量.北京:科学出版社

杨少伟.2004.道路勘测设计.北京:人民交通出版社

叶耀先,顾孟潮,米祥友.1993.世界建设科技发展水平与趋势.北京:科学出版社

叶义华,许梦国,叶义成.1999.城市防灾工程.北京:冶金工业出版社

叶志明,江见鲸.2004.土木工程概论.北京:高等教育出版社

尹朝庆,尹皓.2002.人工智能与专家系统.北京:中国水利水电出版社

应惠清.2004.土木工程施工.北京:高等教育出版社

于书翰.2000.道路工程.武汉:武汉工业大学出版社

袁镔.2004.绿色建筑研究中心的几个基本问题.智能建筑,(11):6~9

詹振炎.2001.铁路选线设计的现代理论和方法.北京:中国铁道出版社

张国联等.2004.土木工程施工.北京:中国建筑工业出版社

赵志缙,应惠清.2004.建筑施工.第四版.上海:同济大学出版社

中国城市规划学会.2003.城市总体与分区规划.北京:中国建筑工业出版社